天然气气质分析
与不确定度评定及其标准化

周 理 蔡 黎 陈赓良 编著

石油工业出版社

内容提要

本书重点介绍以GB 17820《天然气》为代表的我国天然气气质标准及其分析测试方法的发展概况，全面阐述GB 17820规定的天然气发热量测定、硫化合物测定和水含量/水露点测定，并结合当前国际上的发展动向从量值溯源角度探讨了测定结果的不确定度评定问题。

本书可供从事天然气分析测试和计量的工程技术人员阅读、参考，也可作为石油院校有关专业师生的参考用书。

图书在版编目（CIP）数据

天然气气质分析与不确定度评定及其标准化/周理，蔡黎，陈赓良编著.—北京：石油工业出版社，2021.1

ISBN 978-7-5183-4317-1

Ⅰ.①天… Ⅱ.①周… ②蔡… ③陈… Ⅲ.①天然气－质量分析 ②天然气－不确定度－评定－标准化 Ⅳ.①TE64

中国版本图书馆CIP数据核字（2020）第220289号

出版发行：石油工业出版社

（北京安定门外安华里2区1号　100011）

网　址：www.petropub.com

编辑部：（010）64523561　　图书营销中心：（010）64523633

经　销：全国新华书店

印　刷：北京中石油彩色印刷有限责任公司

2021年1月第1版　2021年1月第1次印刷

787×1092毫米　开本：1/16　印张：16

字数：360千字

定价：168.00元

（如出现印装质量问题，我社图书营销中心负责调换）

PREFACE 前言

对天然气能量计量实验室而言，组成分析结果的不确定度评定是涉及巨大经济利益的重要工作。据英国 EffecTech 公司估计，对一座规模为 500MW 的火力发电站而言，当电价为 0.06 欧元 /（kW·h）时，如果能量计量的扩展不确定度 U 为 1%，对年产值的影响将达到 270 万欧元。

20 世纪 80 年代中期，美国已经在商品天然气输配领域开始实施能量计量，并于 1996 年发布了《燃气的能量测量》（AGA 5 号报告）以规范气体质量单位换算成能量单位的方法。后者涉及一系列 AGA、GPA 和 ASTM 等美国有关学（协）会发布的标准，且逐步形成标准体系。进入 21 世纪以来，随着管输天然气和液化天然气（LNG）的国际贸易蓬勃发展，国际标准化组织天然气技术委员会（ISO/TC 193）经过十余年的研究，于 2007 年发布了国际标准《天然气能量的测定》（ISO 15111），并围绕该标准 6.3 节规定的发热量测定问题，发布（或修订）了许多与之相关的 ISO 标准，从而形成了当前国际贸易中通用的能量计量 ISO 标准体系。

近年来，为了进一步改善天然气能量计量的测量不确定度，ISO/TC 193 围绕天然气发热量的（热量计法）直接测定与（气相色谱法）间接测定，分别发布或修订了一系列重要标准。因此，当前天然气能量计量技术及其标准化发展的总体态势可归结为：根据溯源性是同一性和准确性的技术归宗的计量学基本原理，通过建立与完善量值传递（或溯源）链的途径以提高能量计量系统的测量准确度；并将气相色谱分析系统测量结果的不确定度评定与精密度评价结合一体，通过蒙特卡洛（MCM）模拟途径以评定整个管输商品天然气网络系统的测量不确定度。

测量结果的准确度与不确定度虽有联系，但两者是完全不同的两个概念。准确度是测量结果与被测量真值的一致程度。由于真值难以获得，实际测量中均以约定（虚拟）

真值替代，故准确度仅是一个定性的概念。不确定度则是一个与测量结果相关联的参数，它表征合理赋予被测量值的分散性，实质上能定量地反映出测量结果（对真值的）分散程度。因此，ISO/TC 193 于 2012 年发布经修订的新版 ISO 10723 的同时，在其前言中已经宣布撤销 ISO 10723: 1995，明确规定对天然气组成分析测量结果必须进行不确定度评定后才能应用于 ISO 6976 计算发热量，不允许以分析系统的性能评价替代不确定度评定。应该指出，我国等同采用 ISO 10723: 2012 发布的国家标准《天然气分析系统性能评价》（GB/T 28766—2018）中却未反映出此重要内容，导致近期发表的文献中仍在推荐以精密度评价气相色谱分析系统的操作性能。

我国以修改采用（MOD）ISO 15112 的方式于 2008 年 12 月发布的国家标准《天然气能量的测定》（GB/T 22723）只是一个管理标准，实际上仅是原则性地规范了实施能量计量的方法与途径。因此，在能量计量实施过程中必须再建立一系列具体的支撑技术及其标准，例如，天然气组成分析方法、燃气发热量（直接）测定设备及其操作、标准物质制备与应用、发热量测定结果的量值溯源方式与途径，以及测量结果的不确定度评定等，故涉及一个较为复杂的技术与标准体系。

在 ISO 有关天然气能量计量的标准体系中，由 ISO 14111、ISO 10723: 2012、ISO 6974（系列标准）和 ISO 6976 等几项核心 ISO 标准构成（气相色谱分析）间接法测定天然气发热量及其不确定度评定的基础，这些标准相互间存在较严密的逻辑关系。例如，ISO 10723:2012 中规定: 应以 ISO 6974-2 规定的方法测定天然气组成，测量数据经不确定度评定后，以 ISO 6976 提供的基础数据和规定的方法计算高位发热量。同时，GB/T 27894.2—2011/ISO 6974-2:2001 的 5.1.1 条则规定: 使用（ISO 6142）规定的方法制备认证级标准气混合物（RGM）以测定检测器响应函数，从而保证 A 级计量站天然气发热量测定结果的准确性。

为保证计量结果准确一致，所有同种量值都必须由同一个计量基准传递而来，这就是所谓的（测量结果）溯源性。它也是所有化学测量的基本属性。溯源性的内涵是能使（化学计量）测量结果通过连续的比较链（溯源链），以相应的不确定度与国家或国际计量标准联系起来。由此定义可以看出，量值的溯源性是测量结果不确定度评定的基础。大多数情况下，化学计量的量值溯源是通过正确使用标准物质、标准方法和（较少采用的）标准数据等手段实现的。

天然气组成及其气相色谱分析操作均相当复杂，实际上不可能采用（如天然气体积流量计量溯源所用的）分级传递方式实现量值溯源，因而ISO/TC 193于1998年发布的国际标准《天然气分析溯源准则》（ISO 14111）中进一步规定：将天然气组成分析测量结果的溯源还原为RGM的溯源，从而奠定了对天然气组成分析结果进行测量不确定度评定的基础。但ISO 14111这项重要的基础性标准，迄今尚未转化为我国国家标准，导致当前我国在天然气能量计量实验室的质量控制及间接法（测定天然气发热量）测量结果的不确定度评定中，RGM的应用由于无标准可循而产生混乱。

近年来，国内的能量计量检测实验室发表了一系列对天然气组成分析结果进行不确定度评定的学术论文，但各实验室在评定过程中使用的RGM规格却大相径庭，且均未达到ISO 10723：2012的要求，故不具备应用于能量计量系统操作性能的基本条件。同时，由于论文中报道的不确定度评定数据并没有采用ISO 10723：2012规定的技术条件，故测量结果（数据）相互间缺乏可比性，更无法参与国际比对和互认，因而其实用价值有限。根据国家发展和改革委员会公布的数据，2019年我国天然气消费量累计达到$3067\times10^{8}m^{3}$，其中进口天然气量占比已经达到消费总量的43%。但由于我国没有符合国际惯例的溯源准则与不确定度评定程序，应用于能量计量实验室质量控制的专用RGM尚需依赖进口，有关RGM的命名不符合GB/T 20604—2006/ISO 14532：2001的规定，且GB 17820—2018《天然气》规定的一系列仲裁试验方法也不符合天然气分析溯源准则（ISO 14111）的规定，故一旦发生争议而需要进行国际经济贸易仲裁时，其结果不容乐观。

随着我国天然气工业飞速发展，目前长输管道及其输配系统中的A级计量站已经装备有数量相当庞大的、用于发热量间接测定的气相色谱仪；对如此巨大的样本数量实际上不可能按GUM法规定的线性（近似）模型进行测量结果的不确定度评定。在此情况下必须使用MCM法，利用随机变量的概率密度分布函数（PDF），通过重复随机取样而实现整个商品天然气输配系统（如西气东输一线、二线等）中气相色谱仪测量结果的（总体）不确定度评定。从国外的发展经验来看，这也是一项在推广实施能量计量过程中不可或缺的基础工作。

国外发展经验表明，能量计量专用的高准确度多元RGM的研制工作具有相当的难度，在尚未解决其研制问题前，建设一台具有相应测量不确定度的0级热量计，是另一个构建（或改善）天然气分析溯源链的有效途径。韩国标准科学研究院开发 0 级热量计成功的经验颇值得借鉴。

综上所述，我国在推广实施天然气能量计量过程中尚有诸多技术问题亟待解决。对有关部门及其工作人员而言，可谓任重而道远。愿本书的出版能为解决上述技术难题贡献绵薄之力。

另外，本书对于标准的应用是必不可少的。凡是注明时间的引用标准，仅注明时间的标准版本适用于本书。凡是不注明时间的引用标准，其最新版本（包括所有的修改单）适用于本书。

限于编著者的水平，本书谬误之处在所难免，祈请广大读者不吝赐教。

编著者

2020 年 11 月 1 日

CONTENTS 目录

第一章　天然气气质标准 1

第一节　ISO 13686 技术要点 1

第二节　国外气质标准简介 3

第三节　GB 17820《天然气》 6

第四节　GB/T 37124《进入天然气长输管道的气体质量要求》 14

第五节　测量不确定度评定及其标准化 17

参考文献 25

第二章　基本概念与基础标准 27

第一节　天然气能量计量 27

第二节　化学计量的溯源性 34

第三节　天然气分析溯源准则 39

第四节　测量误差与不确定度 44

第五节　能量计量系统不确定度评定示例 51

第六节　标准气体混合物的制备 57

参考文献 66

第三章　发热量直接测定 68

第一节　基础知识 68

第二节　氧弹式热量计 73

第三节　0 级（参比）热量计 80

第四节　流态模拟和温度场分布 94

第五节　连续记录式热量计 103

第六节　发热量赋值 …… 109
参考文献 …… 117
第四章　发热量间接测定 …… 119
第一节　GB/T 13610 技术要点 …… 119
第二节　组成分析结果的不确定度评定 …… 127
第三节　ISO 6976：2016 技术要点 …… 135
第四节　分析系统的性能评价 …… 145
第五节　ISO/TR 24094 技术要点 …… 155
第六节　能量直接（实时）测定技术 …… 159
参考文献 …… 168
第五章　含硫化合物测定 …… 169
第一节　常用硫化氢测定方法 …… 169
第二节　常用总硫测定方法 …… 177
第三节　含硫化合物在线测定方法 …… 191
第四节　紫外荧光法测定总硫含量的精密度评价 …… 199
第五节　碘量法测定硫化氢的不确定度评定 …… 204
第六节　总硫含量测定的不确定度评定 …… 209
参考文献 …… 212
第六章　水（烃）含量 / 水（烃）露点测定 …… 213
第一节　基础知识 …… 213
第二节　水含量测定方法 …… 216
第三节　水露点测定方法及其与水含量的关联 …… 225
第四节　电子湿度仪法在线测定水含量 …… 232
第五节　烃露点测定及其溯源性 …… 236
参考文献 …… 245

第一章　天然气气质标准

商品天然气不同于石油炼制产品，不可能通过加工工艺严格地定量规定产品质量指标。同时，由于各国所产天然气的组成相差甚大，即使同一国家不同地区生产的天然气也可能如此，且天然气用途不同对气质的要求也不同，故不可能以一个国际标准来统一。因此，世界各国都遵循保护环境、安全卫生和经济效益等基本原则，根据本国国情制定气质标准。

第一节　ISO 13686 技术要点

一、制定气质标准的基本原则

1989 年建立国际标准化组织天然气技术委员会（ISO/TC 193）时就明确，该组织的基本任务是对（商品）天然气的气质指标实现标准化。ISO/TC 193 于 1998 年首次发布《天然气质量指标》（Natural Gas Quality Designation，ISO 13686），并于 2013 年发布了修订版本。该国际标准提出了管输商品天然气必须控制的若干项气质指标，并在其附录中比较详细地介绍了美国、英国、德国、法国等国家在制定气质标准时所遵循的原则、具体数值及相应的试验方法，极具参考价值。

作为天然气工业中游领域主要环节的气体净化工业，其目的仅是脱除对环境和生产有害的组分（如水分、H_2S、CO_2 和有机硫化合物）。由于各国所产天然气的组成相差甚大，即使同一国家不同地区生产的天然气也可能如此。且天然气用途不同，对气质的要求也不同，故不可能以一个国际标准来统一。鉴于此，ISO 13686 只列出了制定商品天然气质量标准必须予以考虑的典型指标，以及定量确定指标量值所遵循的基本原则。简而言之，这些原则根据其重要性可以依次归纳为以下 3 项，在保证满足前两项指标要求的前提下才考虑第（3）项：

（1）充分发挥环境效益（环境保护）；

（2）保证输配系统稳定运行（安全卫生）；

（3）达到最佳成本与效益（经济效益）。

二、根据国情制定气质指标

世界各国（地区）在以上原则的基础上，根据本国国情确定气质指标具体量值，因而“根据本国国情”实际上就成为制定气质指标必须遵循的第 4 项基本原则。例如，俄罗斯生产的天然气中基本上不含 CO_2，故其国家标准中没有 CO_2 含量指标，但其生产的部分天然气中硫醇含量较高，故 20 世纪 90 年代规定的硫醇含量上限值为 36mg/m^3，其目前输往欧洲的天然气中已经降至 16mg/m^3。又如，我国生产的天然气中基本不含 O_2，故 GB 17820《天然气》中没有此项指标，考虑到近年来大量生产的煤层气、煤制合成天然气等都需要通过长输管道输送到用户，故在 2018 年发布的国家标准《进入天然气长输管道的气体质量要求》（GB/T 37124）中规定，气体中氧含量应不大于 0.1%（摩尔分数）。

德国生产的部分天然气发热量偏高，故经常采用在商品天然气中注入空气的方法以调节其发热量，因而德国燃气与水工业协会（DVGW）制定的 DVGW 燃气气质标准中，对操作压力不超过 1.6MPa（16bar）的输配管网将氧含量指标放宽至 3%（摩尔分数），但这并不影响安全生产，故不能说这是个“落后指标”。另外，德国自产的和进口的商品天然气中均基本不含有机硫化合物。2008 年发布的 DVGW 燃气气质标准中，确定 30mg/m^3 的总硫指标是考虑其中 H_2S 的含量，并为使用含硫加臭剂留有一定余地。

法国拉克（Lacq）气田生产的天然气中 H_2S 含量为 21%（质量分数），有机硫含量高达 1400mg/m^3。法国石油研究院（IFP）从 20 世纪 50 年代起就开展对天然气脱硫技术的开发，形成了很多专利，也掌握了分子筛脱硫醇技术。但结合法国国情，商品天然气中总硫含量仍规定为 150mg/m^3。

三、ISO 13686：2013 规定的商品天然气气质指标

ISO 13686：2013《天然气气质指标》明确地将管输商品天然气应考虑的气质指标分为两大类：组分指标（5.2 节）和物性指标（5.3 节）。同时，在该标准的 5.3.3 条中，对那些通常并不（或以一定量）存在于商品天然气之中，但又可能对天然气的输送、分配和利用产生负面影响的若干物质（又称伴随物质），专门规定了一类“其他参数”，并在该标准附录 B 的 B.5 节中，对这些伴随物质做了说明（表 1–1）。

表 1–1　ISO 13686：2013 规定的商品天然气气质指标

	气质指标	单位	有关标准
组分指标	大量组分：C_1—C_{6+}	%（摩尔分数）	ISO 6974
	少量组分：H_2、O_2、CO、He		ISO 6974、ISO 6975
	微量组分：H_2S、RSH、COS、总硫	mg/m^3	ISO 6326、ISO 19739
物性指标	体积基发热量	MJ/m^3	ISO 6976、ISO 15971
	相对密度	—	ISO 6976、ISO 15971
	沃泊指数	MJ/m^3	ISO 6976、ISO 15971
	水露点	℃	ISO 6327、ISO 18453
	水含量	mg/m^3	ISO 10101、ISO 18453、ISO 11541

续表

	气质指标	单位	有关标准
其他参数	液态水、液态烃	技术上不存在①	DVGW G260：2008
	固体颗粒物		DVGW G260：2008
	其他气体	%（摩尔分数）	DVGW G260：2008

① 其含义为应将商品天然气中这些伴随物质的含量脱除至不影响标准设计的燃气器具与设备的正常运行，或者符合其设计要求。

表 1–1 列出了 ISO 13686：2013 规定的气质指标涉及的主要内容。表 1–1 中所示的组分指标和物性指标，由于它们在保护环境、安全卫生与经济效益等方面有重要作用，都是商品天然气不可或缺的气质指标，至于具体限值则由各国根据其国情确定。表 1–2 为大量开采高含硫天然气的法国若干主要气质指标及其限值。

表 1–2 法国若干主要气质指标限值及其监测频率和公告周期

指标	单位	限值（或范围）	监测频率	公告周期
高位发热量	$kW \cdot h/m^3$	10.7～12.8	5min 1 次	1 次 /d
相对密度	—	0.555～0.7	5min 1 次	不公告
沃泊指数	$kW \cdot h/m^3$	13.4～15.7	5min 1 次	不公告
水露点	℃	–5	—	—
总硫含量	mg/m^3	150	5min 1 次	1 次 /d
硫化氢含量	mg/m^3	5.0	5min 1 次	1 次 /d

注：烃露点的限值为 –2℃，监测频率为 5min 1 次，但不公告。

第二节 国外气质标准简介

一、跨国界输送天然气气质指标协调文件

为了提高欧洲输气管道网络的互用性（interoperability），2002 年欧盟委员会资助欧洲气体能量交换合理化协会（EASEE–gas）在广泛调研的基础上，提出了一份适合欧洲国家在跨国输送天然气（H 组）时可以共同执行的气质指标协调文件。后者又称为公共商务准则（CBP），于 2005 年 2 月正式发布，同年 9 月该准则为所有 EASEE–gas 成员国所接受。EASEE–gas 建议的气质指标及其数值参见表 1–3。

根据文献介绍，对表 1–3 的技术内容可归纳出以下认识：

（1）公共商务准则（CBP）是在对欧洲 73 个进口天然气（包括 LNG 终端）交接点的

商品天然气气质指标的有关参数进行广泛调研基础上形成的协调性文件，而不是为达到某个特定目标而刻意制定的气质标准。

表 1–3 EASEE–gas 建议的气质指标参数

参数	单位	最小值	最大值	实施日期
沃泊指数	kW·h/m³	13.60	15.81	2010 年 10 月 1 日
相对密度	m³/m³	0.555	0.700	2010 年 10 月 1 日
总硫	mg/m³	—	30	2006 年 10 月 1 日
H_2S+COS（以硫计）	mg/m³	—	5	2006 年 10 月 1 日
硫醇（以硫计）	mg/m³	—	6	2006 年 10 月 1 日
氧	%（摩尔分数）	—	0.001①	2010 年 10 月 1 日
二氧化碳	%（摩尔分数）	—	2.5	2006 年 10 月 1 日
水露点［7MPa（绝）］	℃	—	–8	—②
烃露点［0.1～7MPa（绝）］	℃	—	–2	2006 年 10 月 1 日

① 日均值小于 0.001%（摩尔分数）；跨国交接点日均值上升至小于 0.01%（摩尔分数）也可以接受。

② 某些跨国交接点采用值较 CBP 规定值宽松，这些宽松值仍可以使用；但有关生产、运输与管输公司应共同研究如何在较长时间内达到 CBP 规定值。其余交接点则在 2006 年 10 月 1 日实施。

（2）CBP 推荐的气质指标仅适用于跨国输送、不含加臭剂的 H 组天然气，以及欧盟进口 LNG 终端输出气体，不包括生产、储运和利用自成系统的独立体系。

（3）表 1–3 所示数据表明，欧洲进口天然气中以 S 计的（H_2S+COS）含量不超过 5mg/m³，以 S 计的硫醇含量不超过 6mg/m³，两者之和不超过 11mg/m³，但总硫含量限值则规定为 30mg/m³，可见是留有很大余地的。

（4）CBP 推荐的沃泊指数范围涉及各成员国国内用户的燃具安全问题，故欧洲委员会要求欧洲标准化组织（CEN）在普遍能接受的合理价格基础上，根据燃气规范 396/90/CEE 起草一份 H 组天然气气质参数变化对燃具影响的标准。但迄今此项标准尚未完成。

二、欧洲标准 EN 16725：2015

2015 年，欧洲标准化组织天然气基础设施技术委员会（CEN/TC234）发布欧洲标准《H 组天然气气质》（EN16725）。该标准的所列参数及其范围与限值，大致与 EASEE–gas 协调文件建议的类似，只是对部分参数适当放宽范围。根据欧洲大力推广压缩天然气汽车的需要，在参数中增加了甲烷值（表 1–4）。

在 EN 16725 中不包括沃泊指数范围这个指标。这是由于欧洲天然气组成与天然气利用方式及燃具都存在较大的地区性差别。在某些地区，无论通过改变或限制现有供气结构，或者改变或限制天然气利用方式以保障其安全性和可靠性，当前均无法经济合理地实现。

表 1-4 EN 16725：2015 规定的 H 组天然气气质①

参数	最小值	最大值
相对密度	0.555	0.700
总硫（以硫计），mg/m^3	不采用	20 30
H_2S+COS（以硫计），mg/m^3	不采用	5
硫醇（以硫计），mg/m^3	不采用	6
氧气，%（摩尔分数）	不采用	0.001% 或 1%（在进气点或交接界面应不超过 0.001%；但当对氧气不敏感时，如地下气库，可允许放宽至 1.0%）
二氧化碳，%（摩尔分数）	不采用	2.5% 或 4%（在进气点或交接界面应不超过 2.5%；但当对氧气不敏感时，如地下气库，可允许放宽至 4%）
烃露点（0.1～0.7MPa），℃	不采用	–2
水露点（7MPa），℃	不采用	–8
甲烷值	—	不采用

① 气体中不应含有表中所列组分以外的其他杂质组分，即在气体运输、储存和使用过程中不再需要进行气质调整和处理。

EN 16725 前言中声明，CEN 成员国应在 2016 年 6 月底前明确认可此标准并将其转化为国家标准，或者与原有国家标准有冲突而宣布撤销此标准。

三、德国的燃气气质标准

德国的燃气气质标准是由其燃气与水工业协会（DVGW）以 G260 文件发布的。表 1–5 列示了 2008 版和 2013 版 DVGW G260 给出的第 2 族燃气的气质指标。分析表 1–5 中数据可以归纳出以下认识：

（1）两个版本在燃烧性质方面的指标并无明显变化，只是 2013 版根据德国供气的实际状况，适当放宽了沃泊指数的下限。

（2）水露点是物性值指标，测定结果无法进行量值溯源，且以冷镜法测定水露点 / 烃露点时，两者之间会相互干扰而影响其测量准确度。故将 2008 年版本规定的“水露点指标”改为 2013 年版本的“水含量指标”是个重大的技术进步。

（3）按管道输气压力不同而规定燃气中氧气含量的实质是不允许在上游高压输气管道中掺入空气，这既符合德国的生产现状，也有利于系统的安全运行。

（4）2013 版 DVGW G260 对总硫含量要求有较大幅度提高，由 2008 版的 $30mg/m^3$（不包括加臭剂）降低至 $8mg/m^3$（包括加臭剂）或 $6mg/m^3$（不包括加臭剂）。但是，两个版本对硫醇和 H_2S+COS 的含量指标没有变化，仍分别为 $6mg/m^3$ 和 $5mg/m^3$。这表明德国目前使用的第 2 族燃气中硫醇含量很低，或者硫醇与 H_2S+COS 两者之和不超过 $6mg/m^3$。

表 1–5　DVGW G260 规定的第 2 族燃气的气质指标

项目		2008 年	2013 年
沃泊指数（L 组） kW·h/m^3（MJ/m^3）	标准	12.4（44.6）	12.4（44.6）
	范围	13.0～10.5（46.8～37.8）	+0.6/–1.4（+2.2/–5.0）
沃泊指数（H 组） kW·h/m^3（MJ/m^3）	标准	15.0（54.0）	15.0（54.0）
	范围	15.7～12.8（56.5～46.1）	+0.7/–1.4（+2.5/–5.0）
高位发热量，kW·h/m^3（MJ/m^3）		8.4～13.1（30.2～47.2）	8.4～13.1（30.2～47.2）
相对密度		0.55～0.75	0.55～0.75
烃露点，℃		管线压力下的土地温度	–2℃（0.1～7MPa 的压力下）
水露点 / 水含量		管线压力下的土地温度	≤200mg/m^3（压力≤1MPa） ≤50mg/m^3（压力＞1MPa）
氧气		3%（干的输配管网） （体积分数）	≤0.001%（摩尔分数） （压力≥1.6MPa）
		0.5%（湿的输配管网） （体积分数）	≤3%（摩尔分数） （压力＜1.6MPa）
总硫，mg/m^3		30（不包括加臭剂）	6（不包括加臭剂） 8（包括加臭剂）
硫醇，mg/m^3		6（短期 16）	6
硫化氢，mg/m^3		5（短期 10）	H_2S+COS 5

第三节　GB 17820《天然气》

我国是世界上城市燃气消费量最多的国家，2016 年消费量为 $1172\times10^8m^3$，涉及 3 亿多城镇居民。消费量如此巨大的商品天然气绝大部分都是通过管道输送的。我国也是世界上进口天然气管道长度最长的国家。3 条西气东输干线，加上中亚管道及中缅管道，天然气管道总长度达到 23379km。因此，无论从保护环境，或保障输配系统的安全运行等方面来看，控制商品天然气的质量极为重要。

一、GB 17820 的发展历程

从 1988 年原石油工业部发布行业标准《天然气》（SY 7514—1988）以来，我国商品天然气的气质标准已经历了 30 余年的发展历程。实践经验证明：选定高位发热量、H_2S 含量、总硫含量、CO_2 含量与水露点 5 项指标，并以 H_2S 与总硫含量进行分类，（在早期）按发热量进行分组都是符合我国国情的。

1999 年我国首次发布强制性国家标准 GB 17820—1999《天然气》，取消了指标相对落后的四类气，提高了进入长输管道的一类气质量要求，对推动我国西气东输工程的实现及保持长输管道的安全、稳定运行起到重要的保障作用。

20 世纪 90 年代中期以来，我国不仅大量进口液化天然气（LNG），也从周边国家大量进口管输天然气。为了进一步与国外先进气质标准接轨，2012 年发布了经修订的 GB 17820—2012《天然气》。表 1-6 为我国天然气气质标准的技术指标发展历程。

表 1-6　我国天然气气质标准的技术指标发展历程

标准号	指标项目		一类气	二类气	三类气	备注
SY 7514—1988	高位发热量，MJ/m^3　>	A 组	31.4	31.4	31.4	规定总硫含量 >480mg/m^3 的商品天然气为四类气，其 H_2S 含量以实测值为准
		B 组	14.65～31.40	14.65～31.40	14.65～31.40	
	总硫（以硫计），mg/m^3	≤	150	270	480	
	H_2S 含量，mg/m^3	≤	6	20	实测	
	CO_2 含量，%	≤	3.0	—	—	
GB 17820—1999	高位发热量，MJ/m^3	>	31.4	31.4	31.4	取消四类气，一、二类气主要作为民用燃料和工业原料
	总硫（以硫计），mg/m^3	≤	100	200	460	
	H_2S 含量，mg/m^3	≤	6	20	—	
	CO_2 含量，%	≤	3.0	3.0	—	
GB 17820—2012	高位发热量，MJ/m^3		36.0	31.4	31.4	
	总硫（以硫计），mg/m^3	≤	60	200	350	
	H_2S 含量，mg/m^3	≤	6	20	350	
	CO_2 含量，%	≤	2.0	3.0	—	

注：按国际惯例，水含量指标以特定压力下的水露点表征。根据我国国情规定为在交接点压力下，水露点应比输送条件下最低环境温度低 5℃。

由表 1-6 可以看出，GB 17820—2012 大幅度地提高了进入长输管道一类气的高位发热量，并降低了 CO_2 和总硫含量等杂质组分含量指标的限值，对保证用户安全用气与保护环境起到重要作用，也确保了中亚、中缅管道和西气东输二线等长输管道与城镇燃气管网安全、平稳运行。

二、GB 17820—2012 的修订

1. 修订总体情况

近年来，由于天然气工业发展突飞猛进，多气源、多来源、管道互联互通等因素导致天然气生产、储运与消费等方面态势皆明显改观；天然气在我国一次能源中占比也逐年升高；2010 年的占比约为 4%，2020 年估计达到 10%。为进一步发挥天然气的清洁能源优势，

全国天然气标准化技术委员会于2015年开始进行该强制性国家标准的修订工作。经过4年多的调查研究和反复讨论，2018年11月国家市场监督管理总局和国家标准化管理委员会联合发布了GB 17820（第3版），其规定的天然气质量要求见表1–7。

表1–7　GB 17820—2018规定的天然气质量要求

项目		一类	二类
高位发热量①，②，MJ/m^3	⩾	34.0	31.4
总硫（以硫计）①，mg/m^3	⩽	20	100
硫化氢①，mg/m^3	⩽	6	20
二氧化碳，%（摩尔分数）	⩽	3.0	4.0

① 本标准中使用的标准参比条件是101.325kPa，20℃。

② 高位发热量以干基计。

2. 国内主要天然气产区的气质调查

上文已经提及，ISO 13686并未规定天然气产品质量具体数值，其原因是各国生产的天然气气质相差悬殊，各国应根据自身的气质情况制定适应国情的气质标准。国内主要天然气产区有塔里木、长庆、川渝、青海、新疆、南海、吉林、大庆、辽河等。根据中国石油、中国石化、中国海油国内三大石油公司2016年的调查，2015年全国天然气表观消费量达$1932 \times 10^8 m^3$（表1–8）。按GB 17820—2012版对天然气中有机硫含量限值统计，中国石油生产的二类（商品）气为$185.2 \times 10^8 m^3$，其中川渝地区气田约生产$100 \times 10^8 m^3$。新疆也有少量总硫含量$60mg/m^3$左右的天然气。长庆油田所产天然气除硫化氢外，其他含硫化合物的含量较低，即总硫含量值与硫化氢含量相当。另外，中国石化所产的总硫含量较高的天然气也是川渝地区的气田生产的。根据2015年生产报表的统计，当年商品天然气总产量中，总硫大于$30mg/m^3$的一类气和二类气产量为$213.4 \times 10^8 m^3$，占全国表观消费量的11%。按主要产地情况来进行统计，国内天然气产区有代表性的气质数据见表1–9。

表1–8　2015年三大石油公司统计的天然气产量和气质情况

分类	公司	产量，$10^8 m^3$	发热量，MJ/m^3	总硫，mg/m^3	硫化氢，mg/m^3	二氧化碳，%（摩尔分数）
一类	中国石油	306.8	⩾36.0	⩽10	⩽1	⩽2.0
	中国石化	108.1	⩾36.0	⩽10	⩽2	⩽2.0
	中国石化	20	⩾36.0	⩽56	⩽2	⩽2.0
	中国海油	2.6	⩾36.0	⩽10	—	⩽2.0
二类	中国石油	185.2	⩾33.0	⩽150	⩽19	⩽3.0
	中国石化	8.2	⩾34.1	⩽200	⩽18	⩽3.0
	中国海油	31.3	⩾34.0	⩽2	⩽1	⩽3.0

续表

分类	公司	产量，10^8m^3	发热量，MJ/m^3	总硫，mg/m^3	硫化氢，mg/m^3	二氧化碳，%（摩尔分数）
三类	中国石油	38.9	—	—	—	—
	中国石化	8.2	—	—	—	—
	中国海油	27.6	—	—	—	—
三类之外	中国海油	43.8	—	—	—	—
合计		780.7	—	—	—	—
进口		614	—	—	—	—
全国表观消费量		1932	—	—	—	—

注：（1）进口气均满足一类气的要求，并且总硫小于 $20mg/m^3$。

（2）“—”代表未获得具体数据。

（3）总硫大于 $30mg/m^3$ 的一类气和二类气合计 $213.4\times10^8m^3$。

（4）2015 年进口天然气量和全国表观消费量数据引自国家发展和改革委员会 2016 年 1 月运行快报。

表 1–9 国内部分产区天然气气质情况（2015 年）

项目	塔里木油田	川渝气区	长庆油田	中国石化四川某点	中国海油海洋某点
高位发热量，MJ/m^3	38.27～39.28	35.23～37.71	36.40～37.86	36.59	35.09
总硫（以硫计），mg/m^3	4.1～1.0	108～3.9	7.9～3.4	180	—
硫化氢，mg/m^3	4.4～1.0	16.5～1.0	7.0～3.4	2.2	1
二氧化碳，%（摩尔分数）	1.78～0.40	4.73～0.66	3.12～1.55	1.07	9.88

目前我国管道进口天然气主要来自土库曼斯坦和缅甸；合同要求天然气气质符合我国一类气指标。土库曼斯坦和缅甸到岸的天然气气质情况见表 1–10（水露点和烃露点数据没有统计在内）。

表 1–10 进口管输天然气品质情况

项目	土库曼斯坦到岸气 2015 年抽查	缅甸到岸气 2015 年在线
高位发热量，MJ/m^3	37.45	37.11
总硫（以硫计），mg/m^3	5.7	微量
硫化氢，mg/m^3	1.1	1.0
二氧化碳，%（摩尔分数）	0.86	0.09

由于在生产过程中经低温深冷处理，故进口的液化天然气中总硫含量仅每立方米几毫克，硫化氢含量约 1mg/m³，二氧化碳和水均为痕量（低温下二氧化碳和水均变为固体，故必须脱除干净才能保证液化天然气生产装置的正常运转）。商品天然气气质方面存在的唯一问题是：某些来源的液化天然气的高位发热量明显高于管输天然气（一般约为 36MJ/m³），而相同体积的天然气，其发热量的差别可能相差达 10% 以上。对商品天然气气质控制与管理而言，该差别不会产生负面影响；但如果在全面推广能量计量和计价后，发热量测定数据需要作为法制计量的关键参数而应用于贸易结算时，则需要郑重考虑其负面影响。

3. 修订的主要内容

GB 17820—2018 只保留两个类别，取消三类气。鉴于我国的发展水平，本标准的一类气参考欧洲标准 EN 16726—2016，对总硫和硫化氢分别规定为 20mg/m³ 和 6mg/m³，体现了控制总量和控制关键组分的技术思路，从而使我国天然气气质标准中对含硫化合物含量的限值要求达到了与国际接轨的水平。

GB 17820 的 2012 版和 2018 版中关于天然气技术指标的对比见表 1–11。

表 1–11 修订前后天然气技术指标的对比

项目		一类		二类		三类	
		2012 版	2018 版	2012 版	2018 版	2012 版	2018 版
高位发热量，MJ/m³	≥	36.0	34.0	31.4	31.4	31.4	取消
总硫（以硫计），mg/m³	≤	60	20	200	100	350	
硫化氢，mg/m³	≤	6	6	20	20	350	
二氧化碳，%（摩尔分数）	≤	2.0	3.0	3.0	4.0	—	
水露点，℃		2012 版：在交接点压力下，水露点应比输送条件下最低环境温度低 5℃； 修订版：维持不变； 2018 版：将此指标从技术指标中取消，在“5 输送和使用”中进行要求，同时指出进入长输管道的天然气应符合一类气的质量要求					

注：（1）标准参比条件是 101.325kPa，20℃；

（2）高位发热量以高干基计。

此次修订工作涉及的主要内容和有关问题扼要说明如下：

（1）取消了 2012 版中规定的三类气；

（2）取消了 2012 版中规定的水露点指标；

（3）删除了 2012 版中有关强制性条款和推荐性条款的说明；

（4）调研了三大石油公司的大量（商品天然气）气质分析数据，结果表明绝大多数的数据均能满足一类气或二类气的技术要求，少量（高位发热偏低的）三类气未进长输管道。

4. 修订的理由

（1）高位发热量。

目前进入长输管道的进口天然气的高位发热量均大于 36.0MJ/m³，川渝地区有少量的天然气，其高位发热量为35.2MJ/m^3。2015年统计的天然气产量和消费量与低发热量天然气产量及其占比见表1–12。

表1–12 2015年我国天然气的生产与消费情况

	表观消费量	进口LNG	进口管输气	低发热量国产气①
生产或消费量，10^8m^3	1932	270（折算）	330	43.8
在表观消费量中占比，%	—	14.0	17.1	2.26

①指高位发热量介于23.6～28.9MJ/m^3之间的商品天然气。

由表1–12可以看出，高位发热量介于23.6～28.9MJ/m^3之间的低发热量商品天然气的产量$43.8\times10^8m^3$，在当年表观消费量中占比仅为2.26%，故即使取消三类气也没有太大影响。近年来我国天然气消费量迅速增加，2019年已经达到$3056\times10^8m^3$，低发热量商品天然气在总消费量中占比已降到1.40%以下，故可以认为取消三类气实际上不会产生负面影响。

（2）总硫和硫化氢含量。

基于其具体国情，目前德国DVGW G260规定的燃气总硫含量指标要求最严，（基本上参照德国气质标准制定的）欧盟气质标准次之，美国AGA和俄罗斯标准规定的指标相对宽松。德国DVGW G260规定的燃气总硫含量指标是8mg/m^3（含加臭剂）或6mg/m^3（不含加臭剂）。上述两项标准还规定了H_2S+COS（以S计）不大于5mg/m^3的极严格的含硫化合物含量限值指标。欧盟标准EN 16726：2016规定的总硫含量指标是30mg/m^3（含加臭剂）或20mg/m^3（不含加臭剂）；应该指出：欧盟标准对总硫含量的规定虽然很严格，但除（不需要采用任何处理措施即可达标的）德国外，没有其他欧盟国家采用。

燃气中硫化氢含量不大于20mg/m^3是国内外普遍接受的一个允许指标，即意味着不大于20mg/m^3是一个最低要求。硫化氢含量为5～7mg/m^3则是国内外管输天然气及进口天然气普遍采用的指标。此指标虽然相当严格，但使用当前国际上最常用的醇胺法工艺，仍可以（在经优化的工况下）一次处理而达到指标要求。

硫醇是较难脱除的有机硫化合物。美国天然气协会4号报告（AGA No.4）中规定的硫醇含量指标为4.6～46mg/m^3；俄罗斯国家标准GOST 5542规定的硫醇含量指标为36mg/m^3，但出口到欧洲的天然气，其总硫含量指标必须降至16mg/m^3。对于硫醇含量达到200mg/m^3左右的原料气，由于受到塔盘上气液传质平衡常数的限制，即使采用先进的砜胺法工艺，在经优化的工艺条件下其硫醇脱除率也只能达到约90%，净化气中硫醇含量很难降到16mg/m^3以下。

如果采用砜胺法+分子筛法组合工艺有可能达标，但必须考虑我国目前尚未掌握此类工艺的技术关键、装置的投资和成本甚高，以及与川渝地区已建天然气净化厂的工艺与之不相匹配等一系列技术问题。

（3）瞬时值及其测定。

在长输管道及其配气系统的气质管理与控制中引入瞬时值概念，有利于进一步改善输气系统的安全管理与大气环境保护。但由于我国迄今尚未发布天然气总硫含量在线测定的标准方法及相关分析仪器，目前还不可能实现总硫含量瞬时值的测定，建议有关单位宜及时解决上述技术问题。

（4）水露点。

天然气作为终端用户其要求是没有液态的水，此次修订按 GB 19205—2008《天然气标准参比条件》(参照 ISO 13443)，在测量和计算天然气、天然气代用品及气态的类似流体时，对真实的干燥气体，使用的压力、温度和湿度（饱和状态）的标准参比条件是 101.325kPa，20℃（293.15K）。将水露点指标取消，对于终端用户而言，无液态水就是一个基本要求。在管输过程中，也始终要求无液态水和液态烃，管输过程用水露点来要求天然气。水露点的特性是：在高压下水露点合格，则在低压下，其水露点也必然合格。例如，某天然气的水含量是 200mg/m^3，在 4MPa 下其水露点是 11.3℃，而在 1 MPa 下，其水露点为 −9.9℃。表 1–13 给出了 200mg/m^3 和 110mg/m^3 水含量在不同压力下所对应的水露点。从表 1–13 还可看出，同样的水含量，高压下的水露点要高于（大于）低压下的水露点。

表 1–13　不同压力下甲烷中水含量分别为 200mg/m^3 和 110 mg/m^3 对应的水露点

压力，MPa	水含量 200mg/m^3 对应的水露点，℃	水含量 110mg/m^3 对应的水露点，℃
1	−9.9	−16.4
2	−2.1	−9.0
3	2.8	−4.6
4	6.4	−1.5
5	9.2	1.0
6	11.3	3.1

注：表中气体体积的标准参比条件是 101.325kPa，20℃。

（5）其他指标。

在天然气输送过程中，可能由于存在反凝析现象而产生液态烃。GB 17820—2018 服务的对象主要是终端用户，因此，对于输送过程的烃含量和烃露点问题不宜做规定，故此次修订取消了 GB 17820—2012 中有烃露点的附录 A。

从地下开采出的天然气不含氧气，只有在下游城镇输配系统中，因为调峰和 / 或配气，才可能掺混入少量的空气。故 GB 17820—2018 仍然不对氧气含量做规定。

对于颗粒物，只在本标准第 5 章中定性地要求固体颗粒物不影响天然气的输送和使用。从理论分析商品天然气中不太可能存在固体颗粒，因为采输和净化过程中设置的过滤分离器基本上已经将其脱除。

当前在全球范围内只发现很少量气田产出的原料天然气中含有汞；对于含有汞、砷之类杂质的原料天然气，上游企业必须对其进行处理，故下游企业原则上已不存在脱汞问题。

取消了 GB 17820—2012 的资料性附录 B，并增加了 5.4 条，即“作为燃气的天然气，应符合 GB/Z 33440 对燃气互换性的要求。”但互换性是区域性气质指标，故建议对“进入长输管网的天然气是否存在互换性”的问题展开深入研究。

5. 有关试验方法和检验规则的讨论

标准本身并不限制科技进步。对有关项目所需的试验方法，本次修订时将工业上已经使用的、且较为成熟的试验方法均予以列入。但是，《标准编写规则　第 10 部分：产品标准》（GB/T 20001.10—2014）规定“如果一个特性存在多种适用的实验方法，原则上只应规定一种试验方法。如果因为某种原因，标准需要列入多种试验方法，为了解决怀疑或争端，应指明仲裁方法”。上述规定已清楚说明选择仲裁方法时首先应选准确度相对较高（或不确定度相对较小）的试验方法，而与该标准方法是否是国际标准规定的方法，或者是否是精密度较高的方法等因素无关。根据上述选择原则，笔者建议仔细斟酌以下问题：

（1）关于天然气组成分析的仲裁试验方法。

① GB/T 13610 是以外标法定量的气相色谱测量方法。GB/T 13610—2014《天然气的组成分析　气相色谱法》的 4.2 节规定“分析需要的标准气可采用国家二级标准物质”。这是一条极其笼统的规定，没有说明要求的标准气混合物（RGM）组成及其不确定度要求，故不能（也不可能）应用于天然气能量计量实验室的质量控制与组成分析结果的不确定度评定。

② 在 ISO 10723：2012 中明确规定：应以 ISO 6974–2 规定的方法测定天然气组成并经不确定度评定后，以 ISO 6976 规定的方法计算高位发热量。同时，GB/T 27894.2—2011/ISO 6974–2：2001《天然气　在一定不确定度下用气相色谱法测定组成　第 2 部分：测量系统的特性和数理统计》5.1.1 则明确规定“使用认证级参比气体混合物（CRM）测定检测器响应函数”，从而保证 A 级计量站天然气发热量测定的准确度优于 0.5%。故应用于天然气工业的 CRM 级 RGM 的目标不确定度应不大于 0.5%。

③ 虽然 GB/T 13610 和 GB/T 27894.2 都属于标准方法，但后者对测量过程的描述更为具体且详尽。同时还规定了测量系统特性测定和数据处理的数理统计方法，以及测量误差和不确定度的计算方法。因此，至少可以认为 GB/T 27894.2 规定的方法比 GB/T 13610 规定的方法更具备作为仲裁方法的技术条件。

（2）关于天然气总硫含量的仲裁试验方法。

氧化微库仑法是可以直接溯源至 SI 制单位的基准方法，而紫外荧光法则是通过标准气溯源的标准方法。两者在重复性条件下比对时，标准方法的准确度是否有可能优于基准方法？是否有试验数据为证？根据溯源准则，准确度高的分析方法其精密度一定也高；而精密度高的分析方法其准确度不一定高。

（3）关于天然气二氧化碳含量的仲裁试验方法。

GB 17820—2018 中 4.4 节规定“天然气中二氧化碳含量的测定按 GB/T 13610 或 GB/T 27894 执行，仲裁试验应以 GB/T 13610 为准”。这里规定的方法为仲裁方法，此规定也宜仔细斟酌；由 ISO 14111 规定的、国际通用的天然气化学分析溯源链可以看出，气相色谱法是标准方法处于溯源链的第二层级，而容量滴定法则是公认的、较成熟的、较准确的基准方法。

第四节　GB/T 37124《进入天然气长输管道的气体质量要求》

一、我国天然气生产和消费概况

由于我国天然气长期供不应求，进口依存度则逐年递增，2018 年已经高达 45%，故近年来各种非常规天然气和天然气代用品已开始大规模开发以弥补天然气的供需缺口[1-4]。煤制合成天然气代用品（以下简称煤制气）、煤层气、页岩气等作为常规天然气的重要补充，已经进入了大规模工业开发的周期。根据中国天然气行业联合会发表的资料报道：2018 年我国天然气消费量为 $2373 \times 10^8 m^3$，国内生产总量为 $1474 \times 10^8 m^3$，进口依存度为 38%；国内生产的天然气中包括页岩气 $91 \times 10^8 m^3$，煤层气 $50 \times 10^8 m^3$，煤制气 $30 \times 10^8 m^3$。由此可见，当年非常规天然气总产量为 $171 \times 10^8 m^3$，在国内生产天然气总量中的占比已达到 11.6%。

近年来，随着非常规天然气的生产规模日益扩大，进口天然气的中亚管道、中缅管道等长输管道相继投产，以及从澳大利亚、马来西亚和卡塔尔等多个国家大量进口 LNG，致使我国商品天然气在生产和交接计量过程中呈现出气质相当复杂的特点。同时，由于这些气体均通过长输管道进行输送，故急需一个统一的标准以规范其质量，确保长输管道的安全运行[5-8]。

不同来源的天然气和天然气代用品气质相差悬殊，其密度、压缩因子等可能对管输和计量产生影响的指标，以及某些可能会对管输产生影响的重要组分含量也大不相同[9-10]。国家标准《进入天然气长输管道的气体质量要求》（GB/T 37124）较充分地结合各种气源的气质特性，综合考虑其可能对管输产生影响的气质指标，并对此类关系管输气质量和管道安全运行的气质指标做出相应规定，故能有效地保障管道的安全运行，并在保证气体质量指标的同时，有利于保证长输管道中天然气计量所需物性的准确计算，以及交接计量（测量数据）的准确性[11, 12]。

二、标准的主要内容

1. 范围

《进入天然气长输管道的气体质量要求》（GB/T 37124）界定的使用范围为进入天然气长输管道的“常规天然气、煤层气、页岩气、致密砂岩气及煤制合成天然气”的气体质量要求、试验方法和检验规则。从目前进入长输管道的气体成分结构分析，本标准基本实现了对有可能进入长输管道输送的气体的全覆盖。如有新的天然气种类或天然气代用品进入管道时，本标准也将进行相应的修订。

2. 天然气长输管道的定义

长期以来，天然气长输管道通常是一个习惯性称谓，并无具体确定的指标或定义来明确其内涵。在标准制定初期，并未定义天然气长输管道的确切含义。随着制定过程的深入，参与标准制定的各相关方均认为很有必要对长输管道应给出较为确切的定义，从而使得标准的使用范围更为明确。本标准中给出的定义为："产地、储气库、使用单位之间用于输送经过处理的商品天然气（常规天然气、煤层气、页岩气、致密砂岩及煤制合成气）的长距离管道。"上述定义虽尚未具体涉及如管道长度、管输压力等方面的数据，但基本明确了可以进入长输管道的燃气品种及其质量要求。

3. 气体质量要求

表 1–14 给出了本标准中规定的具体气质指标，相对于强制性国家标准 GB 17820—2018《天然气》[13] 而言，本标准规定的气质指标还包括了水露点、一氧化碳、氢气、氧气等一系列影响管输效率和安全生产的指标。

表 1–14 《进入天然气长输管道的气体质量要求》（GB/T 37124—2018）技术指标表

项目		指标
高位发热量①,②，MJ/m^3	≥	34.0
总硫（以硫计）①，mg/m^3	≤	20
硫化氢①，mg/m^3	≤	6
二氧化碳，%（摩尔分数）	≤	3.0
一氧化碳，%（摩尔分数）	≤	0.1
氢气，%（摩尔分数）	≤	3.0
氧气，%（摩尔分数）	≤	0.1
水露点③,④，℃	≤	水露点应比输送条件下最低环境温度低 5℃

① 本标准中气体体积的标准参比条件是 101.325 kPa，20℃；
② 高位发热量以干基计；
③ 在输送条件下，当管道管顶埋地温度为 0℃时，水露点应不高于 –5℃；
④进入天然气长输管道的气体，水露点的压力应是进气处的管道设计最高输送压力。

表 1–14 中列出的本标准对高位发热量、总硫、硫化氢、二氧化碳 4 项指标的限值要求，均与 GB 17820—2018《天然气》一类气指标相一致。因此，必须是满足 GB 17820—2018《天然气》一类气的指标，才能进入天然气长输管道。

三、关于检验规则

本标准相对以往执行的气质标准，其总硫等关键指标的限值均极为严格；几乎需要对整个天然气处理工艺进行升级改造后才能实现。由于这些严格的气质指标使得处理工艺几乎在接近极限的状态下运行，导致总硫含量指标等对于工艺条件的轻微变化就反应灵敏。因此，本标准引入瞬时值控制概念。在短时间内，部分指标的实际值可以超过表 1–14 中的规定而不超过规定的瞬时值时，24 小时内的平均值不应超过表 1–15 中规定的限值。表 1–15 也给出了不同参数的瞬时值要求和平均值要求对比情况。

表 1-15　不同指标的瞬时值和平均值要求对比情况

项目		平均值要求	瞬时值要求
总硫（以硫计）①，mg/m^3	≤	20	30
硫化氢①，mg/m^3	≤	6	10
氢气，%（摩尔分数）	≤	3.0	5.0

①本标准中气体体积的标准参比条件是 101.325 kPa，20℃。

除提出瞬时值外，为提高指标的检测效率，标准还规定对于特定的气体，有明确证据证明不含有或不会低于表中指标要求的，可以不予检测（参见本标准的资料性附录 A）。

四、标准的实施过渡期

对于天然气的上游勘探开发处理工艺来说，整个开发过程的实施都是建立在一定的硬件条件下的。要实现新标准规定的限值要求，需要（在大量现场试验的基础上）对原有的处理装置及工艺条件等进行调整。同时，装置和工艺的升级改造是需要一定时间的。本标准规定 2020 年 12 月 31 日之前为过渡期；过渡期内，以原有 GB 17820—2012《天然气》标准为依据建设天然气处理装置，其出厂净化仍然执行 GB 17820—2012《天然气》中二类气标准；新建装置或原有 GB 17820—2012《天然气》标准不涉及的指标直接执行本标准。过渡期的天然气指标见表 1-16。

表 1-16　过渡期的天然气质量要求

项目		指标
高位发热量①，MJ/m^3	≥	31.4
总硫（以硫计）①，mg/m^3	≤	200
硫化氢①，mg/m^3	≤	20
二氧化碳，%（摩尔分数）	≤	3.0
水露点②，③，℃	≤	在交接点压力下，水露点应比输送条件下最低环境温度低 5℃

①本标准中气体体积的标准参比条件是 101.325 kPa，20℃。

②在输送条件下，当管道管顶埋地温度为 0℃时，水露点应不高于 -5℃。

③进入天然气长输管道的天然气，水露点的压力应是最高输送压力。

五、制定和执行 GB/T 37124—2018 产生的影响

1. 推动气质标准进一步与国际接轨

天然气中的总硫的技术要求，由 GB 17820—2012《天然气》中规定的 $200mg/m^3$ 提升至不大于 $20mg/m^3$，提高了一个数量级。因此，执行后将大幅降低由于天然气中含硫而造成燃烧后的二氧化硫排放量。与此同时，此总硫含量限值也达到了国际先进水平。

2. 推进天然气处理与加工工艺技术升级改造

本标准极大地降低了总硫含量限值，同时还提高了天然气的发热量、硫化氢等关键技术指标。这样的提高有利于拉开天然气质量区分度进而促进天然气优质优价的改革，也对我国天然气上游产业提出了巨大的挑战，几乎超越了我国现有天然气开发技术的技术极限。新标准的顺利实施，需要在天然气质量控制和在线检测新技术、有机硫深度脱除技术、羰基硫水解技术及现场试验、发热量不合格天然气气质达标技术研究等多个方面实现突破才能保证。这些技术突破和新技术的使用将较大程度地提高天然气净化成本，促进净化装置和工艺进行改造，推动天然气分析检测技术革新。

3. 多种外语版本的出版将推进标准国际化进程

本标准将同时出版中文版、英文版和俄文版。这些外文版本标准的同步出版，将有利于我国标准“走出去”战略，也将促进我国在天然气国际贸易中改善信息沟通效率，加速我国天然气国际贸易步伐。

第五节 测量不确定度评定及其标准化

大力加强化学计量结果的不确定度评定研究及其标准化是国际标准化组织天然气技术委员会（ISO/TC 193）当前最重要的技术发展动向。例如对于能量计量系统，天然气组成分析结果的测量不确定度涉及巨大经济利益，故 2012 年发布的 ISO 标准《天然气分析系统性能评价》（ISO 10723:2012）明确规定将测量结果的精密度评价更改为不确定度评定，并宣布撤销 ISO 10723:1995。ISO 10723:2012 附录 A 中，进一步提出能量计量系统的最大允许误差（MPE）应不超过 0.1MJ/m^3。2016 年发布的新版 ISO 6976 中，在报告每个化合物的发热量时，均报告了测定值的测量不确定度。同时，2015 年由气体分析技术委员会（ISO/TC 158）发布的国际标准《气体分析—校准气体混合物的制备—第 1 部分：称量法制备一级标准气混合物》（ISO 6142-1）的第 11 章、附录 B 和附录 G 中，对制得的标准气混合物（RGM）中各组分的不确定度及其灵敏度的计算均做了详细说明。

一、以《测量不确定度表示指南》（GUM 法）和蒙特卡洛法（MCM）评定测量不确定度

测量的目的是准确地获得被测量的量值，但由于真值的不确定性，一切测量皆不可避免地存在不确定度。因此，在报告测量结果的同时必须对其质量（或准确度水平）给出定量的说明。以测量不确定度对测量结果的质量进行定量表征，是当前所有计量科学领域内全球普遍接受的准则。就本质而言，没有不确定度说明的测量数据没有任何实用价值。

鉴于化学分析测量在取样、样品处理、测量模型及不确定度来源分析等方面的特殊性和复杂性，我国遵循 GUM 和欧洲分析化学活动中心（EURACHEM）出版的《量化分析测量不确定度指南》的基本原则，结合化学分析测量的特点，于 2005 年发布了国家计量规范《化学分析测量不确定度评定》（JJF 1135），据此以规范化学分析测量领域中不确定度的评定及表示方法。

《测量不确定度评定与表示》（JJF 1059.1—2012）是其1999年版本的修订本，修订依据为ISO/IEC Guide 98-3-2008《测量不确定度表示指南》（GUM）。《用蒙特卡洛法（MCM）评定测量不确定度》（JJF 1059.2—2012）的制定依据是ISO/IEC Guide 98-3 Supplement 1-2008《用蒙特卡洛法传播概率分布》。与GUM法利用线性化数学模型传播不确定度不同，MCM法是利用随机变量的概率密度分布函数（PDF）进行离散取样；通过测量模型传播输入量分布而计算出输出量（Y）的离散分布值，并由后者直接获得其最佳估计值、标准不确定度和包含区间。以MCM法评定不确定度是专门应用于数学模型不宜进行线性化的场合，否则输出量的估计值及其标准相对不确定度可能会变得不可靠[13]。

据2017年底的统计，我国天然气长输管道的总长已达7.7×10^4km，其输配系统中的A级计量站装备有数量十分庞大的、用于发热量间接测定的气相色谱仪。对如此巨大的样本数量不可能按GUM法规定的线性（近似）模型进行测量结果的不确定度评定。因此，必须使用GB/T 28766—2018/ISO 10723：2012《天然气　分析系统性能评价》附录A和JJF 1059.2中规定的MCM法，利用随机变量的概率密度分布函数（PDF），通过重复随机取样而实现整个输配系统（如西气东输一线、二线等）中气相色谱仪测量结果的（总体）不确定度评定。

对整个输配系统进行气相色谱仪分析结果的测量不确定度评定，是实施天然气能量计量过程中必须完成的一项基础工作。据此证实能量计量系统的不确定度是否可以满足国家标准《天然气计量系统技术要求》（GB/T 18603）规定的准确度。

二、不确定度评定与校准和检测实验室合格评定

JJF 1059.3《测量不确定度在合格评定中的使用原则》的制定依据是ISO/IEC Guide 98-4《测量不确定度在合格评定中的作用》（草案稿）——国际计量指南联合委员会2009年发布的106号文件（JCGM 106：2009）。由于ISO目前正在世界范围内对此草案稿征求意见，故JJF 1059.3目前尚未正式发布。但是，我国合格评定国家认可委员会（CNAS）根据JJF 1059.1和《检测和校准实验室能力认可准则》（CNAS-CL01：2006）的要求，已经发布了《测量结果的溯源性要求》（CNAS-CL06：2014）。据此文件的规定，对天然气分析测试方法标准而言，校准和检测实验室认可的核心内容可以归结为两项：坚实的溯源链及符合国际和/或国家规范的不确定度评定程序。根据CNAS发布的《测量不确定度要求》（CNAS-CL07：2011）的规定，校准和检测实验室提供的测量数据至少应满足以下3项要求：

（1）校准实验室应对其开展的全部项目评定测量不确定度；

（2）应在其校准证书（或检测报告）中阐明测量不确定度；

（3）通常校准证书中应包括测量结果的数值（Y）及其扩展不确定度（U）。

JJF 1059.1—2012《测量不确定度评定与表示》中5.1.4条规定：报告测量结果包括被测量的估计值及其测量不确定度。鉴于不确定度评定对测量结果的重要性，当前发布的ISO分析方法标准，一般也要求说明测量不确定度。例如，2001年发布的《天然气　在规定不确定度下用气相色谱法测定组成　第2部分：测量系统的特性和数理统计》（ISO 6974-2）的6.8节中，就规定了计算测量结果不确定度的方法。与之相配套，2016年发布

的新版 ISO 6976 的表 3 中（表 1–17），对所列出的全部 48 个（与组成分析密切相关的）化合物的摩尔基高位发热量（MJ/mol）均报告了在 5 个不同燃烧参比温度下测定值的相对标准不确定度（u_{Hc}）。

表 1–17　理想状态下天然气组分在不同燃烧参比温度下高位发热量不确定度（摘录）

组分	高位发热量，MJ/mol					$u(U_c)$，%
	0℃	15℃	15.55℃	20℃	25℃	
甲烷	892.92	891.51	891.46	891.05	890.58	0.19
乙烷	1564.35	1562.14	1562.06	1561.42	1560.69	0.51
丙烷	2224.03	2221.10	2220.99	2220.13	2219.17	0.51
正丁烷	2883.35	2879.76	2879.63	2878.58	2877.40	0.72
异丁烷	2874.21	2870.58	2870.45	2869.39	2868.20	0.72
正戊烷	3542.91	3538.60	3538.45	3537.19	3535.77	0.23
异戊烷	3536.01	3531.68	3531.52	3530.25	3528.83	0.23
2，2- 二甲基丁烷	3521.75	3517.44	3517.28	3516.02	3514.61	0.25
正己烷	4203.24	4198.24	4198.06	4196.60	4194.45	0.32

强制性国家标准《天然气》（GB 17820—2012）规定的商品天然气 5 项气质指标中，天然气组成、硫化氢含量、总硫含量和二氧化碳含量这 4 项指标的分析测试方法均源于美国 ASTM 标准，只规定了测量重复性与再现性等精密度评价方面的要求，迄今尚未按 ISO 10723：2012 规定的技术要求开展有关测量不确定度评定及其应用的全面研究，因而也影响了仲裁方法与 RGM 的选择。

三、能量计量用 RGM

根据国际标准《天然气分析系统性能评价》（ISO 10723：2012）的有关规定，目前国外的能量计量检测和校准实验室均已将气相色谱系统测量结果的评价方法，由以往的精密度评价改为不确定度评定。评定过程中使用 RGM 的扩展不确定度（U）应不大于 0.5%（k=2）；RGM 的组成（及其组分含量变化范围）则由被评价商品天然气的气质特点来确定。根据国际法制计量组织（OIML）发布的国际建议 R 140 的规定：评价结果要求以 MPE 来表示。当气相色谱仪提供的分析数据在按 ISO 6976 的规定计算高位发热量时，最大允许误差（MPE）应不超过 0.1MJ/m^3。

根据 ISO 14111 的规定，欧美发达国家现已按天然气分析溯源链的结构特点，研制成功了多种不同用途的高准确度 RGM，并根据本国商品天然气的气质特点确定能量计量用 RGM 的组成及其含量变化范围。表 1–18 给出了部分国家天然气工业用 RGM 研制概况。

表 1–18　天然气工业用 RGM 研制概况

国家	主管部门	研制与审批	研制概况
中国	国家市场监督管理总局	中国计量科学研究院标准物质中心	目前应用于天然气能量计量的、准确度优于 0.5% 的十元标气混合物（RGM）尚须依赖进口；研制情况未见报道。有关检测实验室用不同规格的 RGM 进行不确定度评定
美国	国家标准技术研究院（NIST）	NIST	2014 年发布《气体标准物质溯源程序（NIST）》（最新修订版），以供商业用天然气专用能量计量 RGM 溯源用；美国 SCOTT 公司出品的天然气发热量校准气畅销全球
英国	政府化学实验室（LGC）	国家物理实验室（NPL）	LGC 承担国家计量院的职责；NPL 负责气体标准物质（RGM）的研发与审批。我国目前应用于天然气组成分析质量控制的高准确度十元标气混合物（RGM）就是由 NPL 提供的
德国	联邦材料和测试研究院（BAM）	BAM	BAM 是国际权威性的标准物质研制机构之一；应用于 ISO/TC 193 组织的 VAMGAS 试验项目的两个准确度优于 0.1% 的基准级 RGM 中的一个就是由 BAM 研制的
荷兰	国家计量研究院（NMI）	NMI	NMI 也是国际知名天然气工业专用 RGM 研制机构；应用于 ISO/TC 193 组织的 VAMGAS 试验项目的两个基准级 RGM 中的另一个就是由 NMI 研制的

表 1–19 示出了英国 EffeTech 公司能量计量检测和校准实验室根据英国国家输气管网中天然气组成情况确定的 RGM 组成及其含量变化范围[18]。

表 1–19　试验气体（RGM）组成及其涵盖的含量范围

组分	最低含量，%（摩尔分数）	最高含量，%（摩尔分数）
氮气	0.10	12.07
二氧化碳	0.05	8.02
甲烷	63.81	98.49
乙烷	0.10	13.96
丙烷	0.05	7.99
异丁烷	0.010	1.19
正丁烷	0.012	0.35
新戊烷	0.005	0.35
正戊烷	0.006	0.34
正己烷	0.005	0.35

近年来，国内的能量计量检测实验室发表了一系列对天然气组成分析结果进行不确定度评定的学术论文；但各实验室在评定过程中使用的 RGM 规格却大相径庭（表 1–20）。表 1–20 所示 4 种 RGM 具有 3 种不同的扩展不确定度，且均未达到 ISO 10723：2012 的要求，故不具备应用于能量计量系统的基本条件。同时，由于论文中报道的不确定度评定数据并非采用相同的技术条件，故测量结果相互间缺乏可比性，更无法参与国际比对和互认，因而其实用价值有限。由于我国天然气组成分析测量结果不确定度评定的研究与标准化工作相对滞后，迄今未发布符合国际惯例的天然气分析溯源准则；应用于能量计量实验室质量控制的 RGM 尚依赖出口，且其命名也不符合 ISO 14532（GB/T 20604—2006/ISO 14532：2001《天然气 词汇》）的规定，一旦发生争议需进行国际仲裁，其结果不容乐观。

表 1–20 国内检测实验室使用 RGM 的技术规格

单位名称	使用的 RGM	技术规格	备注
（1）同济大学机械与能源工程学院	使用的 RGM 仅有 4 个组分	N_2 7.52%，CO_2 0.213%，CH_4 89.6%，以 C_2H_6 为平衡气。 CH_4 组分扩展不确定度 U=0.2%（k=2）	RGM 无代表性
（2）中国石化天然气分公司计量研究中心（试验 1）	GBW（E）061322（国家二级标准物质）	标示了 N_2、CO_2、C_2H_6 等 9 个组分的含量，以甲烷为平衡气。 RGM 的总不确定度 U=1%（k=2）	RGM 准确度水平太低
（3）中国石化天然气分公司计量研究中心（试验 2）	GBW（E）061322（国家二级标准物质）	标示了 N_2、CO_2、C_2H_6 等 9 个组分的含量，以甲烷为平衡气。 RGM 的总不确定度 U=1%（k=2）	RGM 准确度水平太低
（4）国家煤层气产品质量监督检验中心	大连大特公司生产 BW（DT0142）	CH_4 98.1%，C_2H_6 0.213%，O_2 0.196%，N_2 0.996%，CO_2 0.495%。 CH_4 组分 U=0.049%（k=2）	RGM 无代表性

四、蒙特卡洛（MCM）模拟及其应用

随着我国分析化学计量技术的不断发展与规范，尤其是在基于误差传播的 GUM 法评定不确定度不适用的情况下，适时地在 JJF 1059.2 中规定了万能型的“用蒙特卡洛法传播概率分布”（MCM 法）评定不确定度，且 GUM 法评定不确定度的结果也可以 MCM 法进行验证。通常以下情况属于 GUM 法不适用范围：

（1）输入量的概率分布不对称；

（2）不能假设输出量的概率分布近似为正态分布；

（3）测量模型不能用线性模型近似或求灵敏度系数非常困难；

（4）被测量估计值与其标准不确定度大小相当时。

我国天然气长输管道及其输配系统中的 A 级计量站装备有数量相当庞大的、用于发

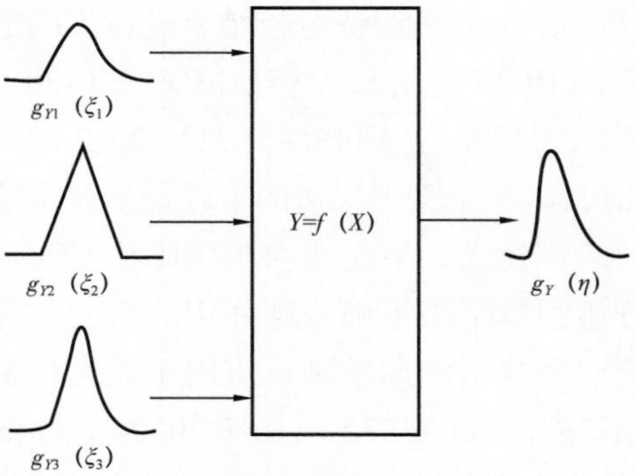

图 1–1　MCM 法输入与输出量的概率密度函数

热量间接测定的气相色谱仪，对如此巨大的样本数量实际上不可能按 GUM 法规定的线性（近似）模型进行测量结果的不确定度评定。在此情况下，必须使用 JJF 1059.2 和 ISO 10723：2012（GB/T 27866—2018）附录 A 中规定的 MCM 法，以如图 1–1 所示的利用随机变量的概率密度分布函数（PDF），通过重复随机取样而实现整个商品天然气输配系统（如西气东输一线、二线等）中气相色谱仪测量结果的（总体）不确定度评定。

1. 基本原理

MCM 法是通过对输入量 X_i 的概率密度分布函数（PDF）离群抽样，由测量模型传播输入量的概率分布，计算获得输出量 Y 的 PDF 的离群抽样值，进而由输出量的离群抽样值获得输出量的最佳估计值、标准不确定度及其包含区间。该最佳估计值、标准不确定度和包含区间的可信程度随 PDF 抽样数的增加而提高。

图 1–1 描述了由输入量 X_i（i=1，⋯，N）变化的 PDF，后者通过模型传播给输出量 Y 的 PDF 的过程示意图。图 1–1 中列出了 3 个相互独立的输入量，它们的概率分布分别为正态分布、三角分布和正态分布，输出量的 PDF 显示为不对称分布。

2. 实施步骤

根据组成分析系统具体情况，评定测量偏差及其分布范围大致需经以下步骤：

（1）确定商品天然气的组成及其变化范围；

（2）在离线分析仪上确定响应函数类型；

（3）确定标准气混合物（RGM）组成及其不确定度；

（4）进行实验设计；

（5）计算测量结果的偏差及其分布范围（不确定度）。

3. 模拟结果

甲烷通常是商品天然气中含量最高的组分，故以甲烷含量变化而得到的高位发热量测定值的平均误差及其分布范围最具代表性。在 ISO 10723：2012 附录 A 给出的实例中，MCM 评定得到的发热量测定结果的平均误差及其分布范围与商品天然气中甲烷含量的关系如图 1–2 所示[18]。

从图 1–2 所示数据可以看出，RGM 中甲烷含量（摩尔分数）为约 82% 时接近测量误差扩散的最小点；随着 RGM 中甲烷含量增加则测量误差及其不确定度也增加，在甲烷含量约为 90% 时达到最大。图 1–2 中数据表明：商品天然气中甲烷含量在 82%～90%（摩尔分数）范围内波动时，由间接法测定高位发热量的最大允许误差（MPE）可以控制在 0.1MJ/m^3（包含因子 k=2，包含概率 95%）之内。

根据英国现行法规规定[18]，用户所接受天然气的计算发热量应与其支付的账单相一

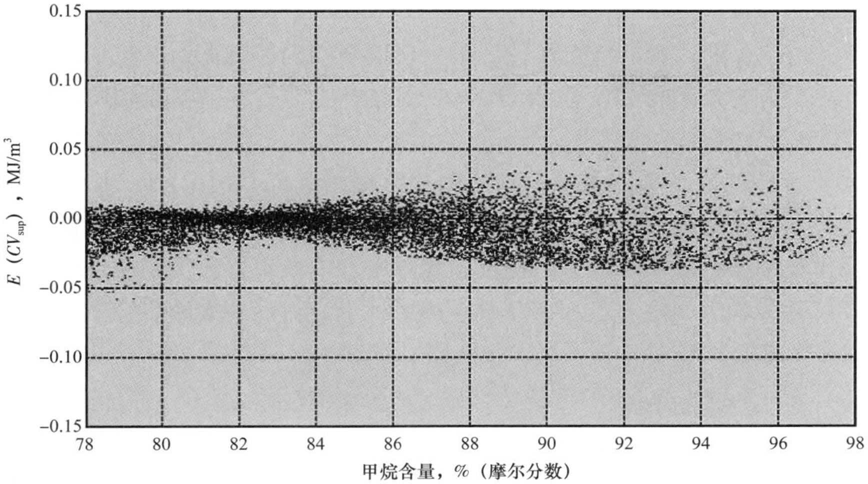

图 1–2　以甲烷含量为变量的测量误差分布图

致，故进入输气管网的天然气必须达到规定的发热量。由此可见，以 MCM 法评定整个输配系统中商品天然气组成分析结果的测量不确定度，是实施能量计量过程中不可或缺的一项基础工作。

五、0 级（参比）热量计及其应用

间接法测定天然气发热量过程中，通过多元 RGM 溯源，实际上只能溯源至由室间循环比对试验确定的 RGM“公议值”，并未真正溯源至 SI 制单位。因此，美国在实施能量计量过程中又进一步规定：能量计量的发热量（H）是指单位量天然气在燃烧过程中实际释放的能量，而不是以其中可燃组分含量在规定条件下计算出的能量。此条规定的实质是：直接法是测定天然气发热量的基准方法；以间接法计算而得的发热量值及其测量不确定度应由直接法测定结果予以确认。

我国于 2006 年发布经修订的强制性国家标准《城镇燃气热值和相对密度测定方法》（GB/T 12206），规定了以水流式热量计测定燃气发热量的方法，但因此类热量计的准确度仅 1%，不能应用于能量计量作为基准方法。2006 年，ISO/TC 193 发布了标题为《天然气分析用气体标准物质的确认》的技术报告（ISO/TR 24094）。该技术报告不仅对通过室间循环比对试验确认多元 RGM 的方法与步骤做了详尽规定，且提出的确认方法成功地为确定多元 RGM 的标准值及其不确定度提供了实验证据，使室间循环比对试验定值法与计量学定值法相联系，确认了以称量法制备的多元 RGM 可以通过与等环境双体式 0 级（参比）热量计测定值比对而溯源至 SI 制单位焦耳（J），从而奠定了为其定值的理论基础[18]。

近年来，随着生物气、页岩气等新型气体能源大量进入市场，商品天然气组成变化对发热量及其测量不确定度的影响受到普遍关注；0 级热量计的技术开发与应用也有了较大进展。建于德国联邦计量研究院（PTB）的 GERG 参比热量计，在测定纯甲烷高位发热量

时，其测量不确定度已达到优于 0.05%（k=2）的水平。但目前建于德国 PTB 和法国国家计量实验室（LNE）的两套 0 级热量计都采用玻璃烧制的燃烧器，其技术规格不易严格统一。鉴于此，韩国标准科学研究院于 2017 年开发成功了热量计容器和燃烧器皆用 304 号不锈钢制作的 0 级热量计。

图 1–3 所示左侧为燃烧器上部，右侧则为燃烧器下部，两个部分之间用带 O 形密封圈的螺栓连接。金属燃烧器上部包括水夹套、换热器、视窗和两个气体出口。视窗靠容器壁一侧用钢化玻璃材料制作，既可防止发生爆炸，又方便观察火焰与燃烧状况。燃烧器下部包括电极护套和 3 个气体入口。在此 0 级热量计上进行的 8 次测定纯甲烷高位发热量试验的结果见表 1–21。

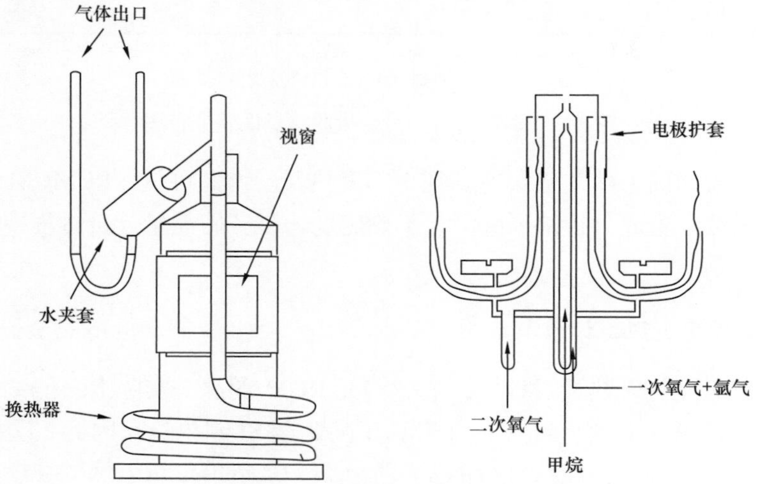

图 1–3　金属燃烧器的结构

表 1–21　8 次试验的 H_S 测定结果

试验编号	测定结果，kJ/g	试验编号	测定结果，kJ/g
1	55.38	5	55.44
2	55.45	6	55.52
3	55.40	7	55.45
4	55.38	8	55.39

表 1–21 中 8 次试验测定结果的平均值为 55.42 kJ/g，与国际标准值的偏差为 0.16%。测定数据表明：此 0 级热量计的准确度虽稍逊于 GERG 参比热量计，但完全可以满足对能量计量用多元 RGM 定值（准确度应优于 0.5%）的要求。因能量计量用多元 RGM 的研制较困难，在尚未解决此问题前，建设一台具有相应测量不确定度的 0 级热量计，不失为另一个构建天然气分析溯源链的有效途径[19]。

六、认识与建议

在全面推广实施天然气能量计量的过程中，建议充分重视下列问题：

（1）GB/T 13610 是否能替代 GB/T 27894（系列标准）应用于发热量间接法测定结果的不确定度评定，尚须进行比对试验后才能确定[20]；

（2）我国迄今尚未发布符合国际惯例的天然气分析溯源准则；

（3）国内有关检测实验室完成的天然气组成分析结果不确定度评定研究中，所用的多元 RGM 均不符合 ISO 10723：2012 规定的技术要求；

（4）以 MCM 法评定整个输配系统中商品天然气组成分析结果的测量不确定度，是实施能量计量过程中不可或缺的一项基础工作；

（5）在尚未解决能量计量用多元 RGM 的研制问题前，建设一台具有相应测量不确定度的 0 级热量计，是另一个构建天然气分析溯源链的有效途径。

参考文献

[1] 付国忠，陈超．我国天然气供需现状及煤制天然气工艺技术和经济性分析［J］．中外能源，2010，15（6）：28-34.

[2] 黄黎明．中国天然气质量与计量技术建设现状与展望［J］．天然气工业，2014，34（2）：117-122.

[3] 罗勤．天然气能量计量在我国应用的可行性与实践［J］．天然气工业，2014，34（2）：123-129.

[4] 郭开华，王冠培，皇甫立霞，李宁．中国天然气气质规格及互换性标准问题［J］．天然气工业，2013，31（3）：97-101.

[5] 蔡黎，潘春锋，李彦，罗勤，唐蒙．多气源环境下进入长输管道气质要求探讨［J］．石油与天然气化工，2014，43（3）：313-317.

[6] 陈赓良．论天然气组成分析的溯源性［J］．石油与天然气化工，2008，37（3）：243-248.

[7] 陈赓良．对天然气分析中测量不确定度评定的认识［J］．天然气工业，2012，32（5）：70-73.

[8] 周理，郭开华，皇甫立霞，等．天然气互换性判别方法研究［J］．石油与天然气化工，2014，42（6）：123-129.

[9] 蔡黎，唐蒙，迟永杰．天然气发热量间接测定不确定度评估方法初探［J］．石油与天然气化工，2015，44（2）：101-104.

[10] 蔡黎，秦吉，李克，迟永杰．天然气发热量间接测量不确定度评估方法再探——参比条件下天然气压缩因子不确定度评估［J］．石油与天然气化工，2016，45（1）：89-91.

[11] 李克，潘春锋，张宇，曾文平，等．天然气发热量直接测量及赋值技术［J］．石油与天然气化工，2013，42（3）：297-301.

[12] 周理，郭开华，龚腾，等．中国天然气分类及互换性标准探讨［J］．石油工业技术监督，2014，30（2）：188-191.

[13] 国家市场监督管理总局，中国国家标准化管理委员会．GB 17820—2018　天然气［S］．北京：中国标准出版社，2018.

[14] 邢承治，胡兆吉，郝鹏，等．煤制气质量指标比较分析［J］．石油与天然气化工，2014，43（3）：318-321.
[15] 国家能源局．NB/T 12003—2016　煤制天然气［S］．北京：化学工业出版社，2016.
[16] 张体明，王勇，赵卫民，吴倩．模拟煤制气环境下 X80 管线钢及 HAZ 的氢脆敏感性［J］．焊接学报，2015，36（9）：43-46.
[17] 张体明，王勇，赵卫民，等．高压煤制气环境下 X80 钢及热影响区的氢渗透参数研究［J］．金属学报，2015，51（9）：1101-1110.
[18] 高立新，陈赓良，李劲，等．天然气能量计量的溯源性［M］．北京：石油工业出版社，2015.
[19] Joohyun Lee，Suyong Kwon，Wukchul Joung，et al. Measurement of calorific value of methane by calorimetry using metal bunner［J］. Int. J. Thermophys.，2017，38（10）：171.
[20] 陈赓良．对天然气气质国家标准规定仲裁方法的讨论［J］．天然气与石油，2020，38（5）：31.

第二章　基本概念与基础标准

ISO/TC 193 自其成立以来的 30 年间，主要工作任务有两个：一是建立商品天然气气质分析测试标准；二是建立天然能量计量过程中所需的一系列基础性支撑标准，以解决分析测试方法选择、基准仪器建设、标准气体混合物制备与应用、溯源准则建立与不确定度评定等问题。

第一节　天然气能量计量

一、GB/T 22723 的规定

为加快我国天然气大规模交接计量方式由传统的体积计量向能量计量过渡，国家质量监督检验检疫总局和国家标准化管理委员会于 2008 年 12 月 31 日联合发布了国家标准《天然气能量的测定》(GB/T 22723)。就本质而言，该标准是一个管理性的标准，它规定了采用热量计直接测定或气相色谱法分析结果间接计算的方式对天然气进行能量测定的方法，并描述了应采用的相关技术和措施。

GB/T 22723 规定包含在一定量天然气中的能量可以由下式表示：

$$E=H\times Q \tag{2-1}$$

式中　E——能量；

H——天然气的发热量；

Q——天然气的量（体积或质量）。

通常，天然气的量以体积表示，发热量则以体积为基准进行计算。为了能准确地进行能量计量，必须使天然气的体积与其发热量（的测定或计算）处于相同的参比条件下。实施能量计量时，既可以用连续测定的几组发热量数据与相应时间周期内流量乘积的累加值来计算，也可以用该时间周期内的总（流量）体积与其有代表性的（赋值）发热量的乘积来计算。

天然气的体积可以在标准参比条件下测量和报告，也可以在其他参比条件下测量，并以合适的体积转换方法将其换算为标准参比条件下的等量体积。GB/T 22723 规定体积计量时的标准参比条件：压力为 101.325kPa，温度为 20℃；能量计量时的标准参比条件：压力为 101.325kPa，温度为 20℃，干基。

天然气发热量的测定可以在计量站内进行，也可以在其他若干有代表性的地点进行，然后将测定结果赋值给计量站。

图 2–1 所示为通过测量天然气体积及其发热量（以体积为基础）来计算能量的技术，也即所谓的间接法（能量）测定技术。图 2–1 所示的 E 为以 MJ 表示的总能量；e 则为以 MJ/h 表示的单位时间内输出的能量。

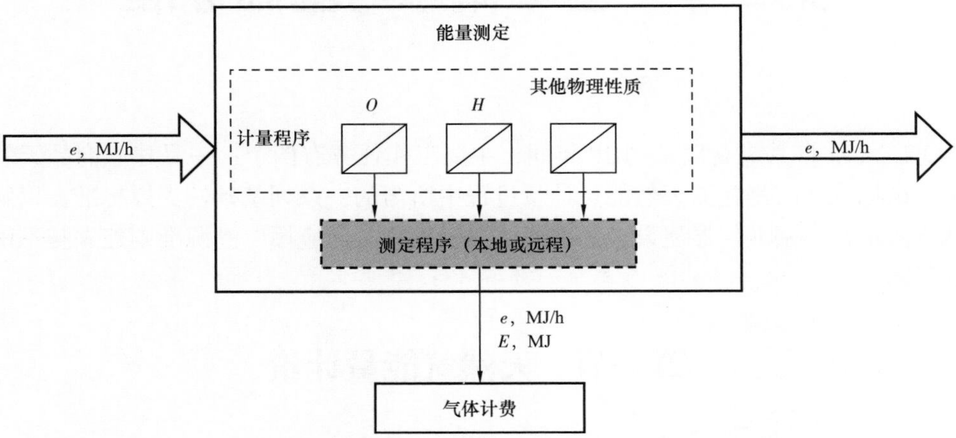

图 2–1　间接法测定天然气能量示意图

为了计算某个时间周期内流过计量站的天然气的总能量，需要采用积分的方法。后者又可以分为两种方式：一种是对能量流积分；另一种是对天然气流量积分求得其总量，再乘以一个有代表性的发热量。采用何种积分方式往往取决于销售合同或国家法律规定。但必须指出，能量计量的基本原理与计算采用的积分方式无关，积分方式只影响能量计量结果的不确定度。

二、天然气计量系统技术要求

1. OIML R 140：2007 对计量系统的分级及其配置要求

天然气能量计量属法制计量范畴。国际法制计量组织（OIML）TC8/SC7 气体计量分委员会于 2007 年发布国际建议《气体燃料计量系统》（OIML R 140 文件），将天然气计量系统按准确度要求分为 A、B 和 C 三个等级，每个等级的最大允许误差（*MPE*）又分为能量计量及体积（或质量）计量两种情况（表 2–1）。根据表 2–1 规定的 *MPE* 要求，分解至计量系统中各功能模块（子系统）的 *MPE* 具体要求值见表 2–2；表中所示数据可以应用于仪器仪表定型试验和初次检定。

表 2–1　计量系统的最大允许误差（*MPE*）

测量的 *MPE*	A 级计量系统	B 级计量系统	C 级计量系统
能量计量系统	± 1.0%	± 2.0%	± 3.0%
转换为体积计量；转换为质量计量，或直接进行质量计量	± 0.9%	± 1.5%	± 2.0%

表 2-2 计量系统中各功能模块的 *MPE*

项目	A 级计量系统	B 级计量系统	C 级计量系统
工况条件下的体积（或质量）	± 0.7%	± 1.20%	± 1.50%
参比条件下的体积（或质量）	± 0.5%	± 1.00%	± 1.50%
发热量直接测定	± 0.5%	± 1.00%	± 1.00%
有代表性的发热量测定（发热量间接测定）	± 0.6%	± 1.25%	± 2.00%
转换为能量	实际计算值的 0.05%	实际计算值的 0.05%	实际计算值的 0.05%

在工况条件下测量体积的 *MPE*（计算出的绝对值）应大于或等于规定的（量值）最小偏差（E_{min}），即应满足下列公式：

$$E_{min}= 2 \times MMQ \times MPE \tag{2-2}$$

式中 *MMQ*——相关测量的最小测定值；

MPE——表 2-1（或表 2-2）中所示值。

为了满足上述计量系统及其功能模块的准确度要求，计量系统中除发热量测定仪器外的所有测量仪表单独进行检定时，其 *MPE* 必须满足表 2-3 的要求。

表 2-3 有关测量仪表的 *MPE*①

项目	A 级计量系统	B 级计量系统	C 级计量系统
温度	± 0.5℃	± 0.5℃	± 1℃
压力	± 0.2%	± 0.5%	± 1%
密度	± 0.35%	± 0.7%	± 1%
压缩因子	± 0.3%	± 0.3%	± 0.5%

①天然气每一种特性量值测量的 *MPE*，可按表中示值的 1/5 估计。

2. GB/T 18603 对计量系统的分级及其配置要求

2001 年我国首次发布了国家标准《天然气计量系统技术要求》（GB/T 18603），2014 年又发布了经修订的版本。该标准规定了新建或改扩建天然气计量站贸易计量系统的设计、建设、投产运行、维护等方面的技术要求。系统中输送的天然气质量应符合 GB 17820《天然气》规定的技术要求。

GB/T 18603 规定的技术条件适用于天然气体积流量、质量流量和能量流量等 3 种不同的流量测量方式，并在其资料性附录 A 中列出了这 3 种流量计量方式的基本计算公式。它是天然气流量计量领域中最重要的一个基础标准。

GB/T 18603 适用于设计处理能力不小于 500m³/h（标准参比条件下）、工作压力不低于 0.1MPa（G）的天然气计量站贸易计量系统。但年输送天然气不大于 $3\times10^4m^3$ 的贸易计量系统可以不包括在此标准规定的范围内。GB/T 18603—2014《天然气计量系统技术要求》的规范性附录 B 中规定了不同等级的计量系统（表 2-4）以及与之配套的仪表准确度（表 2-5）。

表 2-4　不同等级的计量系统

设计能力（标准参比条件）q_n m³/h	q_n≤1000	1000<q_n≤10000	10000<q_n≤100000	q_n>100000
流量计的曲线误差校正		√		√
在线核查（校对）系统				√
温度转换	√	√		√
压力转换	√	√		√
压缩因子转换		√		√
在线发热量和气质测量				√
离线或赋值发热量值测定	√	√		
每一时间周期的流量记录				√
密度测量（代替 P、T、Z）				√
准确度等级	C（3%）	B（2%）	B（2%）或 A（1%）①	A（1%）

① 按 6.5.3 选择 A 级或 B 级计量系统。

GB/T 18603 第 6 章规定，天然气发热量可以用直接法或间接法的测量数据获得，但此标准推荐使用组成分析数据计算的间接测量方法。各项有关参数选用的测量方法（或仪表）至少应符合表 2-5 要求的准确度，并应能准确地将不确定度减小至满足合同要求，且技术可行和经济合理。

表 2-5　不同等级计量系统配套仪表准确度

测量参数	最大允许误差		
	A 级	B 级	C 级
温度	0.5℃①	0.5℃	1.0℃
压力	0.2%	0.5%	1.0%
密度	0.35%	0.7%	1.0%
压缩因子	0.3%	0.3%	0.5%
在线发热量	0.5%	1.0%	1.0%
离线或赋值发热量	0.6%	1.25%	2.0%

续表

测量参数	最大允许误差		
	A 级	B 级	C 级
工作条件下体积流量	0.7%	1.2%	1.5%
计量结果	1.0%	2.0%	3.0%

① 当使用超声流量计并计划开展使用中检验时，温度测量不确定度应该优于 0.3℃。

天然气能量计量主要应用于 A 级计量站，故按表 2–5 的规定，在线发热量测定的准确度应达到 0.5%；能量计量系统的 *MPE* 应优于 ±1.0%。在计量参比温度和燃烧参比温度均为 15℃及计量参比压力为 101.325kPa 的工况下，根据在线气相色谱仪的分析数据计算真实气体高位发热量并将 C_{6+} 测定值设定为纯组分正己烷时，在气相色谱仪规定的组分分析范围内，通常按规范要求将分析仪器的 *MPE* 设定为 0.1MJ/m^3，包含因子 k=2，包含概率 0.95。

3. 对流量测量仪表准确度的技术要求

（1）新仪表。

对于计量仪表的准确度，一个可量化的表述可由系统误差 β 和不确定度 U 给出。

系统误差 β 定义为：同一被测量无数个重复测量结果的平均值减去该被测量的真值。

因为被测量的真值是未知的，β 可通过校准来近似取值。校准过程就是将测量结果与代表常规真值的某一标准值进行比较。校准的目的也是通过调整仪表或确定一个修正值或修正系数以消除系统误差的影响。由于 β 会在仪表的整个计量范围内变化且在整个范围内 β 不可能设定为零，所以系统误差的影响就不可能完全消除。

不确定度 U 是一个参数，它与测量结果有关，表征了可能受被测量适当影响的测量结果值的离散程度。不确定度可分为 A 类和 B 类两种。

（2）在用仪表。

仪表投入运行后，需再考虑其漂移 D 及漂移的不确定度 U_D。仪表易漂移，漂移 D 是计量仪表的计量特性随时间发生的缓慢变化。

应对仪表的漂移 D 进行估计，随之产生漂移 D 的不确定度 U_D，U_D 可以是 A 类，也可以是 B 类，或是 A、B 两类的合成。

可用不同的方法来估计 D 值。很多仪表都将经过型式试验，这种测试结果会有指导意义。另一种信息来源是来自重复校准的数据。它们可以是对单台仪表的重复校准值，也可以是全部仪表的重复校准值。

重复校准的数据的范围会造成 U_D 对 A 类的影响用两倍标准偏差表示。型式试验数据或技术条件会造成 U_D 对 B 类的影响。

注：（1）D 和 U_D 可以按照公认的仪表使用经验进行调整。

（2）如未获得 D 的数据，将对 U 产生附加影响。

（3）总结。

仪表的准确度可用4个参数进行量化描述：β、U、D 和 U_D。β 和 D 随着时间的变化而变化并影响系统误差，U 和 U_D 表示不确定度的变化情况。

注：如标准给出了计算计量仪表或系统的不确定度导则（如GB/T 21446对孔板流量计），应遵循该标准估算 U。此时不考虑可能的系统误差和性能随时间的变化。

三、天然气流量量值传递（溯源）系统

图2–1示出了天然气能量计量的基本原理：计量站输出的、以MJ表示的总能量（E）是体积基流量与其相应单位发热量的乘积。根据式（2–1）所示，天然气能量计量应涉及流量计量和发热量测量两大类完全不同的量值传递（溯源）方式：实物标准逐级传递与发放标准物质。

根据计量学原理，量值传递是指将国家基准所复现的计量单位量值，通过检定/校准（或其他传递方式）传递给下一个等级的计量标准，并依次传递至工作计量器具。在我国，流量仪表的检定是政府一种执行法制的行为，带有强制性。但量值溯源则是通过一条具有规定不确定度的、不间断的比较链，使计量结果的值能与规定的参考标准，通常是国家测量标准或国际测量标准相联系的主题活动。因此，量值溯源在本质上可视为量值传递的逆过程，通常是企业为保证其计量器具准确度而主动进行的一种企业行为。

天然气流量计量涉及巨大的经济利益，但它又是一个多参数、多组分（易燃易爆）高压气体的连续测量过程。天然气流量值测量具有不可回复性，且测量准确度受多种因素影响，故其测量过程比较复杂。为了将天然气流量计量的准确度控制在法定的、供需双方均能接受的、技术经济皆合理的范围内，必须建立起完善而有效的量值传递（或溯源）系统，使现场使用的流量计能通过一个具有规定不确定度的传递系统与国家基准相联系，从而保证流量计量量值的统一和准确。

目前国际上以天然气为介质，常用的流量量值传递与溯源方法主要有3种：

（1）m–t 法原级装置 ⟶ 临界流文丘利喷嘴次级标准 ⟶ 涡轮流量计工作标准；

（2）$PVTt$ 法原级装置 ⟶ 临界流文丘利喷嘴次级标准 ⟶ 涡轮流量计工作标准；

（3）HPPP（高压活塞）原级装置——涡轮流量计工作标准。

中国石油根据我国输气规模、管理模式和技术要求选择了适合我国国情的 m–t 法原级装置和临界流文丘利喷嘴次级标准，其测量不确定度分别达到0.10%和0.25%的国际先进水平，并建立较完善的溯源体系[1]。图2–2和图2–3分别示出了南京计量测试中心❶的量传模式和工艺流程[2]。

从图2–2和图2–3可以看出，南京中心原级、次级和工作标准分别采用国际上使用较多、较成熟、可靠的 m–t 法装置 ⟶ 临界流喷嘴 ⟶ 涡轮流量计的量传模式。

m–t 法原级装置是采用质量与时间方法的流量标准装置，后者所复现的流量可以直接溯源至质量和时间的国家基准。通过静态测量球罐中从检定开始至结束时间内天然气质量

❶ 南京计量测试中心原隶属中国石油西气东输管道公司，现隶属国家管网公司。

的变化，获得准确的质量流量。球罐、陀螺电子秤及快速开关阀是原级装置中 3 个关键设备，测量范围为 8～443m³/h，扩展不确定度为 0.10%。

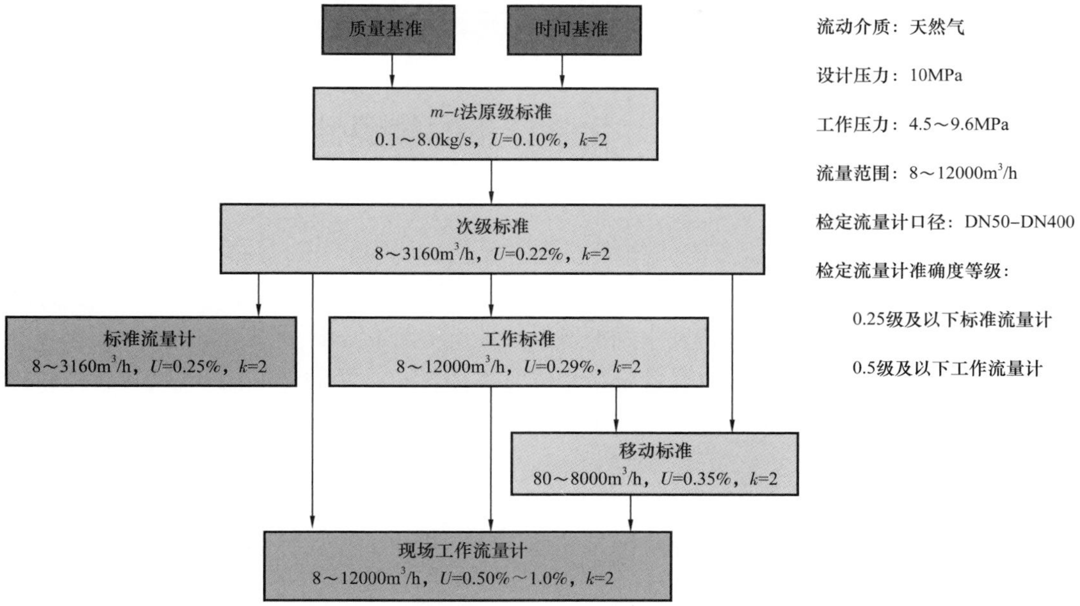

图 2–2　南京计量测试中心的量传模式（*m–t* 法量值传递与溯源框图）

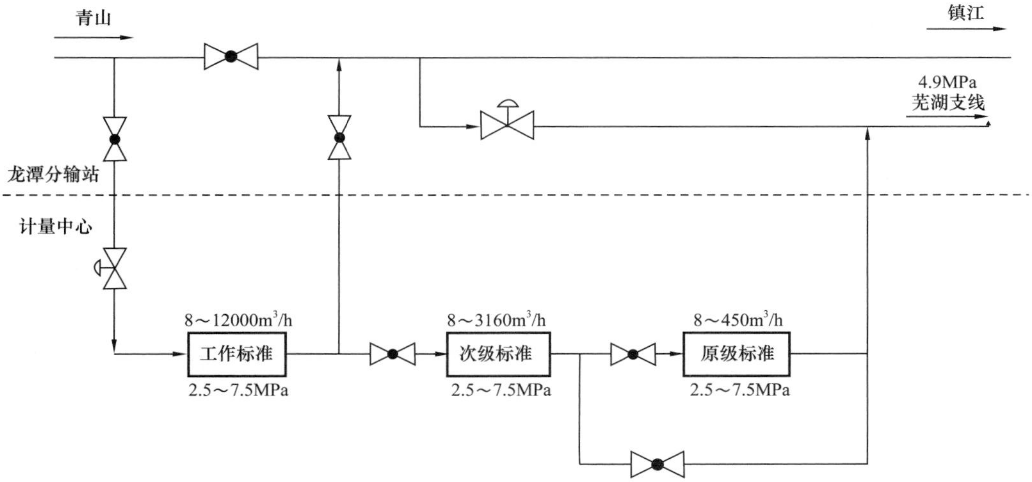

图 2–3　南京计量测试中心的工艺流程

次级装置选用 12 台并联安装的临界流喷嘴组，可复现的流量范围为 8～3160m³/h。由于 *m–t* 法原级装置和临界流喷嘴组都是进行质量测量，避免了流速、流态、温度及压力等因素（对体积测量）的影响，扩展不确定度为 0.25%。

以 11 台常用的涡轮流量计并联作为工作标准，可以复现的流量为 10～3160m³/h，其扩展不确定度为 0.32%。

由于超声流量计准确度较高，无运动部件，诊断能力强，测量原理又与涡轮流量计不同，因此南京计量测试中心选用超声流量计作为核查流量计。将 3 台超声流量计与工作标准流量计组串联安装，以便对涡轮流量计的流量量值进行总量核查，从而确保工作标准涡轮流量计的测量结果准确可靠。

第二节　化学计量的溯源性

一、溯源性基本概念

与物理计量不同，化学成分测量经常涉及许多步骤，如采样、溶样、萃取及色谱分离与测定等，其中任何一个步骤若发生溯源链断裂均会导致化学计量结果的错误。因此，与同一性和准确性一样，溯源性也是计量结果的基本属性；且溯源性是同一性和准确性的技术归宗。具备溯源性的计量结果都有讨论其准确度（或不确定度）的价值，反之则此计量结果毫无意义。

《国际通用计量学基本术语》（VIM）将溯源性定义为：通过一条具有规定不确定度的不间断的比较链，使测量标准或测量结果的值能够与规定的参比标准（通常是国家测量标准或国际测量标准）联系起来的特性。

天然气流量测量是典型的物理测量；其量值传递（溯源）体系是基于建立不同准确度等级的基（标）准测量装置，通过校准、比对等方式建立起相互之间传递的比较链及溯源体系，实现其测量结果的溯源性。

化学计量一般可分为物理化学计量和分析化学计量两大类。

物理化学计量包括黏度、酸度（pH）、电解质电导、湿度和水分、粒度、聚合物分子量等物化参数的计量，以热量计法直接测定天然气的发热量也属于物理化学计量。此类计量主要研究和建立计量基准、标准、量值溯源系统，以及研究各种特性量的精密测量技术和方法等。

分析化学计量是侧重于研究与物质组成有关的化学成分量计量问题，包括物质的量单位——摩尔（mol）定义的复现和保存、高精度测试技术和方法、化学成分量标准物质、分析测试仪器的检定与校准方法等。GB 17820 规定的以气相色谱法分析天然气组成就是一种典型的分析化学计量，其溯源过程中使用的多组分、高准确度的标准气混合物（RGM），我国目前尚未研制与保存，世界上也仅有少数几个国家实验室具有研制的能力。在大多数情况下，化学计量的量值溯源和传递是通过正确使用标准物质而实现的。也就是说，分析化学计量是通过标准物质、标准方法和标准数据等手段实现量值溯源。

二、溯源对象与目标

GB 17820 规定：天然气高位发热量的计算应按 GB/T 11062《天然气发热量、密度、相对密度和沃泊指数的计算方法》执行，其所依据的天然气组分测定应按 GB/T 13610 执行。由此可见，应用于发热量计算的天然气组成分析结果是以 SI 制基本单位摩尔（mol）

来表示的，而在实际应用中通常以摩尔比的形式表述。例如，样品气中的甲烷浓度为90.30%（摩尔分数）。

在当前的技术条件下摩尔这个 SI 制基本单位尚无法复现，因而按国际标准《天然气分析溯源准则》（ISO 14111）的规定可溯源至另一个 SI 制基本单位质量（kg），然后利用被测组分的相对摩尔质量与其质量之间的关系进行换算。经换算后，在日常的化学成分量测定中就出现多种表述天然气中各组分浓度的方式（表 2–6）[3]。

表 2–6　化学成分量的基本量与导出量

基本量	物质的量	容量	质量
量的符号	n	V	m
SI 单位名称	摩尔	立方米（导出）	千克
SI 单位符号	mol	m^3（导出）	kg
导出量	mol（量的单位）	m^3（量的单位）	kg（量的单位）
量的单位（mol）	mol/mol	m^3/mol	kg/mol
量的单位（m^3）	mol/m^3	m^3/m^3	kg/m^3
量的单位（kg）	mol/kg	m^3/kg	kg/kg

摩尔分数和质量分数一般用来表示气态或固态物质中特定化学成分的相对含量；浓度是最常用的导出量，经常用来表示液体中特定化学成分的相对含量。在分析化学计量中，只有应用了这些以 SI 制单位比率表示的测量结果，才使其向 SI 制基本单位及其导出单位溯源成为可能（表 2–7）。

表 2–7　化学测量中常用的量

量的名称	量的符号	量纲	定义
摩尔分数	x	1	$x_B=\dfrac{n_B}{\sum n_i}$
质量分数	w	1	$w_B=\dfrac{m_B}{\sum m_i}$
质量浓度	ρ	kg/m^3	$\rho_B=\dfrac{m_B}{V}$
物质的量浓度或浓度	c	mol/m^3	$c_B=\dfrac{n_B}{V}$
质量摩尔浓度	m 或 b	mol/kg	$b_B=\dfrac{n_B}{m_B}$

不论化学分析结果是否以摩尔（比）表示，被分析物质的特性在所有化学测量中都非常重要。尤其像质量分数这样的量，由于它是表示“一种物质作为与其他物质混合物中的一部分时所占的比例”，故其在表 2–7 中所示的量纲为 1。由此可见，正确的溯源是每个

测量结果均应溯源至指定物质的参比标准。

通过对 SI 制其他基本量的测量，也可以实现对物质的量（mol）的测量。此类测量一般是溯源至能很好地复现的 SI 制基本单位（表 2–8）。

表 2–8　化学测量中的量与单位

量	单位
摩尔分数（mol/mol）	%
质量分数（kg/kg）	%
体积分数（m^3/m^3）	%
物质的量浓度	mol/m^3
质量浓度	kg/m^3
体积浓度	m^3/m^3
质量摩尔浓度	mol/kg

三、测量方法与比较方法

测量方法与比较方法是将不同层级的测量标准联系起来的重要手段，因而测量方法按其测量不确定度（准确度）水平也分为基准方法（PMM）、标准方法（RMM）和有效方法（VMM）等不同层级。

1. 基准方法（PMM）

在基准方法中，通过写出一个描述测量等式，并采用 SI 单位来描述等式中的其他量，如物质的量 SI 单位摩尔（mol），就能表示出来。这样就将测量的结果与 SI 的基本单位联系了起来。例如，在库仑法中（对于一价物质）描述测量的等式为：

$$n=It/F \tag{2-3}$$

式中　n——物质的量，mol；

I——电流，A；

t——时间，s；

F——法拉第常数，9.648×10^4C/mol。

这样，在讨论化学测量溯源性问题时，就没有必要强调复现摩尔的问题。使用正确的测量等式并且等式中的其他量或常数以 SI 单位表示，摩尔的复现就会自然地发生。

2. 标准方法（RMM）

经过系统的研究，确切而清晰地描述了准确测量特定化学成分量所必需的条件和过程的方法，其准确度和精密度能满足评价其他方法准确度和给一级标准物质赋值的要求。

3. 有效方法（VMM）

已被证明技术性能可以满足其应用目的的方法。例如，经实验研究确认其选择性与适用性、测量范围与线性、检测限与精密度等技术参数能满足二级标准物质定值要求的测量方法。

在建立化学成分量测量溯源链的过程中，需要使用各类检测方法以获得所需的各类数据。根据不同的测量目的，可以使用标准方法或有效方法作为比较方法；通常在检定规程或溯源规范中对比较方法的选择做出规定。我国虽迄今未发布天然气分析的溯源准则，但实际上是采用 GB/T 13610 所规定的气相色谱分析法作为比较方法。由于此法测量结果的准确度或不确定度完全取决于其测量标准，故它属于标准方法（RMM）。但在实际应用过程中，气相色谱分析法既作为标准方法为一级标准物质赋值，也作为有效方法为二级标准物质定值。

四、化学成分测量基（标）准

（1）测量标准：为定义、保存或复现量的单位或一个或多个量值，用作参考的实物量具、测量仪器、标准（参比）物质或测量系统。

（2）基准：具有最高计量学特性，其值不必参考其他相同量的其他标准，被指定的或普遍承认的测量标准。

（3）国家测量（基）标准：经国家决定承认的测量标准，在一个国家内作为对有关量其他测量标准定值的依据。

国家测量（基）标准是测量溯源的对象，是构成测量溯源体系的关键要素。由于化学测量的特殊性，标准的特性量值是储存在标准物质中，故化学测量溯源链中的测量标准常以标准物质的形式给出。

（4）标准物质：具有一种或多种足够均匀且很好确定了的特性值，用以校准测量设备、评价测量方法或给材料赋值的材料或物质。通常标准物质分为下列 3 个层级：

① 基准标准物质（PRM）。具有最高计量品质，用基准方法确定量值的标准物质。此类标准物质一般都包括在国家有证标准物质中，符合基准和国家测量（基）标准的定义。

② 有证标准物质（CRM）。附有证书的标准物质，其一种或多种特性值用建立了溯源性的程序确定，使之可溯源到准确复现的表示该特性值的测量单位，每一种出证的特性值都附有给定置信水平的不确定度。

CRM 通常是与基准标准物质的量值比较，或用两种以上不同原理的标准方法，或其他准确可靠方法定值的标准物质，其特性量值均匀、稳定，定值结果有较高的准确度水平。CRM 符合国家测量标准的定义。

③ 工作标准物质（WRM）。与 CRM 的量值比较，或用两种以上不同原理的有效测量方法，或其他可靠测量方法定值的标准物质。其一种或多种化学特性量值的均匀性、稳定性和量值准确度水平可满足分析检测仪器的校准、分析方法准确度评价、分析过程质量控制和分析检测结果溯源性保证的要求。我国二级有证标准物质相当于此类标准物质的水平，是溯源性定义中提及需与国家测量标准相比较的测量标准。

五、溯源过程技术模型

参照物理测量中不同层级之间的比较方式，并结合化学测量的技术特点，国际标准化组织标准物质委员会（ISO/REMCO）发布了如图 2-4 所示的化学测量溯源性示意图。

图 2–4　ISO/REMCO 发布的化学测量溯源示意图

Field Laboratories—现场实验室；Reference Laboratories—参比实验室；National Metrology Laboratories—国家计量实验室；Traceability—溯源性；SI—国际单位制；Comparability—可比性；Primary Reference Material—基准标准物质（PRM）；Certified Reference Material—有证标准物质（CRM）；Reference Material—标准物质

从图 2–4 可以看出，作为不同层次的标准物质，其量值溯源途径和要求是不同的。基准标准物质（PRM）只能溯源到 SI 单位，有证标准物质（CRM）可以溯源至国家计量实验室研制的基准标准物质（PRM）或直接溯源到 SI 单位，第三种途径是可以溯源到经过充分确定了的标准方法。

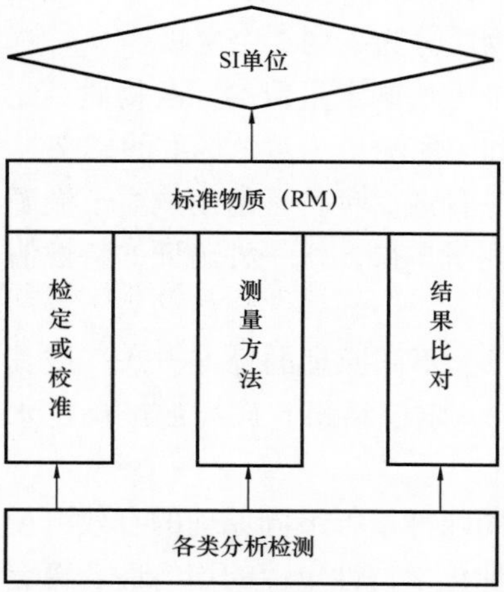

图 2–5　化学测量的溯源方式

图 2–5 中则示出了化学测量中实现溯源的 3 种主要方式。

图 2–5 中检定或校准是指对测量仪器或装置执行检定规程或溯源规范，在此过程中用标准物质进行比较测量以实现量值溯源。这是检测与校准实验室经常使用的一种溯源方式。测量方法是指以测量方法加上标准物质进行溯源，也可以理解为用标准物质评价一种新的分析方法。结果比对过程是目前国际或地区性专业组织在互认活动中经常开展的一种技术基础活动。比对的标准值一般为所有参加实验室测量结果的平均值。各参加实验室的测量值与标准值进行比较得到的一致程度，以等效度和等效矩阵表示。这种比对在某种程度上可以实现国家或地区测量标准向国际标准的溯源。但检测与校准实验室之间（以发放密码样的方式）进行比对，则通常是对其检测能力的验证（GB/T 27025），并不能实现量值溯源。

图 2–6 给出了化学分析测量溯源链的技术模型。如图 2–6 所示，中间一列的顶层是 SI 制单位，后者通过基准方法与基准标准物质相联系。基准标准物质、有证标准物质和工

作标准物质作为不同的溯源层级，通过不同准确度的测量方法和比较方法联系起来。各类检测实验室中进行分析测量就是通过图示技术模型实现量值溯源[3]。

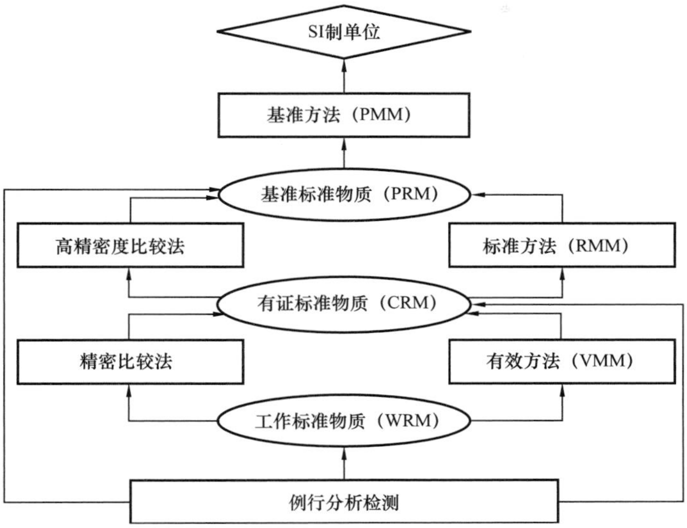

图 2-6　化学分析测量溯源链的技术模型

第三节　天然气分析溯源准则

一、溯源链的建立

国际标准化组织天然气技术委员会（ISO/TC 193）是全球范围内第一个就化学测量中的溯源性问题提出标准化文件的国际组织，它于 1997 年发布了《天然气分析的溯源性准则》（ISO 14111）。天然气分析属化学计量范畴，它与几何计量、力学计量等物理计量有很大不同，其溯源性的对应关系见表 2-9。从表 2-9 可以看出，天然气分析（主要针对气相色谱分析）溯源性的技术特点如下：

表 2-9　溯源性的对应关系

水平	分析计量	物理计量
0	SI 制基本单位	SI 制基本单位
1	基准标准气混合物（PSM）	基准标准物质
2	认证标准气混合物（CRM）	副基准标准物质
3	工作标准气混合物（WRM）	工作标准物质

（1）选择 SI 制基本单位摩尔（mol）为计量单位，实际使用中大多采用摩尔比的形式表示计量结果。

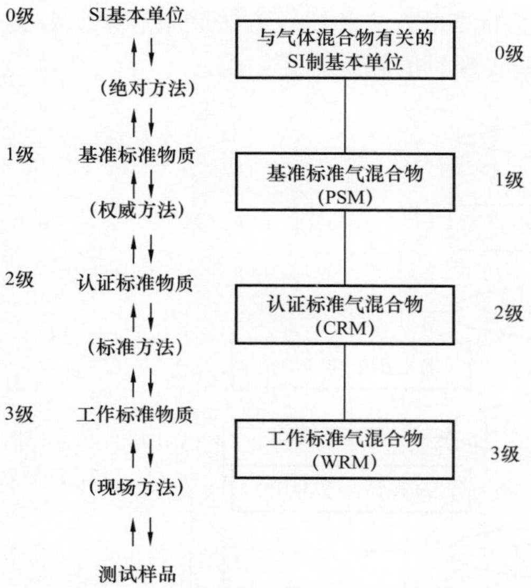

图 2-7 天然气分析溯源链及 RGM 传递系统

（2）在目前的技术条件下，直接溯源至 SI 制基本单位摩尔尚难以实现。作为替代的方法是溯源至另一个 SI 制基本单位——质量（kg），然后利用被测组分的相对摩尔质量与其质量之间的关系进行换算。

（3）天然气是组成复杂的混合物，在量值传递或溯源过程中若采用分等级传递的方式，不仅烦琐且很难实现，故采用标准气混合物（RGM）溯源的方式。

（4）根据 ISO 14111 的规定，天然气分析的溯源链及其相应的 RGM 传递系统如图 2-7 所示。

图 2-7 示出了天然气分析溯源性与 RGM 传递系统之间的关系：即天然气分析的溯源性可以还原（简化）为 RGM 的溯源性。对后者的基本认识归纳如下：

（1）溯源目标。量值溯源的总体目标是建立或确保化学计量准确度，相应在溯源链上的最高层次为 SI 制单位。除极少数特殊情况外（如 PSM 的制备与验证），在天然气分析计量溯源过程中，通常溯源至 PSM 层级就足以满足要求。

（2）溯源控制。为保证天然气组成分析计量系统始终处于受控状态，用合适组成且已知不确定度的 RGM 定期校准或验证操作程序是必要的。但目前中国计量科学研究院尚未研制与保存天然气分析用 PSM，且应用于能量计量的 CRM 级 RGM（准确度优于 0.5%）也还需要从英国进口。

（3）溯源链结构。天然气组成分析的溯源链结构中包括 PSM、CRM 和 WRM 等 3 个等级的 RGM。PSM 是在最高等级质量水平上复现了某种特定组成，“质量”在此处主要是指准确度和稳定性。CRM 是指其组成与有关组成类似的 PSM 以直接分析比较方法验证而得到的 RGM；而 WRM 是指其组成与有关组成类似的 CRM 以直接比较分析方法验证而得到的 RGM，主要应用于日常分析。

（4）校准方式：RGM 作为测量标准的溯源性是专门针对天然气组成各个不同层次的。分析测量系统溯源性最根本的体现，在于以校准用 RGM 进行溯源——单独验证高准确度分析数据的“单点校准”或验证常规分析测量系统的“范围校准”（多点校准）。

（5）按 ISO 14111 规定，校准结果得到的系统测量误差的估计值通常用“偏倚”（bias）表示。偏倚只能在局部范围内通过与 RGM 的比较而得到；而校准结果的随机测量误差则用精密度表示，并在总体范围内评价，即不同地区进行同类分析时执行同一个标准。

二、天然气分析用的 RGM

从图 2-7 可以看出，为适应天然气分析的溯源要求，天然气分析用 RGM 的制备与量值传递系统具有以下特点：

（1）由于天然气的组成相当复杂，通常在商品天然气中至少要包括 10 个左右的常见组分，因而要求使用的 RGM 品种甚多，目前已形成了比较庞大的体系。

（2）天然气中各组分的含量变化范围颇大，而且要求所用 RGM 的组成尽可能接近被测样品，故同一组分的 RGM 还应形成含量不同的系列。

（3）RGM 在使用过程均被消耗掉，而且各类 RGM 都规定了有效期，它们需要不断补充，故研制时必须考虑便于运输、储存、使用等方面的问题。

（4）制备具有良好的精密度和准确度的 RGM 时，应采用国际公认的绝对方法——称量法。为此，国际标准化组织气体分析技术委员会（ISO/TC 158）于 1981 年发布了相关国际标准——ISO 6142：1981；我国也于 1985 年发布了等效采用该国际标准的国家标准 GB 5274—1985《气体分析　校准用混合气体的制备　称量法》。

（5）2008 年我国以等同采用 ISO 6142：2001 的方式发布了国家标准《气体分析　校准用混合气体的制备　称量法》（GB/T 5274—2008），并以此标准替代 GB/T 5274—1985。2018 年我国又以等同采用 ISO 6142-1：2015 的方式发布了国家标准《气体分析　校准用混合气体的制备　第 1 部分：称量法制备一级混合气体》（GB/T 5274.1—2018）。

按 ISO 14111 的规定，天然气分析用的 RGM 分为 3 个层级。第 1 级称为基准标准气混合物（PSM），它相当于表 2-9 所示的基准标准物，是实现某组分分析结果溯源的最终基准，必须保证最佳的准确度和稳定性。但 PSM 的具体技术指标则根据该组分在天然气中的含量及其本身的特性而定。

根据国际化组织指南 30 对标准物质常用术语及定义的解释，“基准”是被指定或被广泛承认为具有最高计量学特性的标准器，在指定范围内，其数值的采纳不需参照同一量的其他标准器。因此，对 PSM 定值最理想的方法是直接方法（如称量法），但因天然气分析用的 RGM 在制备过程中对气体样品处理和各种物理化学因素干扰所引入的不确定度，在目前的制备条件下还只能做粗略估计，难以准确定值。作为替代手段，可以用高精密度的间接方法——气相色谱法在各国的实验室间进行比对分析而定值。

由于天然气工业用的 PSM 制备和保存都相当困难，故迄今为止我国尚没有制备 PSM 的实验室，当前国外也仅有少数实验室能达到要求。同时，现有的 PSM 品种很少，远不能涵盖组成分析所涉及的范围。因此，对 PSM 的质量要求目前也尚未形成有关的 ISO 文件。对 PSM 制备与定值的标准化，也是 ISO/TC193 今后的重点工作之一。

三、不同层级 RGM 的不确定度

按化学成分测量溯源链的要求，国家测量基准是溯源的源头，是构成溯源链顶层的关键要素。对天然气组成分析而言，溯源链顶层是 SI 制基本单位质量（kg）。由于化学成分测量标准的特性值是储存于 RGM 之中，故其溯源链中的测量基（标）准即为相应的 RGM。同时，由于测量不确定度是表征合理地赋予被测量之值的分散性，并与测量结果相联系的参数，故溯源链上每个层级的 RMG 皆有规定的不确定度。例如，在 VAMGAS 项目中由荷兰国家计量研究院（NMI）研制的两种 PSM 级 RGM 中包括 8 个组分（表

2–10），其中甲烷组分的相对不确定度达到 0.001% 的水平，即使不确定度水平最差的戊烷组分也达到 0.025%。

表 2–10　PSM 级 RGM 中有关组分的不确定度（%）

组分	应用于 H 组天然气	应用于 L 组天然气
甲烷	0.001	0.001
乙烷	0.006	0.009
丙烷	0.011	0.010
正丁烷	0.012	0.010
异丁烷	0.012	0.011
正戊烷	0.025	—
二氧化碳	0.005	0.006
氮	0.014	0.005

各个层级的、具有规定不确定度的 RGM，通过标准方法将其按图 2–6 所示的技术模型联系起来，从而构成了化学成分测量的溯源链。它具有如下特点：

（1）溯源的顶层（0 级）为 SI 制基本单位质量（kg），此量值以 GB/T 5274—2018 规定的称量法作为基准方法制备的 RGM 予以复现。

（2）顶层的 SI 制基本单位质量通过 PSM ⟶ CRM ⟶ WRM 3 个溯源层级，通过具有不同准确度的比较方法相联系。

（3）根据 ISO/TC 193 的规定，在各溯源层级之间进行比较的测量方法是不同测量要求的气相色谱法，按 ISO 6974（系列标准）的规定执行。

（4）目前国际上对各个级别的天然气分析用多组分 RGM 要求达到的不确定度水平大致为：PSM 级优于 0.1%；CRM 级优于 0.5%；WRM 级在 2.5%～3.0% 范围内。

四、标准物质管理办法

我国于 1987 年 7 月 10 日由国家计量局发布了《标准物质管理办法》，属于计量法的子法，是指导各类标准物质研制与应用的法律法规性文件。该管理办法将标准物质分为一级、二级两个级别。

一级标准物质的定级条件是：

（1）用绝对测量法或两种以上不同原理的准确可靠方法定值；在只有一种定值方法的情况下，用多个实验室以同一种准确可靠的方法定值。

（2）准确度具有国内最高水平，均匀性在准确度范围之内。

（3）稳定性在 1 年以上，或达到国际上同类标准物质的先进水平。

（4）包装形式符合标准物质技术规范的要求。

二级标准物质的定级条件是：

（1）用与一级标准物质进行比较测量的方法或一级标准物质定值方法定值。

（2）准确度和均匀性未达到一级标准物质水平，但能满足一般测量的要求。

（3）稳定性在半年以上，或能满足实际测量的需要。

（4）包装形式符合标准物质技术规范的要求。

该管理办法是适用于包括化学成分分析和工程技术测量在内的用于统一量值的所有标准物质，并提出了对一级标准物质和二级标准物质的总体要求。但必须注意，管理办法中规定的“一级”和“二级”仅仅是指对所有有证标准物质的分级原则，并未规定天然气分析专用的标准气体混合物（RGM）的定值、准确度和具体应用的有关要求。因此，管理办法不能替代我国迄今尚未发布的天然气分析（专用的）溯源准则国家标准。

英国国家物理实验室（NPL）发布气体标准物质溯源链中，将第二层次（二级标准气混合物）又分为两个档次（表 2–11），天然气分析用的多组分 RGM 属于该层次的第一档，命名为基准参比气体混合物（PRGM），总不确定度为 0.3%～0.5%。

表 2–11　英国的气体标准物质溯源链

名称	代号	不确定度范围
基准标准气混合物	PSM	± 0.02%～ ± 0.1%
基准参比气体混合物	PRGM	± 0.2%～ ± 0.3%
二级气体标准物质	SGS	± 0.5%～ ± 1%
认证标准气混合物	CRM	± 1%～ ± 3%

从表 2–11 也可以看出：CRM 作为一个代号在不同的场合具有不同的含义。它可以在广泛的意义上代表“有证标准物质”，也可以代表图 2–7 所示的第二层次的标准气混合物，或者代表第三层次上的工作标准气混合物。这些命名方式也需要在有关国家标准中予以规定。

我国 2008 年发布的 GB/T 15000.3—2008/ISO Guide 35：2006《标准样品工作导则（3）标准样品　定值的一般原则和统计方法》规定：所有有证 RGM 必须采用计量学上有效（测量）程序测定其一个或多个规定特性，并在其附有的证书中提供规定的特性值及其不确定度和计量溯源性的陈述。因此，作为天然气分析（专用）溯源准则国家标准，必须按 ISO 14111 的原则及我国有关天然气计量技术规范及分析方法标准的规定，对诸如被测量的范围、要求的不确定、选择的测量方法、溯源链的结构等关键性技术要求做出相应的规定。

由于我国尚未发布天然气分析（专用的）溯源准则，故对 RGM 溯源体系中各级标准气的命名容易发生混淆。目前在很多天然气组成分析报告中，均将认证编号为 GBW 06306～06308 的三种（天然气分析用）RGM 命名为一级标准气（表 2–12）。其原因是根据标准物质管理办法，它们在国家授证时其准确度达到了国内最高水平（1%）。但按 ISO 14111 的规定，PSM（基准级或一级 RGM）是指“能对特定组成提供最准确水平量值复现的 RGM”；而这三种 RGM 就其达到的不确定度水平而论，仅是第三层次上的工作标准气混合物（WRM）[4]。

表 2-12 天然气分析用一级标准气混合物

标准气名称	认证编号	浓度范围，%（体积分数）	相对不确定度，%
甲烷中乙烷	GBW06306	0.1～10	0.06～1
甲烷中丙烷	GBW06307	0.1～10	0.04～1
甲烷中二氧化碳	GBW06308	0.1～5	0.07～1

第四节 测量误差与不确定度

一、发展概况

1. 导则 GUM

1953 年 Beers 首先在《误差理论导引》一书中提出了不确定度概念，当时称之为实验不确定度。1980 年，国际计量局（BIPM）提出《实验不确定度建议书（INC-1）》，此后才在全球范围内首次产生了一个统一的、一般可以接受的关于不确定度及其评定的原则。1986 年，国际标准化组织（ISO）、国际电工委员会（IEC）、国际计量局和国际法制计量组织（OIML）等机构联合成立不确定度国际工作组，经充分研究与讨论，由 ISO 于 1993 年制定了《测量不确定度表示指南》（Guide to Expression of Uncertainty in Measurement），简称为《指南》或《导则 GUM》。该指南于 1995 年做了少量修改后重新发布。

《导则 GUM》发布后受到国际上各不同学科的广泛认同，很多国家均据此为基础制定或修订了本国的有关标准和技术规范。中国计量科学研究院于 1996 年制定了《测量不确定度技术规范》。原国家质量技术监督局以原则上等同采用 GUM 基本内容的方式，于 1999 年发布了国家计量技术规范 JJF 1059—1999《测量不确定度评定与表示》，用以取代 JJF 1029—1991 中有关测量误差的部分。JJF 1059 规定了不确定度评定和表示的通用规则和方法，比较广泛地适用于不同准确度等级的测量（或计量）需要，并提供了对计量结果进行比较的基础。

随着全球经济一体化的迅速发展，与检测和校准实验室合格评定相关的各方对测量不确定度及其可信性、可比性、可接受性的关注与日俱增。鉴于此，2012 年国家质量监督检验检疫总局发布了经修订的 JJF 1059，并同时发布了新版的 JJF 1001—2011《计量学通用术语与定义》，并用以替代 1998 版本。

2. 新版 JJF1059

新版 JJF1059 分为 3 个部分。JJF 1059.1《测量不确定度评定与表示》是 1999 年版本的修订本，其修订依据为 ISO/IEC Guide 98-3-2008《测量不确定度表示指南》。JJF 1059.2《用蒙特卡洛法评定测量不确定度》的制定依据是 ISO/IEC Guide 98-3 Supplement 1-2008《用蒙特卡洛法传播概率分布》。JJF 1059.3《测量不确定度在合格评定中的使用原则》的制定依据是 ISO/IEC Guide 98-4《测量不确定度在合格评定中的作用》（草案稿），后者即为国际计量指南联合委员会 2009 年发布的 JCGM106 文件。我国实验室合格评定国家认可委员会（CNAS）根据 JJF1059 和 GB/T 27205《检测和校准实验室能力的通用要求》的要求，于 2011 年发布了 CNAS-CL07《测量不确定度的要求》，于 2014 年发布了 CNAS-CL06《测量结果的溯源性要求》。这两个标准明确了作为有效计量结果溯源性证明中应包含溯源性和测量不确定度信息。对化学分析方法标准而言，实验室认可的核心内容有两项：坚实的溯源链及符合国际和 / 或国家规范的不确定度评定程序[5]。

3. JJF 1135 及其应用范围

在化学分析计量领域，直到 2000 年才由欧洲分析化学活动中心（EURACHEM）与分析化学国际溯源性合作组织（CITAC）等机构共同制定了全球性的用于化学分析中不确定度评定的（专用）指南——《化学分析中不确定度的评估指南》（EURACHEM/CITAC Guide）。它也被我国实验室合格评定国家认可委员会等同采用，于 2002 年 8 月发布了《化学分析中不确定度的评估指南》。

在《化学分析中不确定度的评估指南》的基础上，我国于 2005 年发布了国家计量技术规范 JJF 1135《化学分析测量不确定度评定》。该技术规范遵循 GUM 和 EURACHEM/CITAC Guide 的基本原则，并结合化学分析测量的特点，从科学性和实用性角度出发，进一步阐明化学分析测量不确定度评定的特殊要求，例如评定模型的建立、标准物质的应用，等等[1]。

总体而言，JJF 1059 比较适用于各种类型的物理计量。但 JJF 1135 遵循 GUM 和《化学分析中不确定度的评估指南》基本原则，结合化学测量的特点，从科学性、规范性、实用性角度出发，建立评定模型以规范化学分析测量不确定的评定及表示方法。JJF 1135 的应用范围可归纳如下：

（1）建立国家化学基准、标准及国际比对；

（2）标准物质研制；

（3）化学测量方法的制定与评价、能力验证；

（4）化学分析仪器的检定 / 校准；

（5）化学测量研究、开发和产品仲裁检验；

（6）科研生产中质量控制、质量保证等。

二、不确定度基本概念

测量的目的是准确获得被测量的量值或实验结果，但一切测量皆不可避免地存在不确定度。对化学分析测量而言，由于取样、样品分离与富集、基体影响与干扰、环境条件影响、仪器操作性能以及标准物质定值等各种因素影响均会导致分析结果产生不确定度。

测量不确定度（Uncertainty of measurement）是指附加于测量结果的一个估计值，用以表征真值存在于其中的数字范围。它主要包括 3 个含义：

（1）该参数是一个表示分散性的参数，可以定量地表示测量结果的指标；它可以用标准差及其倍数表示，也可以用某个包含概率水平下的区间半宽表示。

（2）该参数由若干分量组成，它们称为不确定度分量。根据 GUM 的规定，这些分量可以分为 A 类和 B 类两大类进行评定。

（3）该参数用于完整地表征测量结果时，应包括被测量的最佳估计（值）和分散性参数两个部分；分散性部分应包括所有的不确定度分量。

测量不确定度与测量误差是两个既有相同之处而又有明显区别的概念。其相同之处，例如：测量不确定度和测量误差都只能给出一个与测量结果具有相同量纲的估计值，因而各类误差的估计值都有其相应的不确定度；同样，不确定度的评定结果也都有自由度或相应的不确定度，且实验标准差的自由度越大则测量结果的可靠性越高。但测量不确定度与测量误差有完全不同的定义及适用的场合，也不可相互替代。两者最主要的区别可归纳为以下 3 点（表 2–13）：

（1）误差是一个带有正号或负号的具体数值（差值），可以用于修正测量的结果；不确定度则仅用于表征被测量值的分散性（或分布范围）。

（2）误差按其性质区分为随机误差与系统误差；而不确定度则按评定方法区分为 A 类与 B 类。误差的分类方法有一定局限性，因为有时对产生误差的原因不甚清楚，难以简单地划定其类别。但应注意：A 类和 B 类仅是两类评定方法，不应视为两类不同的不确定度，因为实际上不论何种原因产生的不确定度，既可以 A 类方法评定，也可以 B 类方法评定。因此，与误差按其性质分为两类完全不同，产生不确定度的原因与其评定方法之间没有简单的对应关系。

（3）不确定度大小决定了测量结果的使用价值；而误差则主要是应用于对误差源的分析，找出误差源并加以解决才能改善测量的不确定度。

表 2–13　测量不确定度与测量误差的比较

序号	内容	测量误差	测量不确定度
1	定义	表示测量结果对真值的偏离	表示测量结果的分散性（真值所在范围）
2	分类	随机误差与系统误差都是建立在无限多次测量基础上的理想概论，只能有估计值	按是否以统计方法评定，分为 A 类评定和 B 类评定，但都以标准不确定度表示
3	符号	非正即负，或为 0，不能用 ± 表示	恒为正值，绝对不能为 0
4	合成	各误差分量的代数和	各分量不相关时，用方和根合成
5	修正	已知系统误差估计值时可以对测量结果进行修正	由于不确定度表示一个区间，无法用测量不确定度对测量结果进行修正
6	本质	误差是客观存在，不以人的认识程度而改变；误差属于给定的测量结果，而与给出结果的仪器、方法或标准物质无关	不确定度与人们对被测量、影响量，以及测量过程的认识密切有关，即不确定度仅与测量方法或标准物质等级有关
7	自由度	不存在	反映不确定度评定的可靠程度
8	包含概率	不存在	当了解包含因子时，可以按包含概率给出包含区间

综上所述可以得到如下结论：误差（或差值）仅取决于测得值（q）本身，而其不确定度［u（q）］则取决于检测方法及过程。例如，按 GB/T 13610 的规定进行样品气中的烃类组成分析，用不确定度优于 1% 的 RGM 校准测定结果，再按 GB/T 11062 的规定计算出该天然气样品的高位发热量时；若连续两次测定结果分别为 39.0 MJ/m^3 和 39.1MJ/m^3，则表明两次测定之间存在 0.1MJ/m^3 的绝对误差，相对误差则为 0.26%，但它们的测量不确定度皆为 1%。如果将同一样品在不确定度优于 1% 的水流式热量计上，按 GB/T 12206 的规定连续两次测定发热量的结果为 39.1MJ/m^3 和 39.2MJ/m^3，则表明这两种测定方法虽然不确定度相同，但以热量计法为基准，气相色谱（间接）测定法存在 0.26% 的负误差。

从误差分析的角度表明，上述两组数据都是有效的，它们之间虽然存在误差，但均落在方法或仪器所规定的不确定度范围之内。然而，从 GB/T 18603 对 A 级计量站实施能量计量时所规定的发热量测定的准确度要求来看，上述两组数据均不能达到要求，必须进一步用能溯源至不确定度优于 0.5% 的 RGM 来校准，并与准确度优于 0.5% 的热量计的测定结果进行比对[6]。

综上所述可以看出：计量学上所谓量值统一的实质是指在一定的（或规定的）准确度范围内实现统一；而且只有通过检定（或校准）进行量值传递（或溯源），才能保证计量结果的统一、准确和可靠。

三、不确定度的分类及其评定方法

1. 不确定度按性质分类

（1）标准不确定度 u（x_{i*}）：以标准偏差表示的测量结果（x_i）的不确定度。

（2）合成标准不确定度 u_c（y）：当测量结果是由若干个其他量的值求得时，按其他各量的方差和 / 或协方差计算而得的不确定度。

（3）扩展不确定度 U：确定测量结果区间的量，合理赋予被测量值分布的大部分可望含于此区间。用合成标准不确定度和包含因子 k 计算扩展不确定度。

（4）包含因子 k：为了求得扩展不确定度 U，对合成标准不确定度 u_c 所乘以的数字因子。包含因子一般为 2 或 3。

（5）自由度 γ：在方差计算中，和的项减去对和的限制数。

（6）置信概率 p：与置信区间或统计包含区间有关的概率值。

2. 标准不确定度的 A 类评定

A 类评定是对观测列用统计分析法进行评定，其标准不确定度 u 等同于一系列观测值获得的最佳估计值的标准差 σ，即 $\sigma=u$。

如果是对同一被测量进行等精度的多次重复测量，则标准不确定度 A 类评定就是算术平均值的标准差。当用 Bessel 公式计算单次测量列标准差时，A 类评定标准不确定度的自由度为测量次数减去 1，参见式（2–4）。

$$\sigma = \frac{\sum_{i=1}^{n}\left(y_i - \bar{y}\right)}{n-1} \qquad (2–4)$$

式中 σ——标准偏差；

y_i——第 i 次的测量值；

$\bar{y}$—— 所有测量值的算术平均值；

n——测量次数。

3. 标准不确定度的 B 类评定

B 类评定不使用统计方法，而是基于其他方法估计概率分布或分布假设来评定标准差并得到标准不确定度。B 类评定在不确定度评定中占有重要地位，但其评定方法比 A 类评定复杂得多。尤其对化学计量而言，JJF 1135 介绍的 B 类不确定度评定与 JJF 1059 有很大的区别。该规范第 5 章对化学分析测量不确定度的评定过程做了详细说明。其要点可归纳如下：

（1）对于经典的化学分析测量，其测量过程皆有确切的测量模型或数学模型，此时可以根据该模型和不确定度传播方式计算或估计不确定度。

（2）在仪器分析中，有些被测量可以通过与相应的标准物质相比较而得到估计值，并可根据其响应量建立测量数学模型。用气相色谱法进行天然气组成分析时，通常是据此进行不确定度评定。

（3）当使用气相色谱仪同时对天然气样品及与其组成类似的标准气体混合物（RGM）进行比对分析时，通过比较可以准确地测定待测样品的量值[7]。此时，其测量不确定度（d）可由式（2–5）计算：

$$d=[(u_1)^2+(u_2)^2]^{1/2} \tag{2–5}$$

式中 d——测量不确定度；

u_1——标准气体混合物质的定值不确定度；

u_2——用气相色谱仪测量的不确定度。

（4）在量化不确定度时，先测量或估算每个已识别出来的不确定度分量的大小，并估计出每个分量对合成的（总）不确定度的贡献。根据测量要求，一般可以舍去其贡献小于最大分量 1/10 的（小）分量，以便简化计算过程。

四、分析系统的性能评价

从化学计量的角度看，精密度和系统误差是分别表示天然气分析（气相色谱）系统测量结果准确度的两个组成部分：随机分量与系统分量[7]。对于随机分量的确定，国际标准化组织于 1995 年发布了《天然气　在线分析系统性能评价》（ISO 10723），详尽地阐明了评定方法。我国于 2012 年修改采用 ISO 10723：1995，发布了国家标准 GB/T 28766《天然气　在线分析系统性能评价》。

国际标准化组织于 2012 年发布了 ISO 10723 的修订版本。后者做了两处重大修改：一是在标准名称中取消了“在线”两字，拓宽了标准的应用范围；二是将“试验气体”改为“标准气体”，从而把对分析系统测量结果的精密度评价更改为不确定度评定。全国天然气标准化技术委员会以等同采用的方式，将 ISO 10723：2012 转化为国家标准 GB/T

28766—2018《天然气　在线分析系统性能评价》，并以此代替 GB/T 28766—2012。

GB/T 28766—2018 附录 B 推荐设置一个以最大允许误差（*MPE*）和最大允许偏差（*MPB*）表征的“仪器性能基准”（benchmarking），后者可以简明地反映分析系统的性能评价结果。分析仪器本身不存在测量不确定度，但可以理解为在样品气测量结果中由仪器引入的不确定度分量。根据国际法制计量组织 OIML R 140 报告的建议，对实施能量计量的 A 级计量系统 *MPE* 值规定为 ±1.0%。

仪器性能基准规定：在计算天然气发热量的参比条件为 15℃（燃烧）和 15℃、101.325kPa（计量），天然气组成中虚拟组分 C_{6+} 按正己烷性质计算其发热量的工况条件下，最大允许误差（*MPE*）为 0.1MJ/m³，最大容许偏差（*MPB*）为 0.025MJ/m³。

根据 ISO/ICE 指南 98–3 阐明的原理，在不采用校准曲线法进行校正的情况下，可以用单一的平均校正系数 $\overline{b}$ 对样品气测量值进行最佳估计。$\overline{b}$ 的表达式如式（2–6）所示；$\overline{b}$ 的计算式如式（2–7）所示。对所有测定值按式（2–6）进行估计时，其标准不确定度的单一值是式（2–8）的正方根。

$$y'(t) = y(t) + \overline{b} \tag{2–6}$$

$$\overline{b} = \frac{1}{t_2 - t_1}\int_{t_1}^{t_2} b(t)\mathrm{d}t \tag{2–7}$$

$$u_c^2(y') = \overline{u^2\left[y(t)\right]} + \overline{u^2\left[b(t)\right]} + u^2\left(\overline{b}\right) \tag{2–8}$$

式（2–8）中的第一项是除 b（t）以外所有不确定度来源 y（t）的方差，即使用仪器进行未知样品分析涉及的不确定度。第二项是校正系数 b（t）的方差。第三项是在分析（摩尔分数）范围内平均校正系数 $\overline{b}$ 的方差。第二项与第三项一起描述了校正过程和表征仪器在分析范围内操作性能的平均校正系数 $\overline{b}$ 的不确定度。

就分析仪器操作性能而言，平均误差是由 GB/T 28766—2018 中 6.6.4 条设定的 N 个假设组成中所有组成的平均值确定的：

$$\overline{\delta P} = \frac{\sum_{t=1}^{N}\delta P_t}{N} \tag{2–9}$$

式中　δP_t——由 N 个假设组成中一小部分假设组成计算而得的误差（包括组分摩尔分数及据此计算的物性）。

平均误差的标准不确定度可由式（2–10）计算：

$$u_c^2\left(\overline{\delta P}\right) = \overline{u^2\left[\delta P(t)\right]} + u^2\left(\overline{\delta P}\right) \tag{2–10}$$

式中　u^2（$\overline{\delta P}$）——由 N 个假设组成中每个组成计算出的所有误差的方差；

$\overline{u^2\left[\delta P(t)\right]}$——计算出的所有误差的标准不确定度平方的平均值，其值按式（2–11）求得。

$$\overline{u^2\left[\delta P(t)\right]}=\frac{\sum_{t=1}^{N}u^2\left(\delta P\right)_t}{N} \tag{2-11}$$

由于假设的摩尔分数及据此计算的物性皆为真值而不存在不确定度，故误差的不确定度 $u\left[\delta P(t)\right]$ 即等于测得摩尔分数及据此计算的物性（值）的测量不确定度。

五、MCM 法评定不确定度

1. 基本原理

MCM 模拟是通过对输入量（X_i）概率密度函数（PDF）离散取样后，输入测量模型而得到输出量（Y）的离散分布值；并据此获得其最佳估计值、标准不确定度和包含区间。如图 2–8 所示。

图 2–8 描述了由输入量 X_i（i=1，…，N）的 PDF，后者通过模型传播，给出输出量 Y 的 PDF 的过程的示意图。

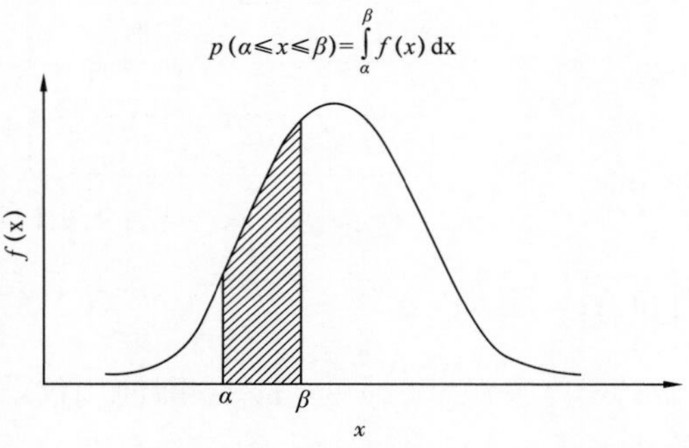

图 2–8　随机变量的概率密度曲线

2. 评定步骤

蒙特卡洛法是通过如下步骤来实现概率分布的传播和不确定度的评定的。

（1）MCM 输入。

① 定义输出量 Y，即被测量。

② 确定与 Y 有关的输入量 X_1，…，X_N。

③ 建立 Y 与 X_1，…，X_N 之间关系的测量模型 $Y=F$（X_1，…，X_N）。

④ 利用可获得的信息 X_i 设定 PDF，如正态分布、均匀分布等。

⑤ 选择蒙特卡洛法试验样本量的数 M，也就是蒙特卡洛法试验次数即测量模型计算的次数，M 至少应大于 1/（1–p）的 10^4 倍。$M=10^6$ 通常会为输出量提供包含概率 p 为 95% 的包含区间。

（2）MCM 传播。

① 从输入量 X_i 的概率密度函数抽取 M 个样本值 x_{ir}，下标 i 为输入量数（i=1，…，N），r 为样本数（r=1，…，M）。

② 对每个样本值（x_{1r}，x_{2r}，…，x_{Nr}），计算相应的模型值 $y_r=f$（x_{1r}，x_{2r}，…，x_{Nr}），r=1，…，M。

3. MCM 输出

将 M 个模型值按严格递增次序排列，由这些排序的模型值得到输出量 Y 的分布函数的离散表示 G。

4. 报告结果

（1）由 G 计算输出量 Y 的估计值 y 以及 y 的标准不确定度 u（y）。

（2）由 G 计算包含概率为 p 时的 Y 的包含区间［y_{low}，y_{high}］。

第五节　能量计量系统不确定度评定示例

一、不确定度评定的原理与流程

根据 JJF 1059.1 的规定，用 GUM 法评定测量不确定度的一般流程如图 2–9 所示。该流程主要适用于以下技术条件：

（1）可以假设输入量的概率分布呈对称分布；

（2）可以假设输出量的概率分布近似为对称分布或 t 分布；

（3）测量模型为线性模型、可以转化为线性模型或可用线性模型进行近似的模型。

以气相色谱法分析天然气组成属分析化学计量范畴，其测量结果的不确定度评定应按国家计量技术规范 JJF 1135 进行，其不确定度评定流程如图 2–10 所示。

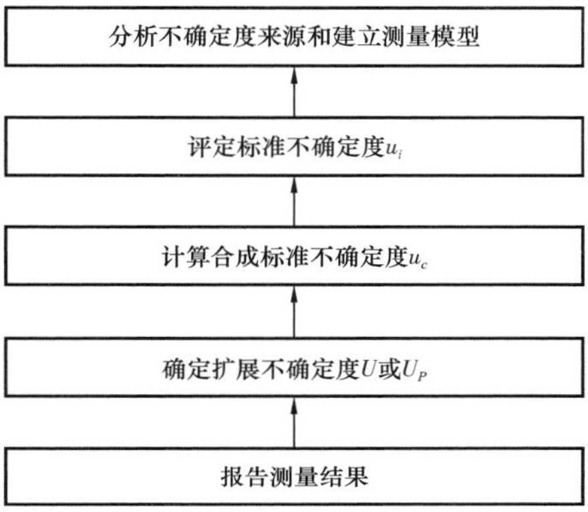

图 2–9　GUM 法评定测量不确定度的一般流程

根据国家标准 GB/T 22723—2008《天然气能量的测定》的规定，按天然气能量计量的通用公式，可以推导出其相对标准不确定度的计算式：

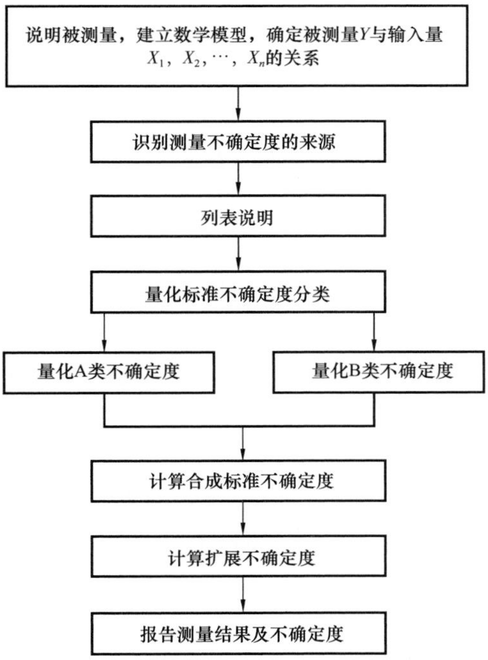

图 2–10　分析化学计量的不确定度评定流程

$$u(E) = (uH^2 + uQ^2)^{1/2} \qquad (2\text{–}12)$$

式中　$u(E)$——能量计量（系统）的相对标准不确定度；

uH——发热量值的相对标准不确定度；

uQ——气体流量的相对标准不确定度。

按 JJF 1059.1 的规定，相对标准不确定度是指标准不确定度除以测得值的绝对值。在实际应用中，一般均采用相对不确定度的形式表示，简称不确定度。式（2–12）说明：天然气能量测定的（总）不确定度是由发热量测定的不确定度（uH）和体积流量测定的不确定度（uQ）两者以方和根方法计算出来的合成不确定度。

二、示例系统的主要技术条件

根据现行标准与规范（或相应的国外标准）的规定，下文介绍一个新建的、实施能量计量的天然气分输站，在投产前对整个能量计量系统进行不确定度评定的实例。本示例执行国际标准 ISO 5168《流体流量的测量——不确定度的评定程序》的有关规定，将实施能量计量的系统视为一个整体，分别计算 A 类和 B 类不确定度，然后由此两者合成而得到对整个能量计量系统（在特定的装备和操作条件下）不确定度的估计值。ISO 5168 与 GB/T 22723 在评定程序和计算次序方面虽有所不同，但评定结果相同。本示例中，能量计量系统的主要技术条件为：

（1）超声或涡轮流量计通过串口或脉冲信号向流量计算机提供工况流量信号；每一个计量回路专用的压力与温度变送器也向流量计算机传送（相应的）压力与温度信号（4～20mA 模拟信号）。

（2）流量计算机利用上述信号，以工况和标况密度为基础，采用 AGA–7/AGA–9 报告的方法计算天然气的标况体积流量。

（3）流量计算机利用在线气相色谱仪提供的天然气组成分析数据，采用 AGA–8 报告的方法计算工况和标况密度。

（4）在得到某时间周期中的标况体积流量（Q）及其相应的平均高位发热量（H）后，按上文式（2–1）可计算供出的总能量（E）。

三、A 类不确定度的评定

对被测量进行独立重复观测，通过得到的一系列观测值用统计方法方法获得实验标准偏差 s（x），当用算术平均值 $\bar{x}$ 作为被测量估计值时，被测量的 A 类不确定度可以按式（2–13）估计：

$$u_{\mathrm{A}} = u(\bar{x}) = s(\bar{x}) = \frac{s(x)}{\sqrt{n}} \tag{2–13}$$

A 类标准不确定度评定的一般流程如图 2–11 所示。评定 A 类不确定度的方法有：Bessel 法、极差法、合并样本标准偏差法、最小二乘法和最大残差法等，其中最常用的是 Bessel 法和极差法。由于用 Bessel 法评定得到的实验标准偏差 s 不是总体标准差 σ 的无偏估计，故在测量次数较少时，由极差法得到的标准偏差较 Bessel 法更为可靠。但从这两种方法的自由度比较可以看出，无论测量次数多少，极差法的自由度均小于 Bessel 法，故 Bessel 法比极差法更准确。

在 A 类不确定度评定中，测量次数较少时 Bessel 法与极差之间的选择应根据具体情况而定。通常在合成不确定度中 A 类不确定度占优势分量、且测量次数不大于 9 的情况下，极差法优于 Bessel 法。若在合成不确定度中 A 类不确定度不占优势分量的情况下，由于在合成不确定度时采用方差相加的方法，此时则与测量次数无

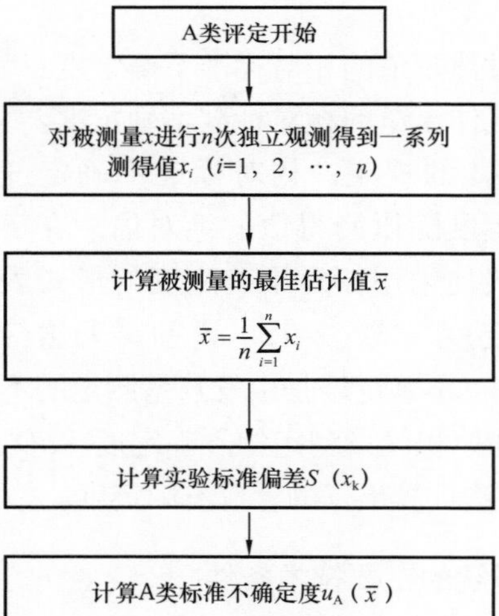

图 2–11　A 类标准不确定度评定的一般流程

关。从表 2–14 所示数据可以看出，当重复测量次数达到 10 次时，两种方法计算得到的实验标准偏差的准确度几乎相同。

表 2–14　Bessel 法和极差法估计标准偏差时的误差

测量次数 n	2	3	4	5	6	7	8	9	10	20
Bessel 法	0.80	0.57	0.47	0.40	0.36	0.32	0.30	0.28	0.26	0.17
经修正 Bessel 法	0.60	0.46	0.39	0.34	0.31	0.28	0.26	0.25	0.23	0.16
极差法	0.76	0.52	0.42	0.37	0.34	0.31	0.29	0.27	0.26	0.20

本示例中，对天然气能量计量系统的 A 类不确定度进行评定时，其实验标准偏差主要有以下 5 个来源：

（1）气体流量校准的实验标准偏差（S_1）。

在大多数此类校准中，随机误差均可控制在 ±0.2% 以内，故取 S_1=0.1%。

（2）压力校准的实验标准偏差（S_2）。

按制造厂商提供的数据，在压力变送器经校准的量程范围内，环境温度对准确度的影响为 ±0.15%，故取 S_2=0.15%。

（3）温度校准的实验标准偏差（S_3）。

按制造厂商提供的数据，温度变送器在 0～100℃量程范围内，模拟信号的总误差为 ±0.1%，由此可计算出其随机误差为 ±0.1%，故取 S_3=0.1%。

（4）样品天然气分析数据的实验标准偏差（S_4）。

以连续 5 次进样标准气混合物（RGM）为基础进行计算，S_4=0.02%。

（5）高位发热量的实验标准偏差（S_5）。

高位发热量是以从气相色谱仪获得的气体样品组成（数据）为基础计算的；标准偏差是源于上述 5 组典型的气相色谱仪分析数据。本示例中，高位发热量是根据美国国家标准研究院 / 美国天然气协会标准 ANSI/GPA 2172《由组成分析数据计算天然气的高位发热量、相对密度和压缩因子》中所列出的单个组分的高位发热量为基础进行计算，故取 S_5=0.05%。

四、B 类标准不确定度的评定

系统中的 B 类标准不确定度根据有关的信息或经验进行评定，判断被测量可能存在的区间［$\bar{x}-a$，$\bar{x}+a$］。当设定被测量值的概率分布，并根据概率分布和要求的包含概率 p 确定 k 后，即可按式（2–14）评定 B 类标准不确定度：

$$u_{\mathrm{B}}=\frac{a}{k} \tag{2–14}$$

式中　a——被测量可能值区间的半宽度。

B 类不确定度评定的分量信息来源大致可分为由检定证书或校准证书提供和由其他各种资料得到两种类型。评定的一般流程如图 2–12 所示。

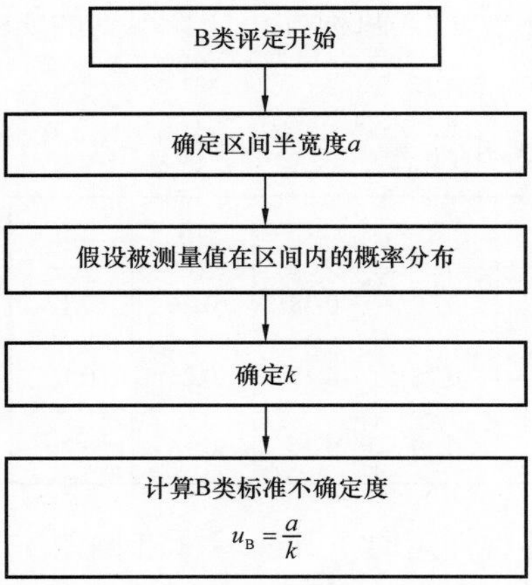

图 2–12　B 类标准不确定度评定的一般流程

本示例中，天然气能量计量系统的 B 类不确定度主要也有以下 5 个来源：

（1）流量校准的不确定度（B_1）。

典型流量校准实验室的 B 类不确定度为 0.23%；再加上超声流量计有 0.0639% 的典型零流速偏置。对 200mm（8in）流量计而言，当气体流速为 17.4m/s 时，其流量校准的 B 类不确定度可按下式计算：

$$B_1 = [(0.23)^2 + (0.0639)^2]^{1/2} = 0.2387\%$$

（2）压力测量的 B 类不确定度（B_2）。

用于校准压力变送器的设备有 0.05% 的系统不确定度，故取 B_2=0.05%。

（3）温度测量的 B 类不确定度（B_3）。

用于校准温度变送器的设备有 0.05% 的 B 类不确定度，故取 B_3=0.05%。

（4）由组分分析数据计算 Z 值导致的 B 类不确定度（B_4）。

样品天然气分析数据的 B 类不确定度是以连续 5 次进样分析标准气混合物（RGM）为基准计算的。估计 RGM 的不确定度为 0.2%，故取 B_4 为 0.2%。

（5）高位发热量测定的不确定度（B_5）。

根据天然气分析溯源准则，高位发热量测量系统的 B 类不确定度可以按 RGM 的定值不确定度进行估计。本示例中，现场使用的 RGM 可以溯源至美国国家标准工艺研究院（NIST）保存的基准级 RGM（PSM），故取 B_5=0.2%。

五、不确定度的合成（假定在最大流速工况条件下）

（1）A 类标准不确定度的合成。

实验标准偏差（随机误差）的贡献值分别来源于超声流量计、压力、温度、高位发热量、标况体积流量和能量流量的测量。标况体积流量的合成 A 类标准不确定度（S_Q）和标况能量流量的合成标准不确定度（S_E）可分别计算如下：

$$\begin{aligned} S_Q &= [(S_1)^2 + (S_2)^2 + (S_3)^2 + (S_4)^2]^{1/2} \\ &= [0.01+0.0225+0.01+0.0004]^{1/2}/100 \\ &= 0.2071\%（扩展不确定度 U=0.4142\%） \end{aligned}$$

$$\begin{aligned} S_E &= [(S_Q)^2 + (S_5)^2]^{1/2} \\ &= [0.1716+0.0025]^{1/2}/100 \\ &=0.4172\% \end{aligned}$$

（2）B 类标准不确定度的合成。

标况体积流量的 B 类合成不确定度（B_Q）和标况能量流量的 B 类不确定度（B_E）可分别计算如下：

B_Q = [(B_1) ^{2}+ (B_2) ^{2}+ (B_3) ^{2}+ (B_4) ^{2}] $^{1/2}$/100

= [0.0570+0.0025+0.0025+0.04] $^{1/2}$/100

=0.3194%

B_E = [(B_Q) ^{2}+ (B_5) ^{2}] $^{1/2}$/100

= [0.01+0.04] $^{1/2}$/100

=0.2236%

六、体积流量与能量流量的合成不确定度

当能量计量系统在操作压力为 5.32MPa（绝）、操作温度为 24℃、最大流速为 20.02m/s 的实流检定条件下，合成不确定度的评定结果如下。

（1）标况体积流量的合成不确定度。

标况体积流量：35000m^3/h；

B 类不确定度：0.3288%；

A 类不确定度：0.4915%（以 2S_Q 计）；

合成不确定度：0.5914%。

（2）标况能量流量的合成不确定度。

标况能量流量：28840GJ/d；

B 类不确定度：0.3849%；

A 类不确定度：0.5020%（以 2S_E 计）；

合成不确定度：0.6322%。

七、不确定度评定小结

（1）本示例将能量计量系统分为流量测定和发热量测定两个部分分别进行计算，然后计算其合成不确定度，据此评定所得的数据汇总见表 2–15。

表 2–15　数据汇总表

项目	A 类不确定度	B 类不确定度	合成不确定度
流量测定部分	0.1	0.24	0.26
流量计校准偏差	0.15	0.05	0.1581
压力校准	0.1	0.05	0.1118
温度校准	0.02	0.2	0.2010
分析数据（Z 值）	0.2071	0.3194	0.3807
体积流量（合计）	0.4142（U）	0.3194	0.5231
发热量测定部分	0.05	0.2（0.6）	0.2062（0.6021）

续表

项目	A 类不确定度	B 类不确定度	合成不确定度
分析数据标准偏差	0.1（U）	0.2（0.6）	0.2236（0.6083）
整个系统合成不确定度	0.4261	0.3768（0.6797）	0.5688（0.8022）

注：带（ ）的 6 个数据为当 RGM 不能溯源至 PSM，而仅溯源至准确度优于 0.3% 的认证级（CRM）时的计算数据。

表 2–15 中数据表明：能量计量系统测量结果的不确定度评定包括两个要点：一是得到最佳估计值；二是计算其不确定度。根据 JJF 1059.1 对不确定度评定规定的基本要求，本示例在其特定工况条件下的不确定度评定结果可简明地表示如下：

① 标况体积流量的最佳估计值为 35000m^3/h 时，不确定度为 0.5914%；

② 标况能量流量的最佳估计值为 28840GJ/d 时，不确定度为 0.6322%；

③ 标况体积流量和标况能量流量的测量不确定度均优于 GB/T 18603 中对 A 级站的要求（扩展不确定度 U 优于 1%）。

（2）体积流量测定的最佳估计值实质上就是约定真值，通常是通过检定或校准得到。对间接法测定发热量而言，由于是采用标准气混合物（RGM）溯源方式，RGM 的标准值即为其最佳估计值。在计算最佳估计值的不确定度时，对流量测定至少需要考虑表 2–15 中所示的流量计校准偏差等 4 个来源，并对其分别进行 A 类及 B 类评定，然后计算出流量测定部分的合成的（总）不确定度（0.5231%）。发热量测定仅有分析数据的标准偏差一个来源，其 A 类不确定度可以由方法的精密度数据计算，B 类不确定度则可以通过能溯源的 RGM 的准确度来计算，然后计算出发热量测定部分的合成（总）不确定度（0.2236%）。最终由两个部分的不确定度合成而计算出整个能量测定系统的合成（总）不确定度（0.5688%）。

（3）表 2–15 数据与实流检定（或校准）结果的比较表明，本示例的不确定评定方法是正确且有效的。当分输站达到最大流量时，标况体积流量的 B 类不确定度的评定值为 0.3288%，与表中所示值（0.3194%）非常接近。A 类不确定度评定值（0.4915%）与表 2–15 中所示估计值（0.4142%）也相差不大。合成不确定度 0.5914% 则比对 A 级站在工况条件下体积流量要求达到的准确度（0.70%）更好。

（4）与实流检定（或校准）结果的比较还表明：发热量测定部分的 B 类不确定度估计也比较准确。能量计量系统的 B 类不确定度估计值（0.3194%）与实际测定值（0.3849%）比较接近，从而说明能溯源至基准级标准气混合物（PSM）的在线校准用标准气混合物（RGM），估计其 B 类不确定度为 0.2% 是合理的。表 2–15 中带括号的 6 个数据表明，对 RGM 的溯源性要求是能量计量系统质量控制与质量保证的关键之一。如果 RGM 的标准值的不确定度只能溯源到 0.3% 的水平时，发热量测定部分的合成不确定度将上升至 0.6083%，此值已经超过 GB/T 18603 规定的准确度（0.5%）要求。

（5）现场使用的 RGM 其准确度一般是 2.5% 或 3%，通常要求能溯源至 PSM。目前中国石油西南油气田公司天然气研究院使用英国国家实验室（NPL）制备的、扩展不确定度优于 0.5%、组分数为 10 个的 CRM 级 RGM 进行现场在线气相色谱仪的质量控制，但此 RGM 是否能进一步溯源至相应的 PSM 则宜尽早确认。

第六节　标准气体混合物的制备

2008 年我国以等同采用 ISO 6142：2001 的方式发布了国家标准《气体分析　校准用混合气体的制备　称量法》（GB/T 5274—2008），并以此标准代替 GB/T 5274—1985。2018 年我国又以等同采用 ISO 6142—1：2015 的方式发布了国家标准《气体分析　校准用混合气体的制备　第 1 部分：称量法制备一级混合气体》（GB/T 5274.1—2018）。与 2008 版本相比，2018 版标准在范围、原理、制备计划和不确定度计算等部分均做了重大修改，并增加了原料气纯度分析、对校准气混合物的均匀性和稳定性要求等重要内容。本节介绍 GB/T 5274.1—2018 的技术要点。

一、原理与流程

GB/T 5274 的本部分规定了用称量法制备瓶装校准混合气体的方法。该校准混合气体的一个或多个组分的物质的量分数（摩尔分数）可量值溯源。本部分也规定了每一组分摩尔分数不确定度的计算方法，该不确定度计算时需要评估以下因素的不确定度贡献。这些因素包括：称量过程，组分纯度、混合气体的稳定性和最终混合气体的验证等。

本部分仅适用于气态或能完全气化组分的混合气体的制备，组分可以以气态或液态引入气瓶。本部分涵盖了二元或多元混合气体（包括天然气）的制备。本部分不包括单个过程中多个混合气体批量制备的方法。

为了确定混合气体的保质期（最长储存期），本部分规定了稳定性评价的方法，但是该方法不适用于相互发生反应的组分的稳定性评价。本部分还规定了对制备混合气体所用的每一种原料（气体或液体）中的杂质进行定量分析和评估的方法。

通过定量转移纯气体、纯液体或由称量法制备的已知组分含量的混合气体到储装气瓶来制备校准混合气体。混合气体的量值可以通过以下 3 个步骤溯源到 SI 国际单位：

（1）测定添加的组分质量；

（2）由组分纯度、相对原子质量和 / 或相对分子质量将添加组分的质量转换为物质的量；

（3）用独立的参考混合气对最终混合气进行验证。

组分的添加质量是通过称量添加前后的原料容器或校准气体气瓶质量来确定的，两次称量之差为净加入组分的质量。上述两种称量方法的区别在于添加组分的质量不同，具体采用何种方法取决于最终混合物摩尔分数的不确定度要求。

当添加的每一组分的质量大到足以准确测量时，可以使用一步法制备。为了获得具有满意不确定度的最终混合气体，特别是组分的摩尔分数很低时，需要采用多步稀释法制备。该法采用称量法制备“预混合物”，并在一步或多步制备中作为原料气。

基于对组分浓度和不确定度要求，用称量法制备校准气体混合物的流程如图 2–13 所示。图 2–13 中给出了每个制备步骤在本标准中所对应的章节号。

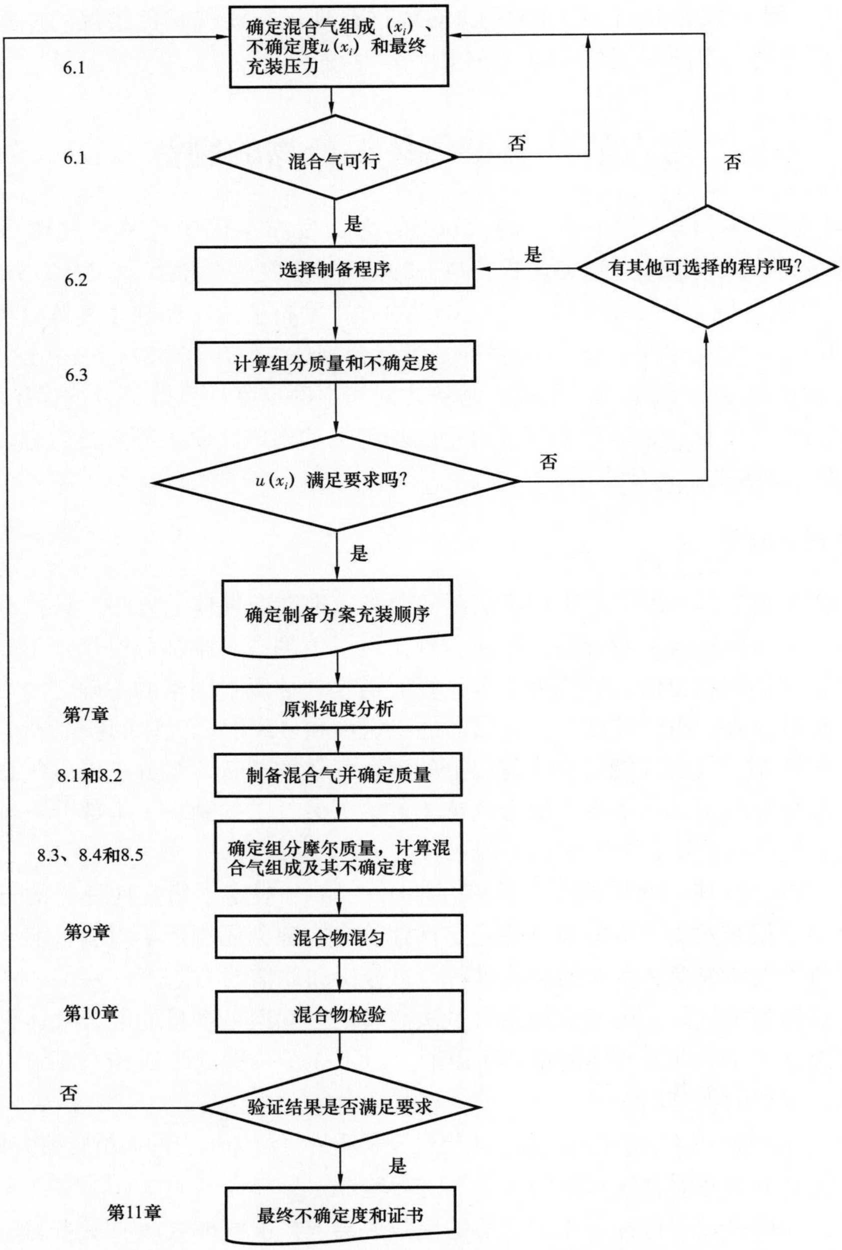

图 2–13　称量法制备校准用混合气体的流程图

二、组分蒸气压的影响

易凝结组分是指混合气在制备、使用或室外储存时，容易变成液态或部分变成液态的组分。为了保证所制备的混合气中各组分完全呈气态，应对充装压力加以限制。如果没有合适的计算资料，通常可以式（2–15）估算极限充装压力：

$$p_F \leqslant \frac{1}{\sum_{i=1}^{q}\left[\frac{x_i}{p_i(T_L)}\right]} \tag{2-15}$$

当 p_F（充装压力）大于 5 MPa（50bar）时，式（2–15）的估算值可能相当保守。为避免组分凝结液化，充装温度 T_F 和 T_L（可凝结组分选用的蒸气压对应的温度）之间差值不应太小。

表 2–16 列出了 20℃下向气瓶充装某组分的最高压力。这些压力均是由单独组分的分压推导出来的，表中所示压力是对“纯”组分可能达到的最高压力。对“纯”组分而言，如果部分制备的混合物高于此压力，该组分就不能以“纯”态加入。尽管还有其他组分存在，这些压力不能视为在混合物中可应用的压力，因为在压力下向气瓶中加入 1 种以上烃类组分时有可能导致形成液相。虽然加入大量组分甲烷后，最终混合物将是单一的气相，但在制备过程中应防止液体沉积的可能性。

表 2–16 基于纯组分蒸气压的最高充装压力（20℃）

组分	压力，kPa	组分	压力，kPa
正丁烷	162	二氧化碳	4590
异丁烷	234	甲烷	>20000
丙烷	500	氮	>20000
氢	>20000	氧	>20000
乙烷	3400	氦	>20000

如有现成的计算相态性质的计算程序，就应该用它来保证在整个制备过程中混合物均处于气态。但如果没有这样的计算程序，则加入组分不应超过常温蒸气压的 50%，最好不超过 25%。

三、最终混合气的相态

除中间混合物的相态外，最终混合物的相态特性也要考虑。最高露点温度是烃类混合气的一种特性，即低于此温度时某些组分会凝结并进入液相。在某个中间压力下，最终混合物在低于和高于此压力时均会出现组分冷凝。与此相反，对理想气体进行预测时总是得到最高压力下的最高露点温度。

图 2–14 所示为一种校准气混合物的露点曲线，其中丙烷、异丁烷和正丁烷的浓度均相当于其 15℃下蒸气压的 50%。此图是用相态性质模拟程序计算而得到的。在 5.5MPa 下混合气的最高露点温度为 –13℃。这表明该混合气在温暖的气候下运输与储存是稳定的。但当使用该气体混合物时，气瓶将通过压力调节器或其他压力控制设备降压，在此过程中将出现焦耳—汤普森（Joule–Thomson）冷却效应。

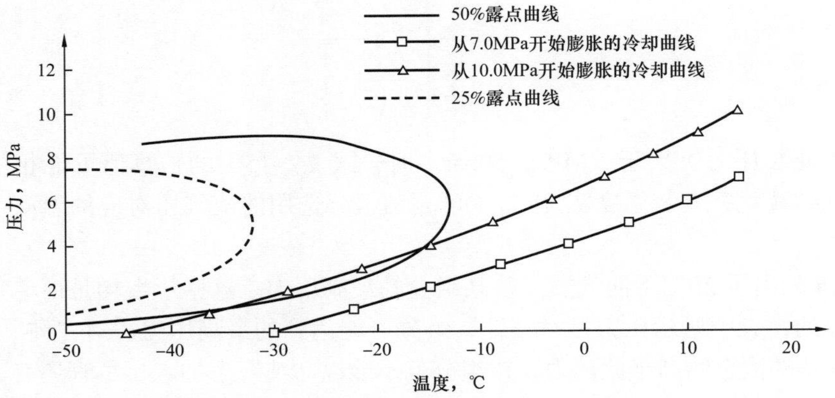

图 2–14　露点曲线和冷却曲线

图 2–14 中也示出了 15℃与 7.0MPa 及 15℃与 10.0MPa 两条冷却曲线。从 7.0MPa 开始降压的曲线不触及两相区域，而从 10.0MPa 开始降压的曲线则通过两相区域。在后一种情况下，当标准气混合物通过调节器时将有液体从气相中分离出来，其组成将发生变化。因此，上述浓度的 C_3 和 C_4 混合物注入压力只能达到 7.0MPa，不应采用 10.0MPa。此图也示出了类似校准气混合物的露点曲线，当其中 C_3 和 C_4 组分的浓度仅为其蒸气压的 25% 时，在 5.0MPa 下的最高露点温度降到 −32℃，从而给出了更大的安全界限。此时，即使从 10.0MPa 开始降压也不会出现组分的冷凝现象。

四、混合气体制备计划

1．可行性分析

（1）安全因素。

为安全起见，应考虑防止混合气体发生潜在的危险反应，并应严格遵守国家和地方的安全法规。校准混合气体在特定温度下的最终压力应低于目标气瓶的最大工作压力。

（2）混合气体之间的反应。

在制备一种混合气体之前，应考虑混合气组分发生化学反应的可能性。列举所有可能发生反应的物质是不现实的。因此，应掌握化学反应常识，以评价混合气体的稳定性并进行安全风险分析。

（3）混合气体与容器材料之间的反应。

制备混合气体前，应考虑混合气体组分与高压气瓶材料、气瓶阀门以及配制系统可能发生的化学反应。应特别考虑腐蚀性气体与金属的反应，以及与使用的合成橡胶和油脂（如阀座和密封处的）的反应。

应使用与混合气体中所有组分都不起反应的惰性材料来防止反应的发生。如果不可行，应采取措施，把对与气体接触材料的腐蚀降到最低程度，以避免在储存和使用中混合气的组成产生明显变化以及发生任何危险。

2．制备方法选择

选择制备方法时，应考虑下列因素：

（1）校准混合气体的目标组成和不确定度要求；

（2）校准混合气体的目标充装压力；

（3）制备允许偏差的要求；

（4）每一种原料气体混合物的组成；

（5）天平的性能规格。

3. 计算目标质量

按式（2–16）计算原料气或原料液中目标组分 j 的目标质量 m_j：

$$m_j = \frac{y_k \times M_k}{\sum_{i=1}^{q} y_i \times M_i} \times m_\Omega \tag{2-16}$$

最终混合气的质量 m_Ω 则以式（2–17）计算：

$$m_\Omega = \frac{p_{F \cdot \Omega} \times V_{cyl}}{Z_\Omega \times R \times T_F} \sum_{i=1}^{q} y_i \times M_i \tag{2-17}$$

4. 极限充装压力估算

GB/T 5274.1—2018 的附录 C 详细介绍了混合气极限充装压力的估算方法。

5. 原料气纯度分析

在制备校准混合气体过程中，对原料气进行纯度分析是至关重要的一步，可按照 ISO 19229 对原料气纯度进行分析。通过选择更高质量级别的纯气或纯液来降低原料中重要杂质的含量。将纯度分析结果绘制成表格，并列出所有杂质的摩尔分数的实测值或估测值及其相关不确定度。

五、充装气瓶

1. 误差来源

与组分气体相关的误差来源包括：

（1）气瓶内气体残留；

（2）泄漏（抽真空后空气进入气瓶；充装过程中气体从瓶阀泄漏；充装后气体泄漏；气体从气瓶进入输送管线）；

（3）当用减量法时配气系统内残留气体；

（4）组分在气瓶内表面的吸附 / 反应；

（5）组分间的反应；

（6）原料气体中的杂质；

（7）混匀处理不够；

（8）相对分子质量的不确定度。

2. 主要制备方法

以下是制备校准混合气体的 3 种主要方法：

（1）将纯气或已知组分的预混合物通过称重定量添加到已称量的真空气瓶；

（2）将一定量的气体，从一个装有已知质量和组成的混合气气瓶中转移出来，在其中添加期望的气体，并称量加入的质量，对剩余的已知量的混合气进行稀释；

（3）为了减少小量组分称量的不确定度，可以从小容器转移组分，并用高分辨率的天平称量该小容器。

3. *以纯组分或预混合物制备校准混合气*

按充装程序（GB/T 5274.1 第 6 章）将气瓶抽空至其中残余气体压力小于称量不确定度要求。将抽空后的气瓶与真空泵分开，经温度平衡后称量至质量恒定。

将气瓶与转移设备连接，先用纯气体或预混合物冲洗连接管。由于在转移设备中有残留气体，冲洗程序应定义为将污染物对最终混合物的影响减至最小。

充分冲洗（和抽空）后，打开纯气体或预混合物气瓶的阀门，将气体导入转移设备和连接管，同时打开被充注气瓶的阀门。应缓慢地向气瓶加入气体以减小温度变化的影响。对于可能出现冷凝的气体混合物，温度影响会导致某些组分冷凝。由于是绝热膨胀效应，温度的影响是可以预期的。若目标气体的质量以压力指示，则温度影响将导致误差。绝热膨胀也会导致冷凝。将气瓶阀门全开，连续注入气体直至压力计显示已加入足够量的气体；或将气瓶置于最大载荷天平上指示出其近似质量。关闭气瓶阀门，分开气瓶与转移设备，经温度平衡后再次称量至质量恒定。

在第二次以及随后的气体称量中均重复以上程序。当打开气体阀门时，必须确认转移设备及管线中的气体压力已调节至高于气瓶中气体压力。此步骤将防止气体从气瓶中返回转移管线。充注气体结束后进行称量。在使用前应使气瓶的成分均匀。通常滚动气瓶以使成分均匀。均匀化过程的最少时间应事先以实验确定。

在制备过程中应考虑可能发生冷凝的以下因素：

（1）虽然还不能从理论上预测，但气瓶充注过程中是可能出现冷凝的。注入稀释气体（balance gas）时可能压缩气瓶中已存在的组分，使两者不能完全混合，这也会导致冷凝。

（2）在部分冷凝混合物的均匀化过程中，有时很难消除气瓶壁上的冷凝相。

（3）当混合物中某种组分的相对密度高于稀释气体时，简单地滚动气瓶可能不足以使密度差达到均匀。此时，可能要将气瓶侧放较长时间才能达到均匀，或者在滚动过程中加热。

4. *从另一个气瓶转移少量组分的方法制备*

当气瓶中的微量组分的质量用低载荷天平以称量法确定后，将此气瓶连接到转移设备。将需充注的“大”气瓶抽空并称量后，连接到转移设备（如 ISO 6142 中 C.3.1 所述）。以下一步要加入的气体充分冲洗转移管线后，抽空转移管线，打开大气瓶阀门，将小气瓶中的气体转移至大气瓶。关闭大气瓶的阀门。连续地用下一步要加入大气瓶的组分充注转移管线与小气瓶，以此方式将该组分转移至大气瓶，并冲洗大气瓶与转移管线。在打开大气瓶阀门前，应确认转移管线的压力高于大气瓶中的实际压力。加入微量组分的过程完成后，移开大气瓶并称量。若小气瓶或其阀门不能承受需转移组分的最终压力，应将小气瓶从转移设备上移开并再次称量。加入微量组分前后小气瓶的质量差就相当于加入大气瓶中的质量。

六、误差来源分析（GB/T 5274.1—2018 附录 A）

影响最终定值不确定度的误差来源很多，本附录在随后章条中列出了制备过程每一环节可能的误差来源，在制备方法的验证过程中，应仔细评估这些来源。在某些情况下，本附录中所列出的某种或某些误差来源可能不会影响所使用的方法，未列出的其他误差来源反而可能会有影响。有时，某个评定的误差相对其他误差的量级小，在最终不确定度预算中可忽略。

1. 与天平及砝码有关的误差

（1）天平的实际标尺分度值；

（2）天平的准确度，包括最大允许误差；

（3）零点不正确；

（4）漂移（热源和时间引起的影响）；

（5）气流引起的不稳定性；

（6）气瓶在天平秤盘上的位置；

（7）砝码的误差；

（8）砝码浮力的影响。

2. 与气瓶有关的误差

（1）气瓶在搬运过程中产生的误差，如：

① 金属、漆膜或标签从气瓶表面脱落；

② 金属从阀门和接头上脱落；

③ 气瓶、阀门或接头沾染污垢。

（2）气瓶外表面上发生的吸附与解吸。

（3）浮力影响引起的误差：

① 气瓶自身浮力。

② 由于气体充装引起的气瓶温度与周围空气温度的不同。

③ 充装过程中气瓶体积的变化。

④ 空气密度的变化，这是由于：

（a）温度；（b）大气压力；（c）湿度和二氧化碳含量。

⑤ 气瓶外表面体积的不确定性。

3. 与组分气体有关的误差

（1）气瓶内的残余气体。

（2）泄漏引起，如：

① 气瓶抽真空后，空气渗入；

② 在充装过程中，气体从气瓶阀门泄漏；

③ 充装之后，气体从气瓶泄漏；

④ 气体从气瓶渗入转移管路。

（3）在使用减量称量时，样品未完全转移，有部分样品留在转移系统。

（4）气体组分在气瓶内表面的吸附 / 反应。

（5）组分之间的反应。

（6）原料气中含有杂质。

（7）混合不均匀。

（8）相对分子质量的不确定度。

七、混合气的均匀性和稳定性（GB/T 5274.1—2018 第 9 章）

1. 均匀性

混合气体在分析或使用之前，应确保是均匀的。

（1）ISO 7504：2015 中给出了均匀性定义："混合气中的所有组分均匀分布于混合气所占空间的状态"。

为了确保混合气体的均匀性，在添加最后一个原料气并称量后，应使之混匀。混匀可将气瓶置于接近水平的方向滚动，也可以通过将气瓶放置较长时间、加热或者其他方法（如使用导管充装）来实现。混匀需要的时间应基于之前的实验经验来确定。

（2）当某一组分相对密度远大于平衡气的密度时，由于密度的差异，仅采用滚动的方法可能不足以混匀气体。

（3）如 ISO 16664：2004 中所述，对于一些特殊的混合物，长时间储存后，校准混合气体可能需要重新混匀。

2. 稳定性

（1）混合气的稳定性用组分 k 摩尔分数漂移率（b_k）数值表征，按式（2–18）所示的线性衰减模型计算：

$$y_k^l = y_k^0 - b_k \times t_d \quad (2\text{–}18)$$

（2）在规定限值范围内，组分 k 摩尔分数的不确定度分量（u）与不稳定性引起的不确定度与组分 k 漂移率和保质期有关，可按式（2–19）计算：

$$u\left(y_{k,\mathrm{stab}}\right) = b_k \times t_s \quad (2\text{–}19)$$

① 由式（2–19）计算得到的是绝对值。

② 如未观测到漂移，则 b_k 值为零；u（$y_{k,\ \mathrm{stab}}$）值也为零。

③ l 值通常为 2 年或 3 年。

④ 由不稳定性引起的不确定度将影响摩尔分数的合成标准不确定度。因此，两种相同的混合气体，保质时间不同，其不确定度可能也不同。

3. 稳定性试验

在扩展不确定度估算中，为了获得稳定性不确定度分量的数据，应进行稳定性试验。

当混合气体不能证明是无条件稳定时，应通过实验经验估计稳定速率常数。混合气体制备完成后应立即进行分析，并随后定期进行分析，直到组分含量有不可接受的变化或已经获得满意的稳定时间为止。

在某些情况下，稳定性引起的不确定度分量可能非常重要，因此，为了准确评估混合气体的稳定性，稳定性试验的设计非常重要。应精心设计稳定性研究方案，以确保能测定混合气体的稳定性，而不是进行其他参数测定，如分析仪器的零点漂移等。在稳定性试验过程中，应保证其他参数尽可能稳定以清除这些参数对结果的影响，比如，样气流量、压力、采样设备及仪器应保持一致，还要严格控制环境条件，如室温。

稳定性试验的设计受混合气中组分化学性质、气瓶和阀门的类型以及客户对稳定时间需求的影响。

稳定性研究经常作为制备验证工作的一部分，在质量保证体系下，应用统计控制的方法得到的稳定性试验结果，可适用于采用相似的纯气体和气瓶制备的相似混合气。

通过试验获得的稳定时间与总不确定度预算中稳定性分量的不确定度成正比，即稳定时间短，引起的稳定不确定度小；稳定时间长，引起的稳定不确定度大。

八、添加质量及其不确定度的实例

1. 称量法制备氮中一氧化碳校准混合气

本例中，气瓶容积为10L，充装压力为10MPa。称量不确定度如下：托盘天平称重气瓶的不确定度为10mg，“大”容器称重不确定度为0.2mg，“小”容器称重不确定度为0.05mg。u表示标准不确定度，U表示扩展不确定度（k=2）。

称量法制备氮中一氧化碳校准混合气的质量和不确定度见表2–17。

表2–17 称量法制备氮中一氧化碳校准混合气的质量和不确定度

少量组分称量方法	x标称摩尔分数（托盘天平上的10L气瓶）		x标称摩尔分数（“大”容器）	x标称摩尔分数（“小”容器）
	10^{-1}	10^{-2}	10^{-3}	10^{-4}
m_a，g	116.709	11.671	1.16709	0.11671
u（m_a），mg	10	10	0.20	0.05
m_b，g	1050.502	1115.552	1166.057	1167.108
u（m_b），mg	10	10	10	10
［U（x）/x］×100	0.016	0.170	0.035	0.086

2. 称量法制备甲烷中正己烷校准混合气

本示例给出了称量法制备甲烷中正己烷校准混合气的质量和不确定度（表2–18），其他技术条件与表2–17中的示例相同。

表 2-18　称量制备甲烷中正己烷校准混合气的质量和不确定度

少量组分称量方法	x 标称摩尔分数（“大”容器）		x 标称摩尔分数（“小”容器）	
	10^{-3}	10^{-4}	10^{-4}	10^{-5}
m_a，g	3.59064	0.35906	0.35906	0.03591
$u(m_a)$，mg	0.20	0.20	0.05	0.05
m_b，g	667.7674	668.3689	668.3689	668.4291
$u(m_b)$，mg	10	10	10	10
$[U(x)/x]\times100$	0.012	0.112	0.029	0.278

3. 原料气纯度表示例

表 2-19 给出了一氧化碳原料气的纯度，按国际标准《气体分析—纯度分析和纯度数据处理》（ISO 19229：2019）对本表列举数据的计算结果列于最后一行。

表 2-19　一氧化碳纯度表

杂质	测定方法	含量，10^{-4}（摩尔分数）	标准不确定度，10^{-4}（摩尔分数）①
N_2	GC-TCD	395	20
CO_2	GC-TCD	40	4
O_2	GC-TCD	13	10
H_2	GC-TCD	110	6
CH_4	GC-FID	12	7
H_2O	n/a②	10	5.77
CO	计算	999420	26

① 每个组分摩尔分数的不确定度由所有相关不确定度合成计算得到，可能包括但不限于校准标样、分析重复性和再现性的不确定度。

② 表中的示例，水作为一种杂质，但不能由实验室任何一种可用的方法测定得到，也不是制造厂提供的数据，因此，使用 ISO 19229：2019 中 6.3 提到的方法。估计 GC-TCD 的检测限为 20×10^{-6}（摩尔分数），故将检测限的一半定为水的摩尔分数，即 10×10^{-6}，并以矩形分布计算其标准不确定度。

参考文献

［1］高立新，陈赓良，李劲，等．天然气能量计量的溯源性［M］．北京：石油工业出版社，2015.

［2］刘喆．基于 mt 法的天然气量值传递与溯源方法探讨［C］．全国天然气标准化技术委员会 2018 年论文报告会，中国成都，2018-11-15.

［3］于亚东．化学测量的溯源性［M］．北京：中国计量出版社，2006.

[4] 黄黎明，陈赓良，张福元，等. 天然气能量计量理论与实践[M]. 北京：石油工业出版社，2010.

[5] 陈赓良. 对天然气分析中测量不确定度评定的认识[J]. 天然气工业，2012，32（5）：70.

[6] 陈赓良. 对天然气能量计量溯源性的若干认识[J]. 石油与天然气化工，2007，36（2）：162.

[7] 倪晓丽. 化学计量体系的特点及实现有效化学测量的途径[J]. 化学分析计量，2004，13（2）：54.

[8] 陈赓良. 天然气能量计量的溯源性与不确定评定[J]. 石油与天然气化工，2017，46（1）：83.

第三章　发热量直接测定

第一节　基础知识

一、燃烧量热学发展概况

燃烧量热学是热化学的一个分支，是测定物质燃烧反应热效应的一门实验科学。此种热效应即称为物质的燃烧热，通常采用的单位是 kJ/mol。

测定燃烧热的方法分为定容和定压两种。根据热力学第一定律，定容燃烧热等于燃烧反应的内能变化（ΔU），定压燃烧热等于燃烧反应的焓变化（ΔH）；两者之间的关系可以表示为：焓变化（ΔH）= 内能变化（ΔU）+ 体积功（ΔVP）。

定容燃烧热在刚性容器里测定；而定压燃烧热则是在可移动器壁的容器里测定，器壁内外压力相等，故燃烧反应前后容器压力不变。通常在物质燃烧过程中会放热并产生气体，故刚性容器的压力就会升高，储存了部分能量，释放的能量就会减少一些。在定压容器里则不储存这部分能量，后者以做体积功的形式释放出来。因此，释放的能量就大于定容燃烧热。

测定燃烧热时应说明相应的燃烧反应的热化学反应方程，并标明反应物与产物的状态；方程中的系数 n 是表示物质的量（摩尔数，mol）。化学热力学规定，放热反应的热效应为负值。燃烧量热学采用标准态作为参考态，标准态的燃烧热以 ΔH 或 ΔU 表示。例如，在 25℃和 1 个标准大气压工况下，氢在纯氧中燃烧而生成水的反应热 ΔH =（285.830 ± 0.042）kJ/mol。

早在 1780 年，法国化学家 A. L. Lavoisier 就研制出世界上第一台热量计（相变热量计），开创了量热学研究的先河。1881 年，法国化学家 M.Berthelot 研制成功氧弹式热量计，大大推动了燃烧量热学的实验研究。在 20 世纪以前，燃烧热测定数据的准确性较差，其原因在于能量基准不一致。20 世纪初，采用当时已经能准确测量的电能来标定热量计，使热量计的测定数据统一在电能基础上，从而大大提高了测量准确度。但因精密的电学测量难以普及，1921 年国际纯粹与应用化学联合会（IUPAC）通过决议，采用苯甲酸作为标定氧弹热量计的化学标准物质，从而使燃烧量热学迅速向精密、准确的方向发展。至 1956 年，国际上几个实验室用氧弹热量计对苯甲酸纯物质燃烧热的测定结果，都落在平均值附近 0.02% 的范围内，表明测定技术已经达到相当精确的水平。20 世纪 30 年代，美国国家标准局的 F. D. Rossisi 开发了适用于测定气体燃料的等环境双体式参比热量计（0 级热量计），奠定了精确测定天然气发热量的基础。

二、天然气发热量及其计量单位

发热量是商品天然气最重要的技术指标之一，各国的气质标准对此均有明确规定（表 3-1）。例如，GB 17820—2018《天然气》规定一类气在计量参比压力为 101.325kPa、计量和燃烧参比温度均为 20℃时的高位发热量（干基）应不小于 34.0MJ/m^3。

表 3-1 部分国家商品天然气高位发热量典型值[①] 单位：MJ/m^3

国家名称	高位发热量	国家名称	高位发热量
阿根廷	42.00	巴基斯坦	34.90
孟加拉国	36.00	俄罗斯	38.23
加拿大	38.20	沙特阿拉伯	38.00
印度尼西亚	40.60	美国	39.71
荷兰	33.32	英国	38.42
挪威	39.88	乌兹别克斯坦	37.89

① 来源于国际能源署（IEA）2005 年度报告。

20 世纪 80 年代中期起，天然气能量计量在北美和西欧迅速发展，现已成为大规模交接计量中进行贸易结算时采用的主要计量方式。目前普遍使用的能量计量方式是分别计量天然气体积流量及其发热量，然后以两者的乘积——总发热量（*GCV*）作为结算依据，故准确测定天然气发热量的重要性不言而喻。

燃气发热量分为高位和低位两种。高位发热量（H_S）是指规定量的天然气在空气中完全燃烧时所释放的全部热量。在燃烧反应发生时，压力 p_1 保持恒定，所有燃烧产物的温度降到与规定燃烧温度 t_1 相同的温度，除燃烧反应中生成的水在 t_1 下为液态外，其余所有产物均为气态。低位发热量（H_I）也是指规定量的天然气在空气中完全燃烧时所释放的热量。但在燃烧反应发生时，压力 p_1 保持恒定，所有燃烧产物的温度降到与规定燃烧温度 t_1 相同的温度，所有产物均为气态；其值约为高位发热量的 90%。除特别说明外，天然气能量计量均使用高位发热量。规定的燃气燃烧时其计量温度和压力，称为计量参比条件；规定的燃气燃烧时的温度（t_1）和压力（p_1）则称为燃烧参比条件（表 3-2）。2016 年发布的 ISO 6976 中，如图 3-1 所示说明了燃烧量热学中计量和燃烧参比条件的含义。

天然气发热量的单位可以表示为质量基（MJ/kg）、摩尔基（MJ/kmol）和体积基（MJ/m^3）。作为基准热量计必须采用质量基以降低测量不确定度；商品天然气能量计量采用的在线测定的发热量一般采用体积基。

表 3-2 部分国家规定的燃烧和计量参比条件

国别	燃烧参比温度 t_1	燃烧参比压力 p_1，kPa	计量参比温度 t_2	计量参比压力 p_2，kPa
中国	20℃	101.325	20℃	101.325
韩国	15℃	101.325	0℃	101.325
日本	0℃	101.325	0℃	101.325
澳大利亚	15℃	101.325	0℃	101.325
俄罗斯	25℃	101.325	20/0℃	101.325
加拿大	15℃	101.325	15℃	101.325
美国	15℃ /60°F	101.325	15℃ /60°F	101.325
英国	15℃ /60°F	101.325	15℃ /60°F	101.325
德国	25℃	101.325	0℃	101.325
法国	0℃	101.325	0℃	101.325
意大利	25℃	101.325	0℃	101.325
西班牙	0℃	101.325	0℃	101.325

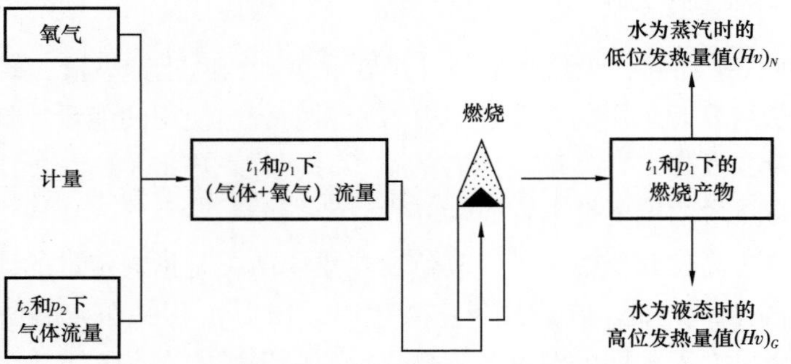

图 3-1 体积基发热量的计量和燃烧参比条件

三、天然气发热量测定方法

现有的测定天然气发热量的方法可分为两大类。一类是以气相色谱法测定天然气的组成，然后由组成计算其发热量（间接法）；另一类则以各种类型的热量计直接测定天然气发热量（直接法）。应用于天然气能量计量现场的在线测定仪器，20 世纪 90 年代以前使用的都是基于直接法测定原理，此后则基本上全部改为间接法原理。基于直接法原理的间歇式测定仪器，现一般都仅在实验室中作为基（标）准装置。但是，根据气相色谱分析数据计算发热量的间接法是通过标准气混合物（RGM）进行溯源，其溯源链最终只能溯源至由室间比对试验确定的“公议值”，而不能溯源至 SI 制单位，故就计量溯源性而言存在缺陷。鉴于此，美国在能量计量的实施过程中又进一步提出了以供出能量为基准的原则，即能量计量的发热量（H）是指单位量天然气在燃烧过程中实际释放的能量，而不是以其中可燃组分含量在规定条件下计算的能量，故直接法是法定的基（标）准方法[1]。

直接法测定发热量的特点是不涉及天然气组成的测定和计算，而通过燃烧一定量天然气的方法（直接）测定其发热量。总体而言，直接法使用的仪器结构比较复杂，对实验室环境条件要求较高，且其标准化工作也相对滞后。我国在 1990 年发布过国家标准 GB 12206《城市燃气热值测定方法》，主要介绍了水流式燃气热量计。此标准于 2006 年修订后更名为《城镇燃气热值和相对密度测定方法》（GB/T 12206）。由于此标准中的规定并非完全针对天然气，且水流式热量计的准确度较差，在常规实验室条件下扩展不确定度（U）仅为 1%（k=2），不能满足 GB/T 18603《天然气计量系统技术要求》对 A 级站天然气发热量测定的要求。

2017 年发布的国家标准 GB/T 35211《天然气发热量的测定　连续燃烧法》规定的连续燃烧法，使用 Cutler–Hammer 连续记录式热量计于最佳运行条件下，测定结果的扩展不确定度（U）可达到优于 0.25% 的水平。但此类 20 多年前就已淘汰的商用热量计不能作为标准装置提供溯源性，故也不可能提高我国燃气发热量直接测定的技术水平。

根据国际标准《天然气　物性测定　发热量和沃泊指数》（ISO 15971）的规定，直接法测定的 0 级（参比）热量计法可以最终溯源至 SI 制单位（焦耳，J）。因此，从计量学溯源性的角度考虑，作为发热量测定的基准装置必须采用 0 级热量计。

为加快天然气计量技术全面与国际接轨的步伐，我国于 2008 年发布了国家标准《天然气能量的测定》（GB/T 22723—2008），目前很多进口 LNG 的单位已经采用能量计量方式进行结算。在国外，自 2007 年 7 月 1 日起根据欧盟解除管制法令，全面开放天然气市场以来，各种不同来源的天然气（包括液化天然气）分别从 70 多个交接点进入欧盟国家的输气管道网络，导致其商品天然气组成经常可能发生大幅度变化，现行的气相色谱分析间接测定发热量的结果需要进一步加以校准，而此类校准的基础即为 0 级热量计的测定数据。

另外，目前应用于 ISO 6976（GB/T 11062《天然气发热量、密度、相对密度和沃泊指数的计算方法》）中的各种烃类发热量数据都是在 20 世纪 30 年代和 70 年代测定的。限于当时的技术条件，从重复性估计得到的甲烷测量不确定度约为 0.12%；而测量系统可能存在的 B 类不确定度则（由于仅有单个测定装置）无法估计。鉴于以上认识，从 20 世纪 90 年代末国际标准化组织天然气技术委员会（ISO/TC 193）组织“标准气验证（VAMGAS）试验”开始，天然气发热量直接测定技术及 0 级热量计的建设重新受到国内外普遍重视。

四、甲烷纯组分发热量的测定

使用 0 级热量计精确测定甲烷纯组分发热量是当代燃烧量热学的重大研究成果，后者不仅有重要理论意义，也有重大经济价值。

从 1848 年首次测定甲烷燃烧热（发热量）以来的 170 多年间，虽开展过大量试验研究，但从文献报道的情况看，仅有 5 次是在 25℃下全面地测定了甲烷的标准摩尔燃烧焓，且这些试验研究是完全独立进行的。这 5 次研究分别由美国国家标准局 Rossini（1931）、英国曼彻斯特大学 Pittam 和 Pilcher（1972）、英国天然气与电力市场办公室（OFGEM）Lythall 和 Dale（2002）、俄罗斯门捷列夫计量技术研究院 Alexandrov（2002）和欧洲气体研究集团/德国计量技术研究院（GERG/PTB，2010）完成的（表 3-3）。OFGEM 的 Lythall 和 Dale 是在同一套热量计上各自独立地测定了一组数据，故表 3-3 中列出的数据为 6 组。

表 3-3　部分研究者的甲烷发热量测定值（kJ/mol，25℃）

项目 \ 研究者	Rossini（重新计算）	Pittam–Pilcher	OFGEM Lythall	OFGEM Dale	Alexandrov	GERG–PTB
数值	891.823	890.36	890.60	890.34	889.63	890.639
	890.633	891.23	890.69	890.11	890.47	890.459
	890.013	890.62	890.87	890.49	890.85	890.443
	890.503	890.24	890.62	891.34	890.37	890.780
	890.340	890.61	890.81	890.36	890.44	890.568
	890.061	891.17	890.94	890.44	890.79	890.530
	—	—	890.71	890.47	890.66	890.597
	—	—	890.59	890.87	890.02	890.628
	—	—	890.64	890.31	—	890.562
	—	—	—	890.33	—	—
平均值	890.562	890.705	890.719	890.506	890.404	890.578
标准偏差	0.663	0.411	0.126	0.351	0.408	0.102

表 3-3 中第 1 列所示的 Rossini（重新计算）数据是指 1982 年由 Armstrong 和 Jobe 根据 1931 年以来在国际温标及相对分子质量测定等方面的技术进步，对 Rossini 当年的测定数据重新计算、校正后得到的[2]。

从表 3-3 可以看出，各研究者发表的测定结果相当一致，其差别仅在于平均标准偏差有所变化；而此种变化正反映出 20 世纪 70 年代以来国外在 0 级热量计的技术开发方面已经取得了长足的进步。将表 3-3 中 6 组测定数据的平均值加和后再取其平均值为 890.579kJ/mol；ISO 6976：2016 选取甲烷的理想气体高位摩尔发热量为 890.58kJ/mol（25℃）。1995 版 ISO 6976 中此值为 890.63kJ/mol，与 ISO 6976：2016 选取值的相对偏差仅 0.008%。

ISO 6976：2016 的表 3 中，同时给出了甲烷理想气体摩尔基高位发热量的标准不确定度为 0.19kJ/mol，此值显然被低估，但由于无法确定被低估的量，故仍然以此为最佳估计值。

第二节　氧弹式热量计

一、发展概况

用热量计直接测定燃烧热的基本原理是：样品燃烧所释放出的热量（Q）全部为量热系统（通常是一定量的水）所吸收，用式（3–1）计算：

$$Q = C\Delta T \tag{3-1}$$

式中　ΔT——量热体系吸热后的温升；

C——量热体系的热容（当）量，通过燃烧一定量标准物质进行标定。

标准物质（一般采用苯甲酸，下标为 1）完全燃烧后放出的热量（Q_1）是已知的，故可以由测定 ΔT_1 计算得到，见式（3–2）：

$$C = \frac{Q}{\Delta T_1} \tag{3-2}$$

然后，在相同参比条件下测定一定量待测物质样品（下标为 2）完全燃烧后量热体系温度的温升 ΔT_2，由此即可计算得到一定量待测物质样品完全燃烧释放出的热量（Q_2），见式（3–3）：

$$Q_2 = C\Delta T_2 = Q_1\frac{\Delta T_2}{\Delta T_1} \tag{3-3}$$

作为基（标）准装置应用于实验室间歇测定的热量计种类很多，大致可以分为氧弹式、水流式和等环境（isoperibolic）式 3 大类。氧弹式热量计一般应用于测定固体或液体燃料物质的发热量。中国计量科学研究院保存的氧弹式燃烧热测定基准装置的热容量为（13438 ± 1.2）J/℃（k=2）；在标准氧弹条件下测定标准物质苯甲酸的发热量为 26434.4J/g，相对测量不确定度达到 0.01%。此装置对该院提纯的一级燃烧热标准物质苯甲酸定值时，标准氧弹条件下测定结果为（26432.1 ± 4.4）J/g（k=2），相对不确定度 0.02%。

氧弹式热量计测定的是定容发热量（Q_v）；而热化学计算中的燃烧热（反应热）一般采用定压发热量（Q_p）。因此，氧弹式热量计是测定固体或液体燃料发热量的基准装置；测定天然气发热量的热量计及其标准装置大多采用水流式，而基准装置则必须采用等环境式的 0 级（参比）热量计。应用于能量计量现场的直接燃烧式热量计皆为连续记录型的商用仪器，不能作为发热量测定的基（标）装置使用（表 3–4）。

2013 年，中国计量科学研究院发表了以氧弹热量计测量天然气发热量的研究成果，此开创性成果为我国 0 级热量计的技术开发提供了宝贵经验。下面结合文献[3]对用氧弹热量计测定天然气发热量的主要内容进行介绍。

二、测定装置的组成与操作

测定装置由氧弹热量计、平衡取气装置和氧弹注水装置 3 个部分组成。氧弹热量计为德国 IKA C4000 型绝热式，其结构如图 3–2 所示。热量计外筒中安装有跟踪内筒水温的加热电极和温控元件，测温过程中冷却水借助循环泵从外筒流向顶盖，从而起到绝热作用。使用平衡取气装置的目的是保证每次充注入氧弹的甲烷气体的压力与温度保持一致，从而得到重复一致的氧化体积用于发热量计算。

表 3–4　直接燃烧式热量计的原理与应用

型式		原理	应用
间歇型	氧弹式	燃烧释放的热量全部被量热系统吸收。通过燃烧标准物质测定量热系统的热当量。通过测定量热系统温升测定样品的发热量	是测定固体和液体燃料的基准方法，但不适用于测定天然气的发热量
	水流式	先测定甲烷燃烧热标准物质的发热量，得到热量计修正系数（即热当量）；然后采用同样的测试条件测定样品气	可以作为测定天然气发热量和标准装置，目前国内此类热量计不确定度为 1.0%（k=2）。测定天然气发热量时的误差约为 ±0.2MJ/m^3
	等环境式	原理与水流式相同；但所有技术条件与操作必须严格执行 ISO 15971：2014 中 3.3.1 的规定	可以作为天然气热量测定的基（标）准装置。基准级装置的测量不确定度已达到优于 0.05% 的水平
连续型	直接燃烧空气换热式	在空气过剩条件下进行控制燃烧，产生的烟气经换热后产生的准稳态（平衡）温升以电阻式温度计测量并记录	按 ISO 15971 的建议可分为 3 级；但相互之间不存在溯源与量传关系。1 级热量计的不确定度可达到 0.25%（k=2），可应用于能量计量现场进行在线测定。2 级和 3 级热量计由于其准确度较低，不适用于天然气能量计量；应用于其他工业
	当量燃烧 A 式	利用天然气进行当量燃烧时，烟气中氧含量应为零的原理	
	当量燃烧 B 式	利用天然气进行当量燃烧时火焰温度达到最高的原理	

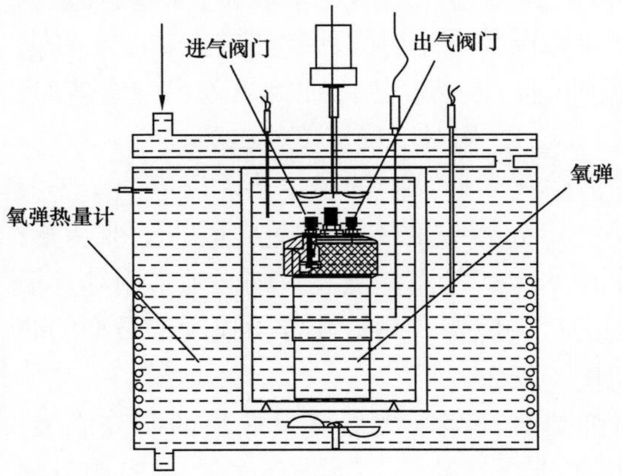

图 3–2　氧弹热量计结构示意图

在氧弹的点火电极上安装好点火铂丝，氧弹盖的进气阀门通过气体润湿器、转子流量计和压力表与气源连接，出气阀门与真空计和真空泵相连接。抽真空排除氧弹、管道及气体润湿器中的空气后，关闭真空泵与出气阀门，开启气源的阀门，充入气体至压力在 0.05～1.0MPa 之间，关闭气源的阀门，开启出气阀门和真空泵，抽真空。重复上述排气和充气的操作 3 次，以保证甲烷气体完全置换氧弹内的空气。然后充注入甲烷气体，至压力达到 0.03～0.05MPa，关闭氧弹进气阀门和出气阀门，将氧弹拆离，进入平衡实验，平衡过程如图 3–3 所示。拆离出的氧弹放入恒温水槽中，恒温 1 h 后氧弹进气阀门与大气平衡瓶相连，打开阀门使过多的甲烷气体逸出。随着逸出气体减少，氧弹内气压与大气压逐渐平衡，直到不再有气体逸出时就达到平衡。关闭进气阀门，将氧弹拆离出，此时氧弹中充注了氧弹内容积（量）的甲烷气体。

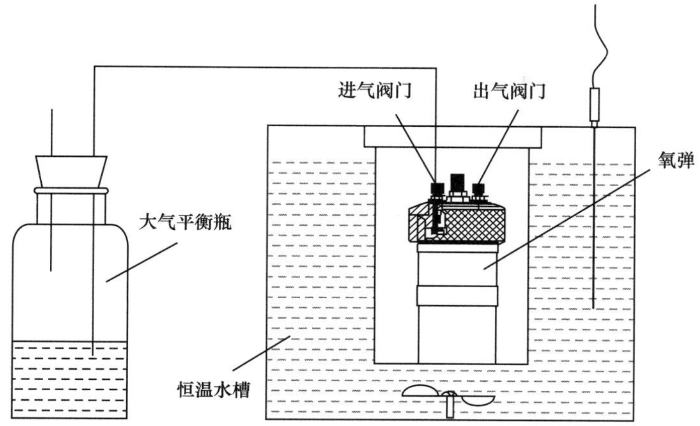

图 3-3 平衡过程示意图

研制的氧弹注水装置，用于测定氧弹的内体积，注水过程如图 3-4 所示。将氧弹进气阀门与蒸馏水瓶相连，出气阀门与连接瓶、真空计和真空泵相连，关闭阀门，抽真空 3min，抽出管路中的空气后，打开出气阀门，抽真空 10min。打开进气阀门，蒸馏水流入氧弹内，当连接瓶内出现水时，关闭出气阀门和真空泵。将氧弹置于恒温水槽中恒温 0.5h，然后关闭进气阀门，将氧弹从恒温水槽中取出，擦干阀门内残留水珠后，称重。重复氧弹注水称重操作 7 次，并记录数据。

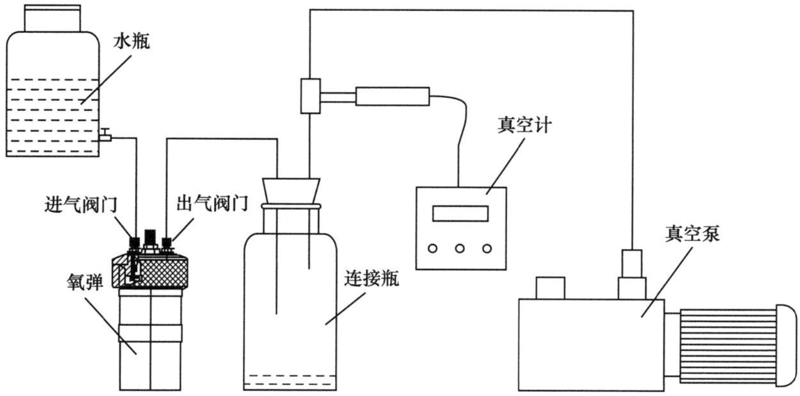

图 3-4 注水过程示意图

三、测定实验过程

1. 氧弹内容积测量

将清洁并干燥的氧弹连接到取气装置上，抽真空，使氧弹内的真空达到 2Pa，关紧氧弹出气阀，把氧弹从装置上拆下，在天平上称重；用去离子水注满氧弹，然后把氧弹放到恒温槽中，恒温 0.5h，把氧弹从恒温槽内取出，在天平上称重并记录当时的大气压、环境温度和相对湿度。按式（3–4）计算氧弹内容积 V：

$$V=\frac{m}{d} \tag{3–4}$$

式中 V——氧弹内容积，m^3；

m——氧弹内水的质量，g；

d——测量温度下水的密度，g/L。

2. 氧弹热量计的标定

用中国计量科学研究院研制的一级燃烧热标准物质苯甲酸 GBW 13021 标定热量计热容量。标定时氧弹内的铂坩埚装有约 0.404g 苯甲酸、1mL 去离子水和发热量为 50J 的点火棉线。向氧弹内充入纯度为 99.99% 的氧气，使弹内压力达到 2MPa。把氧弹放入恒温槽（25.0℃）内恒温 0.5h 以上，然后放入热量计内筒中，内筒充入恒温 25.0℃的去离子水，按量热标定程序进行实验。热量计自动记录内筒体系水温，当水温变化率小于规定值时点火，点火后仪器自动记录温度变化，直到温度达到平衡。热量计根据式（3–5）计算热容量 k：

$$k=\frac{Qm_{\mathrm{k}}+q_{\mathrm{i}}+q_{\mathrm{n}}+q_{\mathrm{d}}}{\Delta t} \tag{3–5}$$

式中 k——氧弹热量计热容量，J/℃；

Q——一级燃烧热标准物质苯甲酸发热量，J/g；

q_{n}——硝酸生成热，J/g；

q_{i}——棉线发热量，J；

q_{d}——点火发热量，J；

m_{k}——一级燃烧热标准物质苯甲酸样重，g；

Δt——热容量标定实验量热体系温度升高值，℃。

3. 测定甲烷发热量

将清洁并干燥的氧弹点火电极上系好点火铂丝，氧弹内不放铂坩埚。装好氧弹后拧到固定位置，把氧弹连接到平衡取气装置系统进行取气和平衡实验，实验完成后氧弹内充入氧气压力达到 1.2MPa。按氧弹热量计发热量测量程序进行实验，计算甲烷气体发热量 Q_{V}。公式为：

$$Q_{\mathrm{V}}=\frac{k\Delta T}{V_0} \tag{3–6}$$

$$V_0=\frac{273.15V(P+b-s)}{(273.15+t)\times101325}(1-c) \tag{3–7}$$

式中 Q_{v}——甲烷定容发热量，kJ/m^3；

ΔT——发热量测量实验量热体系的温度升高值，℃；

V_0——氧弹内的燃气换算到标准状态下的体积，L；

V——氧弹内容积，L；

P——平衡取气时大气压力，Pa；

b——13mm 水柱压力，Pa；

t——平衡取气时燃气温度，℃；

s——平衡取气时燃气温度下的饱和水蒸气压，Pa；

c——未完全燃烧的气体体积系数。

4. 实验测定结果

（1）氧弹内容积测定结果。

在相同实验条件下，连续测定氧弹注水后的质量 8 次，相对偏标准差为 0.01%，测定结果见表 3–5。

表 3–5　氧弹内注水质量测定结果

测量次数编号	注水质量 m，g	测量次数编号	注水质量 m，g
1	296.21	5	296.24
2	296.27	6	296.22
3	296.24	7	296.21
4	296.29	8	296.23

（2）热容量测定结果。

在相同实验条件下，热容量 12 次测量结果的平均值为 9122.2J/℃，相对标准偏差为 0.05%。测量结果见表 3–6。

表 3–6　热容量测定结果

编号	标准物质苯甲酸样重，g	热容量，J/℃
1	0.40435	9125.4
2	0.40415	9126.3
3	0.40437	9122.0
4	0.40412	9116.4
5	0.40462	9119.1
6	0.40436	9127.9
7	0.40454	9118.1
8	0.40414	9123.8
9	0.40439	9120.9
10	0.40438	9128.4
11	0.40424	9117.5
12	0.40443	9120.2

（3）甲烷发热量测定结果。

由式（3–8）计算得到甲烷的定容发热量。实际应用中根据式（3–8）可以得到定压发热量 Q_p。

$$Q_p = Q_V + \Delta nRT \quad (3-8)$$

式中 Q_p——甲烷的定压发热量，kJ/m³；

Δn——甲烷燃烧前后气体物质的量的变化，mol；

R——气体常数，J/（mol · K）；

T——气体平衡后温度，K。

8 次测量结果的平均值为 39900kJ/m³，相对标准偏差为 0.05%。测量结果见表 3–7。

表 3–7 甲烷发热量测定结果

编号	温升，℃	大气压，Pa	气体体积，L	恒容发热量，kJ/m³	恒压发热量，kJ/m³
1	1.1540	99796.8	0.2654	39659.9	39880.9
2	1.1504	99440.2	0.2645	39679.2	39900.2
3	1.1509	99456.5	0.2645	39689.9	39910.9
4	1.1530	99744.5	0.2653	39646.5	39867.5
5	1.1632	100514.8	0.2674	39689.0	39910.0
6	1.1590	100205.1	0.2665	39668.0	39889.0
7	1.1578	99989.8	0.2659	39713.0	39934.0
8	1.1561	99907.9	0.2657	39687.5	39908.5

四、不确定度评定

根据式（3–6）建立的数学模型，通过不确定度传播定律，求得天然气发热量测定的合成标准方差计算式为

$$u_r^2(Q) = u_r^2(k) + u_r^2(\Delta T) + u_r^2(V_0) \quad (3-9)$$

根据式（3–7）可以得到

$$u_r^2(V_0) = u_r^2(V) + u_r^2(p+b-s) + u_r^2(c) \quad (3-10)$$

根据式（3–4）可以得到

$$u_r^2(V) = u_r^2(m) + u_r^2(d) \quad (3-11)$$

将式（3–10）和式（3–11）代入式（3–9）后得到

$$u_r^2(Q) = u_r^2(k) + u_r^2(\Delta T) + u_r^2(p+b-s) + u_r^2(m) + u_r^2(d) + u_r^2(c) \quad (3-12)$$

根据式（3–12），按 GUM 法的规定甲烷发热量测定结果的不确定度评定应分为 A 类

和B类。A类不确定度为甲烷发热量测定结果的重复性引起的不确定度 $u(S)$；B类不确定度主要包括：热容量测量引入的不确定度 $u(k)$、温度升高测量引入的不确定度 $u(\Delta T)$、氧弹称重引入的不确定度 $u(m)$、水的密度引入的不确定度 $u(d)$、大气压力引入的不确定度 $u(p+b-s)$ 以及甲烷未完全燃烧引入的不确定度 $u(c)$。不确定度评定结果见表3–8。

表3–8　甲烷发热量测定结果的不确定度评定

标准不确定度分量	不确定度来源	测量结果	标准不确定度	相对不确定度，%
$u(S)$	测量重复性	39900kJ/m^3	20.6kJ/m^3	0.05
$u(k)$	热容量	9122.2J/℃	7.2J/℃	0.08
$u(\Delta T)$	温度升高	1.15℃	5.8×10^{-4}℃	0.05
$u(m)$	氧弹内水重	296.23g	0.033g	0.01
$u(d)$	水的密度	998.203g/L	9.98×10^{-4}g/L	1×10^{-4}
$u(p+b-s)$	大气压力	101325Pa	346Pa	0.3
$u(c)$	未完全燃烧	6.0×10^{-5}L	0.26L	0.02

五、对表3–8数据的认识

表3–9为建于德国联邦物理技术研究院（PTB）的GERG参比热量计的不确定度评定结果[1]。

表3–9　GERG参比热量计的测量不确定度

来源	量值，J/g	所占比例，%	备注
绝热温升增加	11	40.3	标定周期
绝热温升增加	11	39.9	燃烧试验周期
气体质量测定	3.9	14.0	—
其他来源	1.6	5.8	—

对照表3–8与表3–9中的有关数据，可以归纳出以下认识：

（1）氧弹式热量计虽然也是等环境双体式参比热量计，但它测定的是定容发热量，而不是能量计量要求测定的定压发热量。

（2）由于在没有相态变化的情况下，固体及液体燃料的定容发热量与定压发热量相差很小，一般不加区别；故氧弹热量计是测定固体及液体燃料发热量的基准装置，而测定气体燃料发热量的基准装置则是0级热量计。

（3）0级热量计要求测定质量基发热量以便直接溯源至SI制单位kg，而氧弹式热量计测定的是体积基发热量。表 3-8 数据表明，从前者换算到后者产生的不确定度在总不确定度中的占比高达 60%，成为进一步改善测定结果不确定度很难逾越的技术障碍。

（4）0 级热量计有电加热法和燃烧标准物质法两种校准方法。由于后者的溯源链涉及的不确定度多于前者，故目前国外正在运行的几台 0 级热量计均采用电学校准法以改善测定结果的不确定度。

综上所述，可以认为与实施天然气能量计量密切相关的、亟待完成而迄今尚未开展的一项重要基础性研究工作是 ISO 15971 规定的 0 级热量计的建设[2]。

第三节 0 级（参比）热量计

一、法制计量与 0 级热量计

实施能量计量后商品天然气的发热量测定与其体积流量测定一样，都属于法制计量范畴。法制计量是指为了保证公众安全、国民经济和社会发展，根据法制、技术和行政管理的需要，由政府或官方授权进行强制管理的计量。按我国计量法规的规定，建设的 0 级热量计至少应具备以下 4 项功能：

（1）建立国内最高等级的计量标准（参比标准）；

（2）通过法定计量机构（或校准实验室）所建的适当等级计量标准的定期检定或校准，溯源至国家计量基准（上溯功能）；

（3）获得认可的国内最高计量标准在需要时按国家量值传递要求实施向下传递，直至工作计量器具（下传功能）；

（4）当已经认可的机构使用标准物质进行测量时，只要可能，标准物质必须溯源至 SI 制测量单位或有证标准物质。

上述 4 项功能中并不包括对测量不确定度的要求。因为 0 级热量计是按用户特定要求设计的，不确定度要求取决于其功能。例如，2004 年欧洲气体研究组织（GERG）在德国 PTB 建设的一套 0 级热量计，用于测定纯甲烷高位发热量时的扩展不确定度目前已经达到优于 0.05%（k=2）的水平，其建设目的则是用以验证 ISO 6976 中给出的纯甲烷高位发热量数据的测量不确定度是否达到优于 0.1%（k=2）的水平。如果仅是验证现场使用的准确度为 0.5% 的在线测定热量计，或对扩展不确定度为 0.25%（k=2）的认证级标准气混合物（RGM）定值，其扩展不确定也可以放宽至（0.15～0.17）%（k=2）。

ISO 15971 对 0 级热量计规定的特定要求可归纳如下：

（1）所有操作皆严格地按照最佳计量学实践方式进行，且所有相关物理测量皆可通过不间断的比较链溯源至 SI 制单位；

（2）0 级热量计都“直接”测量质量（m）和温升（Δt）这两个参数；

（3）测量结果表示为质量基发热量，即 kJ/g 或 MJ/kg；

（4）基本结构形式皆根据 20 世纪 30 年代美国国家标准局研制成功的 Rossini 型等环境双体式热量计为基础进行设计（图 3-5）。

二、Rossini 型 0 级热量计

1873—1930 年间，曾有多个研究者测定了水的生成热，但他们测定数据之间的误差达到 ±0.08%。鉴于此，美国国家标准局作为其热化学基础数据研究的一部分，决定重新测定水和甲烷、乙烷、丙烷等一系列烃类的生成热，并设计了如图 3–6 所示的 Rossini 型 0 级热量计。该热量计反应容器和支持框架的剖面图如图 3–7 所示。该热量计在开始时以燃烧氢和氧的方式测定水的生成热；此后就燃烧各种烃类以测定其发热量。在 20 世纪 30 年代，该 0 级热量计的测量准确度达到当时最高水平。迄今为止，全球所建的基准参比热量计均以此为雏形[4]。该热量计的特点是其测量不确定度仅与燃烧反应生成的水量、换热介质的温升及标定过程消耗的电能有关，而这三者均可溯源至该局保存的 SI 制国家标准。

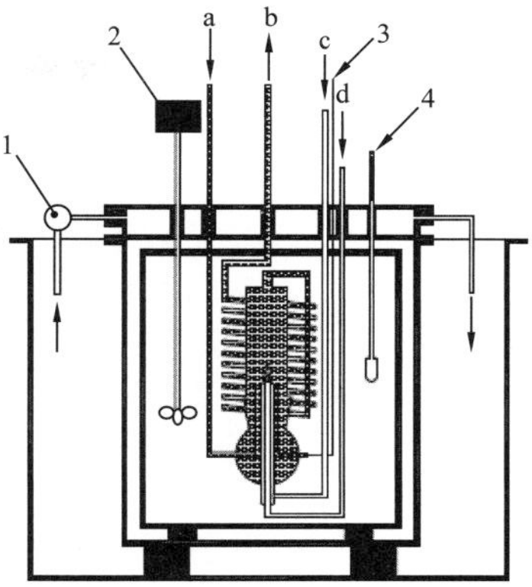

图 3–5　0 级热量计结构示意图

1—水泵；2—搅拌马达；3—点火电极；4—石英晶体温度计；a—二级氧气；b—燃烧产物；c—一级氧气 + 氩气；d—燃料气

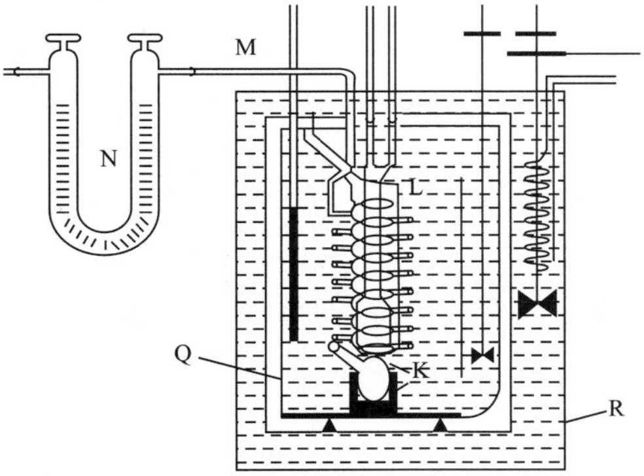

图 3–6　Rossini 型 0 级热量计的基本结构示意图

K—反应器及其支架；L—热量计加热器；M—连接管；N—干燥器；Q—金属外壳；R—保温夹套

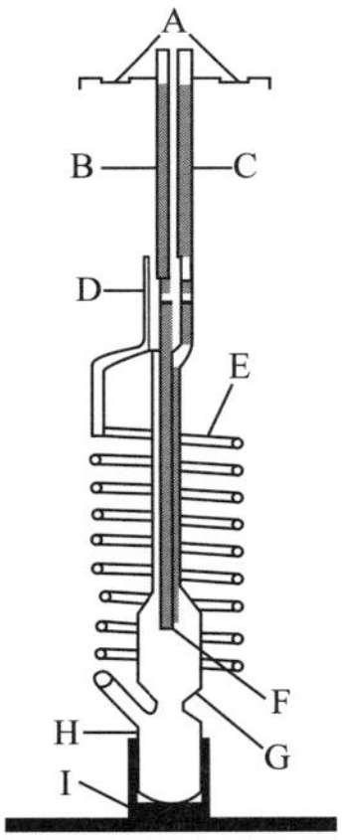

图 3–7　Rossini 型 0 级热量计反应容器及支持框架剖面图

A—点火导线；B，C—进气管；D—排气管；E—冷却盘管；F—燃烧器；G—反应室；H—冷凝室；I—支持框架

如图 3–6 所示，热量计由内、外两个同轴金属圆筒组成。内筒装有一定质量的水作为吸热介质，并安装有测温设备、搅拌器、恒压下燃烧气体的反应容器、燃烧器和（标定用）加热线圈。进行样品测定前，先用电学方法标定热量计的热当量。然后，Rossini 等以此热量计进行了两组试验。第 1 组在 25℃进行了 11 次标定和 9 次燃烧试验；第 2 组在 30℃进行了 5 次标定和 9 次燃烧试验。第 2 组试验取得的数据校正至 25℃后与第 1 组比较。最终确定在参比条件为 1atm（1atm=101.325kPa）和 25℃时水的生成热为 285775J/mol。

表 3–10 和图 3–8 分别示出了 Rossini 等测定数据与其他研究者测定数据的比较。从图 3–8 可以明显看出，Rossini 等的测定数据重复性最好。

表 3–10　各研究者的测定数据

编号	研究者	生成热，J/mol	测定年份
1	Rossini（R）等	285775	1930
2	Mixter（M）	285810	1903
3	Schuller 和 Wartha（SW）	285890	1877
4	Thomsen（T）	285820	1873

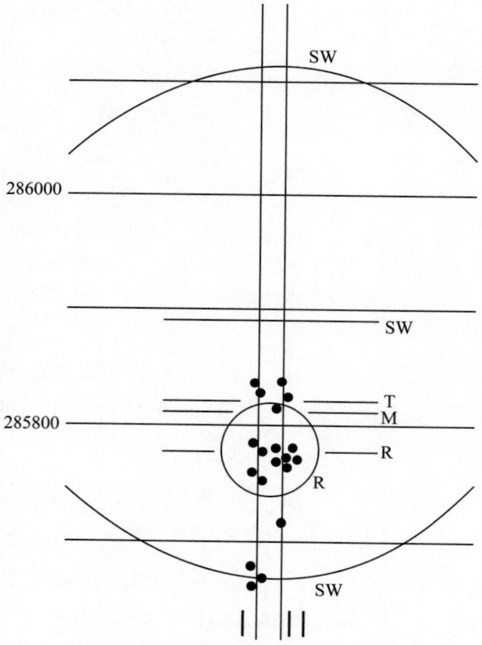

图 3–8　各研究者测定数据的比较

三、曼彻斯特大学的 0 级热量计

ISO/TC 193 于 2000 年组织标准气验证（VAMGAS）试验时，曾使用英国天然气市场办公室（Ofgas）建于曼彻斯特大学的 0 级热量计，它是 Pittam 等建于 20 世纪 60 年代末，用于测定甲烷、乙烷等烃类物质的燃烧热以验证 Rossini 等于 20 世纪 30 年代的测定数据[5]。Ofgas 使用该 0 级热量计的目标是在 Pittam 等使用的基础上，进一步提高其测定天然气发热量的准确度。该热量计的基本结构与 Rossini 型类似，也属于等环境式，但在前者基础上做了 3 项重大改进：

（1）燃烧的样品天然气直接称量；

（2）由计算控制试验，并自动收集数据；

（3）以较快的速度完成每次测定。

1. 基本结构

曼彻斯特大学 0 级热量计的基本结构如图 3–9 所示。量热系统由嵌套的金属内筒和外筒组成，其间隙中充空气。内筒中充有蒸馏水，并安装有带换热器的玻璃反应容器、标定加热器、定速搅拌器和 Tinsley 型铂电阻温度计。热量计盖板上还设有插入（将量热系统冷却至起始温度的）指形冷却器的开口。当热量计开始运行后，取出指形冷却器，并塞住开口处。所有通过盖板进入内筒的元件均采用硅橡胶和 O 形密封以防止内筒中换热用蒸馏水的质量发生变化。

内筒搁置在外筒底部 3 个（相互间距相等的）塑料支脚上，其顶部设有中空的盖板，并浸入恒温水浴刚好至盖板底部处。水浴用水由循环泵打入，从而保持内筒周围环境恒温。外筒温度控制在约 27.3℃，这是由冷却盘管提供的（水与防冻剂）混合物的恒定背景温度。用英国 ASL 公司的 3000 系列精密温度控制器供应水浴加热器所需的电能，控制器连接到 ASL F17 电阻电桥和铂电阻温度计。此系统可以使每次试验的水浴温度稳定地控制在 ±0.001℃范围内。

铂电阻温度计的一端输入为带有 Tinsley 25Ω（5685 型）标准电阻的 ASL F18 电阻电桥以平衡其另一端。电阻比读数每 3s 记录一次。25Ω 标准电阻浸入温度控制在 20℃的油浴中，此温度应用于通过校准曲线计算 25Ω 标准电阻的精确值。

以实时 Basic 语言运行的 Cube EuroBeeb 软件进行热量计操作控制和数据收集。实时 Basic 是一种事件驱动型语言，对事件的记录可以精确至优于 0.002s。Cube EuroBeeb 软件具有 IEEE488、RS232 和数字 I/O 界面。在每次试验后，能自动将记录数据输入微机进行处理。

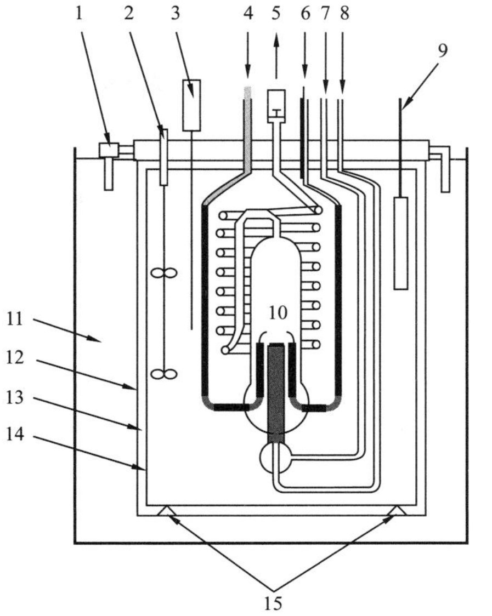

图 3-9　曼彻斯特大学 0 级热量计的基本结构

1—水泵；2—搅拌器；3—铂电阻温度计；4—氧气；5—烟气；6—点火电流；7—氧气 + 氩气；8—燃料气；9—标定回执器；10—点火间隙；11—外水浴；12—外筒；13—空气间隙；14—内筒；15—支脚

2. 试验过程

样品天然气在内筒浸于蒸馏水中的燃烧容器中燃烧。超纯氧气 + 氩气混合后通过反应器的一个臂供入燃烧器；在其中与由另一个臂供入的燃烧气混合。二级氧气由反应器底部的第三个臂供入以保证样品气在富氧条件下燃烧。燃烧器上部的两个铂电极提供 20kV 的脉冲电流，通过汽车用点火线圈点燃样品气。

以 250mL 钢瓶在 1.4MPa 下供入样品气。钢瓶本身质量约 190g，每次试验使用的样品气量约为 1g。每次试验前后分别用 Mettler AT 201 型天平称量钢瓶，其读数可精确至 10^{-5}g。同时称量另一个外形尺寸与之相同的模拟钢瓶以抵消浮力影响。样品气钢瓶连接到精细针形阀。当预测定阶段临近结束时，计算控制系统设定在 60s 后自动打开氧气及氩气管线上的阀门，并同时点燃气样。一旦点火成功，操作者就要连续地调节针形阀以保持气流稳定。气体流速应保持在与标定时温升速度相当的水平。

气体燃烧试验结束后，操作者应立即切断样品气，将控制系统切换至打开氩气吹扫管线和燃料管线的针形阀，以保证所有样品气均燃烧掉。30s 后，所有气体供应全部切断；热量计保持此状态至后测定阶段结束。

3. 反应产物

从反应容器流出的热烟气经换热后于热量计（总体平均）温度下排出，进入 3 个串联的水分吸收管，再经电子式 CO（一氧化碳）监测仪分析后外排。CO 监测仪是用来监测不完全燃烧反应，并按其测定数据来调节氧气 + 氩气及二级氧气的流速，从而在能保持火焰稳定的前提下，尽可能降低烟气中的 CO 含量。

水分吸收管中装有过氯酸镁。它们在 Mettler 天平上称量，并以称量模拟管校正浮力影响。过氯酸镁吸收水分后其体积会膨胀，每吸收 1g 水分其体积增大 0.6cm^3；此数据可应用于校正生成水的损失量。新装填好的吸收管，在使用前应置于干燥的氧气流中处理 12h。

主要测定阶段，大部分燃烧反应生成的水均冷凝并以液态保留在反应容器中；但还有约 10% 的水以水蒸气形式存在，并被烟气携带出热量计。水蒸气的冷凝热以 2441.78J/g 计，这部分水的冷凝热约为 470J。试验结束后，反应容器的气体出口臂应以氧气吹扫 20min，以便把其中的所有（微量）水分吹扫到水分吸收管。必须确保：所有吸收管在初次称量时是经过充氧的。卸下并称量吸收管，所得数据应用于校正能量平衡。

为测定残留于热量计中的水，把水分吸收管再次连接到反应容器的气体出口臂，并用氧气吹扫过夜。这部分水也将使热系统的热当量有所增加。增加量以水热容量值 4.18J/（g·℃）的 1/2 计，这部分热量约为 12J。

4. 气体校正

燃烧反应在略高于大气压力的条件下进行，相对于标准大气压（101.325kPa），产生的热能有 q 的变化。按式（3-13）计算：

$$q = nRT\text{In}\left(\frac{p}{101.325}\right) \tag{3-13}$$

式中 q——试验增加的能量，J；

p——反应容器总压力，Pa；

R——气体常数，R=8.314J/（mol·K）；

T——绝对温度，K；

n——气体体积减少的物质的量，mol。

由式（3-13）计算得到的 q 值为 ±80J。

5. 其他能量校正

反应容器经第二次吹扫后尚有极少量水蒸气残留，这部分未被冷凝的水蒸气约有 7J 能量，且后者随不同的温度与压力稍有变化。但大多数情况下，在两个试验周期之间可以不考虑这部分校正。

另外，还需要考虑两个方面的校正：

（1）来自点火时的能量；

（2）点火及熄火时，由于不完全燃烧而产生的影响。

上述两个影响因素可以通过无气体燃烧的试验，并测量其温升来进行量化。在参比热量计上，这些影响因素也可以通过燃烧气体约 80s 的短周期试验进行校正。可以预期：在点火与熄火中气体质量损失，以及点火时输入能量在长周期和短周期试验中是相同的。假定在短周期试验中释放的能量（E_s）和燃烧气体的质量（m_s），分别从长周期试验的能量（E_l）和质量（m_l）中扣除，从而即可求得气体的燃烧热等于（$E_l - E_s$）/（$m_l - m_s$）。仅在长周期试验及短周期试验在几天之内完成才能应用于上述计算，从而防止火花点火条件发生变化而影响结果。

6. 电学标定

将电阻丝缠绕在小钢瓶上，制成一个 50Ω 的电阻加热器，并通过一个 1Ω 的 Tinsley 1659 标准电阻连接到 50V 的稳定电源。用一个微机控制的 Solatron 7065 型电压计，每隔 3s 测定一次流过 50Ω 电阻和 1Ω 标准电阻的电流和电压。由通过 1Ω 标准电阻的电压可求得加热电路的电量。为了稳定标准电阻的温度，可以将其悬置在油浴中，温度控制的精度可优于 0.1℃。1Ω 标准电阻的精确值可以由其温度系数求得。当不需要加热时，切换至另一个 50Ω 模拟电阻以保持稳定供电。

在加热周期中，通过 Quartzclock 2A 石英钟，向一个 Malden 8816 型脉冲计数器输入 10MHz 单相标准频率信号进行计时，并将此信号锁定在英国广播公司（BBC）4 台发出的 198kHz 频率上。

由时间、电压和电流三者的乘积可以求得向参比热量计供入的能量；并由校正后的温升可以给出其热当量（J/K）。整个校准过程全自动进行；一旦启动，一天之内可以完成 4 次。然后将多次（长、短周期）校准数据加以平均，即可得到分别应用于长、短周期测定的量热系统热当量。

7. 时间—温度关系曲线图

图 3–10 所示为曼彻斯特大学 0 级热量计在典型的标定或试验过程中的时间—温度关系曲线。从图 3–10 可以看出，在测量过程中需要分为 4 个阶段测定温度（表 3–11）。从试验开始至时间点 t_b 为预测定阶段（750s），测定由外部影响因素而产生的系统温升，第 1 阶段结束后系统的温度升至 T_b。第 2 阶段为主要测定阶段，历时 1030s；通过燃烧反应向换热介质传热，并使系统产生约 3℃温升。第 3 阶段为额外测定阶段，历时 1020s 以保证测量系统达到热平衡（在热平衡时间点 t_e 测得的量热系统温度为 T_e）。第 4 阶段为历时 1780s 的后测定阶段，目的是再次测定由外部影响因素而产生的系统温升。图 3–10 中，T_j 表示夹套内的温度；T_{inf} 为热量计经长时间试验（4580s）后最终达到的温度，略高于夹套温度 T_j。

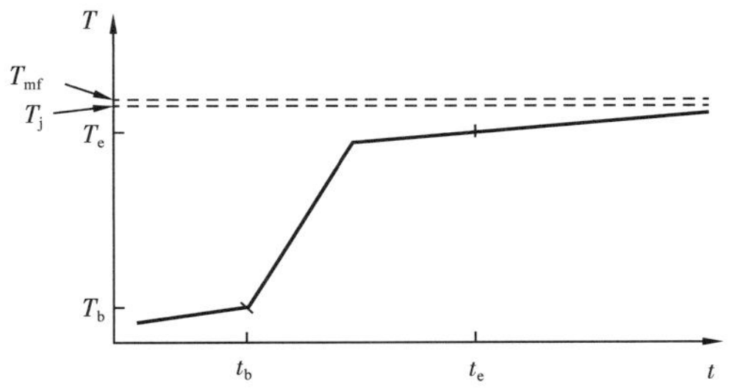

图 3–10　曼彻斯特大学 0 级热量计的时间—温度曲线

表 3–11　曼彻斯特大学 0 级热量计测温的 4 个阶段

编号	阶段名称	持续时间，s	目的
1	预测定	750	测定由外部影响因素产生的温升
2	主要测定	1030	测定燃烧反应向换热介质传递热量产生的温升
3	额外测定	1020	保证量热系统达到热平衡
4	后测定	1780	再次测定由外部影响因素产生的温升

在预测定和后测定阶段，热量计的温度变化速率可以由式（3–14）给出：

$$\frac{\mathrm{d}T}{\mathrm{d}t}=u+k\left(T_{\mathrm{j}}-T\right) \tag{3–14}$$

式中 T——热量计温度；

T_{j}——夹套内的温度；

u——由搅拌及温度测量而输入的恒定热量；

k——冷却常数。

如果经很长试验时间后，热量计最终达到的温度为 T_{inf}，此时就应不再发生传热，即 $\mathrm{d}T/\mathrm{d}t=0$。由式（3–14）可以得到 $T_{\mathrm{j}}=T_{\mathrm{inf}}-u/k$。将 T_{j} 代入式（3–14）中即可得到式（3–15）：

$$\frac{\mathrm{d}T}{\mathrm{d}t}=k\left(T_{\mathrm{inf}}-T\right) \tag{3–15}$$

合并式（3–14）和式（3–15）即可得到式（3–16）：

$$T=T_{\mathrm{inf}}-\left(T_{\mathrm{inf}}-T_0\right)\exp\left(-kt\right) \tag{3–16}$$

式（3–16）中预测定阶段和后测定阶段，在 t=0 时的 T_0 值是不同的。

将预测定及后测定阶段得到的温度—时间数据代入式（3–15），以 T_{f} 和 T_{a} 分别表示这两个阶段的中间点温度，并以 g_{f} 和 g_{a} 分别表示系统的热当量（$\mathrm{d}T/\mathrm{d}t$），从而消去式（3–15）中的 T_{inf}，得到式（3–17）和式（3–18）：

$$k=\frac{g_{\mathrm{f}}-g_{\mathrm{a}}}{T_{\mathrm{a}}-T_{\mathrm{f}}} \tag{3–17}$$

$$T_{\mathrm{inf}}=\frac{g_{\mathrm{f}}T_{\mathrm{a}}-g_{\mathrm{a}}T_{\mathrm{f}}}{g_{\mathrm{f}}-g_{\mathrm{a}}} \tag{3–18}$$

在预测定和后测定阶段，通过温度（t）对 exp（$-kt$）进行线性回归，将数据拟合至式（3–16），从而求得 T_{inf} 和 T_0 的精确值。在这两个阶段，T_{inf} 值是不同的。将求得的精确值内插至式（3–16）即可求得在时间点 t_{b} 和 t_{e} 的温度值 T_{b} 和 T_{e}。

从实际温升（$T_{\mathrm{e}}-T_{\mathrm{b}}$）中扣除由外部影响因素导致的额外温升（$T_{\mathrm{ex}}$）可以求得经校正后的温升。校正值可以由式（3–15）积分式（3–19）和式（3–20）估计：

$$T_{\mathrm{ex}}=k\int_{t_{\mathrm{b}}}^{t_{\mathrm{e}}}\left(T_{\mathrm{inf}}-T\right)\mathrm{d}t \tag{3–19}$$

$$\therefore\ T_{\mathrm{ex}}=k\left(T_{\mathrm{inf}}-T_{\mathrm{m}}\right)\left(t_{\mathrm{e}}-t_{\mathrm{b}}\right) \tag{3–20}$$

式（3–20）的 T_{m} 为主要测定阶段的中间点温度，它可以由式（3–21）求得：

$$T_{\mathrm{m}}=\frac{1}{\left(t_{\mathrm{e}}-t_{\mathrm{b}}\right)}\int_{t_{\mathrm{b}}}^{t_{\mathrm{e}}}T\mathrm{d}t \tag{3–21}$$

应用 Trapezium 规则，以温度—时间数据对式（3–21）进行数字积分即可确定 T_m 值；但此值不一定等于（T_b+T_e）/2。

四、GERG 建于德国 PTB 的 0 级热量计

1. 发展概况

2001 年，GERG 成立了一个由英国 Advantica Technologies 公司、德国 PTB、Ruhrgas 公司和意大利 Snam Rete Gas 公司派出的 6 个成员组成专家小组，对在 PTB 建设一套新的高准确度天然气发热量测定用的 0 级热量计开展可行性研究，最终决定 0 级热量计采用 Rossini 型的基本原理。它可以式（3–22）表示：

$$H_S = \frac{C_{cal}\Delta T_{ad,comb} + K}{m_{gas}} \tag{3–22}$$

式中　H_S——气体燃料的高位发热量；

C_{cal}——量热系统的热容量，电学标定；

$\Delta T_{ad,\ comb}$——燃烧过程的绝热温升；

m_{gas}——燃烧掉的气体质量；

K——能量校正系数（传热系数或冷却系数）。

GERG 的 0 级热量计的建设目标主要为[6]：

（1）对纯甲烷的测量不确定度达到优于 0.05%（k=2）；

（2）高位发热量（SCV）测定范围为 42～56kJ/g（燃烧参比温度 298.15K）；

（3）测定天然气发热量时，允许其中 N_2 和 CO_2 浓度分别达到 15% 和 10%；

（4）适用于对流体流态分布和传热过程的温度场分布开展深入研究。

在 GERG 参比热量计建设的同时，作为合作研究计划的一部分，法国国家计量实验室（LNE）与法国燃气公司（Gaz fe France）合作在法国也建设了一套原理、结构和测量不确定度要求相似的 0 级热量计，用以与 GERG 的 0 级热量计的测定结果比对，并考察 0 级热量计之间的系统误差变化情况。

GERG 和 LNE 的 0 级热量计分别于 2007 年和 2008 年完成试运行，并证实其对纯甲烷的测量不测定度达到预期目标。GERG 参比热量计正在对设备和试验方法做进一步改进的基础上，继续开展各种烃类组分的 SCV 测定；LNE 参比热量计则结合理论分析，开展热量计（内部）传热过程的数值模拟研究[7]。

可行性研究报告对 2000 年以前建设的 3 套参比热量计进行了综合技术分析（表 3–12），提出从以下 3 个方面改善 GREG 的 0 级热量计测量不确定度：

（1）改进燃烧样品气质量（m）和温度差（Δt）的测量技术；

（2）改进标定和样品气测定过程的试验程序；

（3）改进生成水和烟气中一氧化碳等的分析测试方法。

2. 样品气质量测定

为避免浮力影响，可以将天平置于真空中进行称量。在真空条件下称量时，用于监控

的所有电子设备必须进行改造，并置于真空仓外（天平制造商提供的标定设备不适应真空操作条件）。鉴于此，决定采用如图 3–11 所示的差减称量法。其原理和步骤如下：

表 3–12　等环境双体式 0 级热量计的技术改进

项目	美国国家标准局 Rossini（1931）	Pittam 和 Pilcher（1972）	英国 Ofgas（2000）	GERG 项目（2004）
操作条件	等环境（isoperibolic）	等环境（isoperibolic）	等环境（isoperibolic）	等环境（isoperibolic）
质量（m）测量	生成的水	生成的 CO_2	差减称量（样品气）	自动差减称量
气体分析	CO_2 吸收管	水分吸收管	CO_2 分析仪；水分吸收管	CO、NO 及烃类分析仪；水分吸收管
温差（Δt）测量	标准铂电阻温度计	标准铂电阻温度计	标准铂电阻温度计	标准铂电阻温度计；热敏电阻
标定方式	电学方式（加热管）	燃烧 H_2 和 O_2	电学方式（加热管）	电学方式（加热电阻丝绕在燃烧器上）
备注	20 世纪 30 年代应用于测定水的生成热	火焰燃烧式热量计，用于测定轻烃燃烧热	VAMGAS 验证试验应用，现已停用	燃烧气体 m 测量不确定度达 0.01%（k=2）

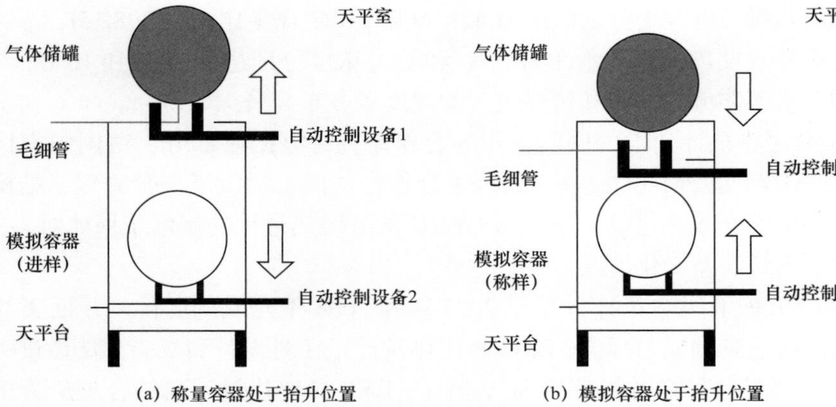

图 3–11　自动称量设备的操作步骤示意图

（1）用两套自动控制设备将气样容器和模拟容器（dummy container）交替地置于天平称量盘上；

（2）气样容器（gas container）中气体通过毛细管进入参比热量计；

（3）用上述两套自动控制设备，通过对每个容器的抬升与下降操作，在一套由 PTB 设计的自动称量系统上进行称量及校准。

精密天平置于密闭仓内，并配置有校准用的 1g 环形标准砝码。称量过程在接近天平密闭仓的温度和压力下进行，从而保持密闭仓内的空气组成及密度不变。每次称量气样容器后随即称量模拟容器（或反之）以抵消浮力产生的影响。

如图3–12所示，称量过程大致可分为6个阶段。在第Ⅰ阶段，模拟容器处于天平盘的下降位，此时将天平操作设置在称量皮重的位置。以1g环形标准砝码校准数次，从而得到天平标准偏差及飘移等信息（第Ⅱ阶段）。第Ⅲ阶段是将模拟容器转换为抬升位，而将气样容器置于下降位进行称量，从而得到燃烧试验前气样容器与模拟容器之间的表观质量差 Δm_{GD_1}。如果空气密度为 ρ_A，两个容器的体积为 V，则浮力影响的校正值为 $\Delta(\rho_A V)_{GD_1}$（下标1表示燃烧前）。

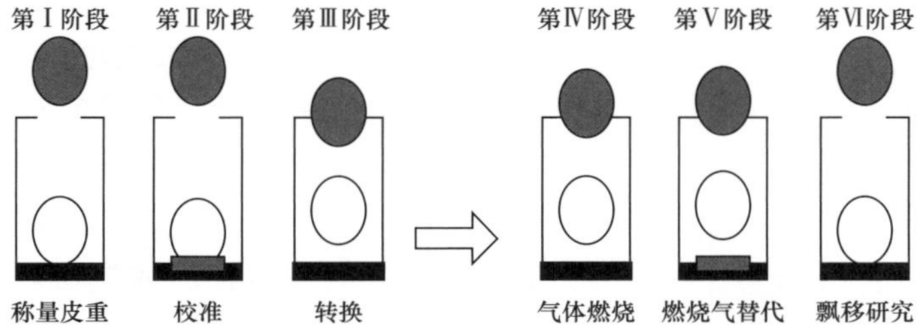

图3–12　称量过程6个步骤示意图

第Ⅲ阶段之后，燃烧试验（第Ⅳ阶段）开始，并持续约20min。在此期间对气样质量进行连续监测，当燃烧掉1g气样后即停止进样。第Ⅴ阶段（置换）是将另一个1g校准砝码置于天平盘的下降位，以置换被燃烧掉的气样质量。在第Ⅵ阶段，最终以模拟容器替代气样容器及校准砝码，确定两者的质量差和天平飘移的影响。燃烧试验后（下标为2）气样容器与模拟容器之间的表观质量差可以表示为 $\Delta m_{GD2}=m_{G2}-m_{D2}$。综上所述，燃烧掉的样品气样质量（$m_{gas}$）可以由式（3–23）求得：

$$m_{gas}=\Delta m_{GD_1}-\Delta m_{GD_2}+m_{subst}+\Delta(\rho_A V)_{GD_1}-\Delta(\rho_A V)_{GD_2}+m_{subst}\rho_{A,V}\rho_{subst}^{-1}+m_R+m_{CAP} \quad (3\text{–}23)$$

式中　m_G、m_D——分别表示气体窗口、模拟容器的质量；

m_{subst}——校准砝码的浮力校正质量；

$\Delta(\rho_A V)_{GD_1}$——燃烧前的浮力校正；

$\Delta(\rho_A V)_{GD_2}$——燃烧后的浮力校正；

ρ_A——空气密度（在试验不同阶段其值也不同，$\rho_{A,Ⅱ}$、$\rho_{A,Ⅲ}$、$\rho_{A,Ⅴ}$、$\rho_{A,Ⅵ}$分别为Ⅱ、Ⅲ、Ⅴ或Ⅵ阶段的空气密度）；

$m_{subst}\rho_{A,V}\rho^{-1}_{subst}$——校准砝码的浮力校正；

m_R——对毛细管恢复力的质量校正；

m_{CAP}——气体在毛细管中的质量差。

m_R 可能要分两次测定。由于气体在毛细管中（因燃烧试验前后的压力差别）也会产生 m_{CAP} 的差值。

3. 绝热温升的测定

等环境式热量计通过Reguault–Pfaudler法测定绝热温升[8]。此法是基于双体热量计模型的假设（图3–13）。所谓“双体”是指内层（筒）的热量计组合件与外层（筒）的水夹套，内外双体之间通过传导、对流和辐射 3 种方式进行传热，而外层的水夹套则保持在恒定的温度（T_0）。

此模型假定：在双体间只要有微小的温度差就进行传热，所有的传热过程均可视为线性，并可以传热系数（k）来表征：

$$\dot{Q}_{\text{heat transfer}} = k\left(T_0 - T_{\text{cal}}\left(t\right)\right) \tag{3-24}$$

式中 k——热量计与周围环境之间的传热系数；

T_0——水夹套温度；

T_{cal}——热量计（表面平均）平均温度。

由于热量计内外层之间有空气间隙绝缘层及恒温空气管线，故可以认为试验过程中燃烧样品气所释放的热量均不会由系统散失至环境。

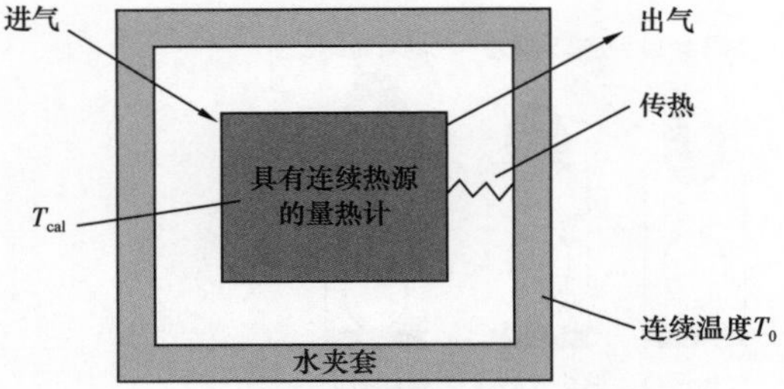

图 3-13　等环境式热量计的双体模型

4. 空气间隙绝缘层的改进

设计 GREG 参比热量计时，通过以下 3 个方面防止热量由系统散失至环境：

（1）将热量计组合件置于水夹套中，两者之间的相对表面均进行电抛光，从而将两者之间的热辐射降到最低；

（2）再将热量计组合件与水夹套一起完全浸入恒温水浴中；

（3）将以往设计热量计组合件与水夹套之间的空气间隙从 1cm 增加至 2cm，以期进一步降低对流传热。

试验发现，在 2cm 空气间隙中对流传热量甚大，最大温度梯度可达 4.5K。因此，又在绝热层间隙中填充泡沫聚苯乙烯（图 3-14），从而使对流传热量在总传热量中的贡献值，比原设计的 2cm 空气间隙降低了 50%。经试验测定，泡沫聚苯乙烯的冷却常数低于 $2 \times 10^{-5}s^{-1}$。

5. 设置精密恒温室

安装 0 级热量计的实验室内温度变化约为 ±1K，故需要将热量计和精密天平屏蔽在特制的精密恒温室（图 3-15）内。室内的温度在 12h 内变化范围应不超过 ±10mK。图 3-15 中右侧的钢仓中放置精密天平；左侧为参比热量计。精密恒温室外左侧为各种试验控制元件及数据收集系统。

6. 测定未燃烧甲烷和生成水的质量

进入热量计的 1g 样品气中约有 3mg（甲烷）在点火及熄火过程中未被燃烧掉。为了降低由此产生的不确定度，应尽可能减少供气管线的死体积，并调节燃烧器上游（供气）压力至最佳点。在燃烧器与红外分析器之间，使用稀释气体以保证不超过红外分析器的分析范围。

测定燃烧过程生成水的总质量时，首先要保证所有生成水均被收集到 3 个串联的过氯酸镁吸收管中，且没有额外被环境空气吸收的水蒸气。试验结束后，从燃烧器中吹扫水分的过程应持续约 15000s。吸收管与烟气排出管之间的连接管皆用不锈钢制作。吸收管与烟气排出管之间通过气相色谱仪用的多通道阀连接，从而保证没有水蒸气从周围环境渗入吸收管或烟气排出管。吸收管吸收的水分用置换称量法测定，并分别在每次测定中通过压力、温度和湿度进行浮力校正。在测定总质量约 2.2g 时，产生的误差约 ±1mg（95% 置信水平），其中影响测量不确定度的最重要因素是空气的密度变化。

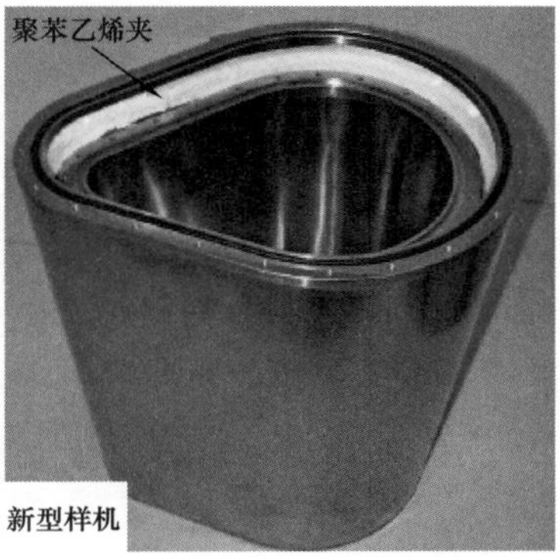

图 3–14　使用泡沫聚苯乙烯绝热层的样机

图 3–15　精密恒温室

7. 改进搅拌器转速控制

标定及燃烧试验过程中绝热温升的增加，是 SCV 测定中测量不确定度的最大影响因素，其值约占总不确定度值的 40%。因此，避免温度测量信号的不规则变化非常关键。在一个长周期的试验中，温度测量信号波动总是发生在开始与结束阶段。图 3–16 示出了 2 个电学标定周期结束阶段的时间—温度指数变化曲线。红色曲线记录了（搅拌器转速）未经改进时的变化情况，绿色曲线则为改进后的情况。试验证实：搅拌器转速变化是红色曲线中温度发生剧烈波动的原因；大幅度的转速变化会相应地产生剧烈的温度波动。因此，新设计改进为搅拌速度在 500min^{-1} 的条件下进行定速控制，转速的稳定性保持在 ±0.5min^{-1} 范围内。

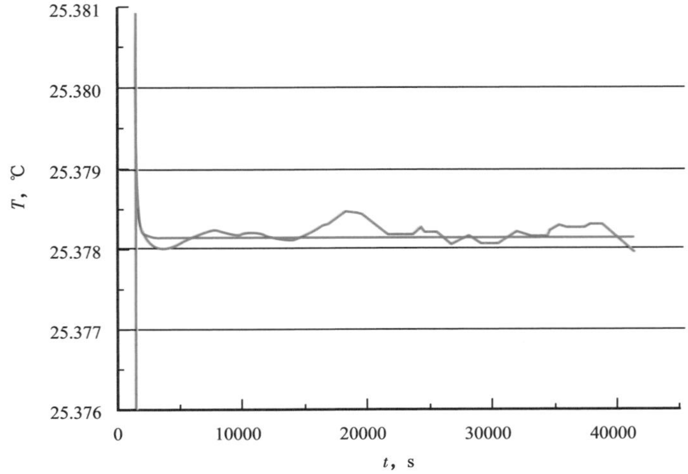

图 3–16　试验最终阶段的时间—温升指数曲线

为防止搅拌器轴摩擦生热的影响，去掉了内层容器对空气间隙的密封圈，并给搅拌器配上聚四氟乙烷套筒，使水蒸气不会冷凝在空气间隙中而直接排入环境。试验最终确认：通过采取固定搅拌器转速、去掉搅拌器密封圈及保持压力均衡等措施，电学标定过程中在量热系统热容量为18000J/K时，改进前的标准偏差为7J/K，改进后下降至1J/K，减少热量散失的效果十分明显。

8. 绝热温升的确定

GERG参比热量测定绝热温升的试验程序分为预测定、主要测定和后测定3个阶段。通常在试验开始时，热量计温度低于水夹套温度 T_0，参见式（3–24）。由于双体之间的传热，预测定阶段热量计温度略有升高。预测定阶段结束几分钟后，燃烧试验开始，进入主要测定阶段。当燃烧熄火后，由于传热继续进行，热量计的温度还会略有升高。当燃烧反应的热量完全释放并分配后，就进入后测定阶段。整个过程的时间—温度曲线如图3–17所示。

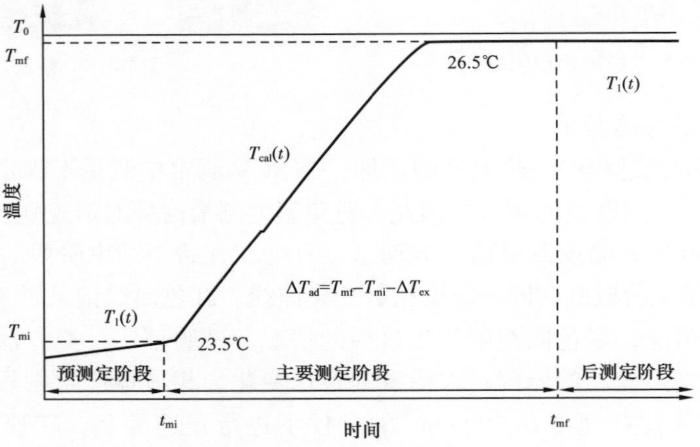

图3–17　试验过程的时间—温度变化曲线

按等环境式热量计的设计原理，其绝热温升可以由式（3–25）确定：

$$\Delta T_{\mathrm{ad}} = T_{\mathrm{mf}} - T_{\mathrm{mi}} \tag{3–25}$$

式中　ΔT_{ad}——热量计的绝热温升；

T_{mi}——热量计水浴的起始温度；

T_{mf}——试验结束后热量计水浴的最终温度。

0级热量计的绝热温升（ΔT_{ad}）可以由测量热量计水浴的起始温度（T_{mi}）与试验结束后的最终温度（T_{mf}）来确定。绝热水夹套壁温基本上由热量计与水夹套的温差控制，此处应使用快速响应的传感器进行测量。对0级热量计而言，此温差必须控制在远远小于0.5mK，这是较难达到的一个技术关键。0级热量计对环境的温升需用连接到电阻电桥的标准铂电阻温度计测量。置于水夹套中的参比热量计对环境基本绝热，其热平衡方程见式（3–26）：

$$m_{\mathrm{cal}} c_{\mathrm{p,cal}} \frac{\mathrm{d}T_{\mathrm{cal}}}{\mathrm{d}t} = \dot{Q}_{\mathrm{prod}} + \dot{Q}_{\mathrm{cond}} + \dot{Q}_{\mathrm{conv}} + \dot{Q}_{\mathrm{rad}} + \dot{Q}_{\mathrm{gas}} \tag{3–26}$$

式中　m_{cal}——量热系统质量；

$c_{p,cal}$——量热系统比热容；

T_{cal}——量热系统温度（体积平均值）；

$\dot{Q}_{prod}$——搅拌及燃烧产生的热通量（heat flux）；

$\dot{Q}_{cond}$——量热系统与水夹套间传导传热的热通量；

$\dot{Q}_{conv}$——空气间隙中对流传热的热通量；

$\dot{Q}_{rad}$——辐射传热的热通量；

$\dot{Q}_{gas}$——进、出气体间因焓值差产生的热通量。

合并式（3-23）与式（3-24），即可得到计算绝热温差（ΔT_{ad}）的式（3-27）：

$$C\frac{\mathrm{d}T_{cal}}{\mathrm{d}t}=C\left\{u+k\left[T_0-T_{cal}(t)\right]\right\} \tag{3-27}$$

式中　u——热量计中因产生能量而导致的温度变化率；

k——热量计的冷却常数。

假定经很长时间后，量热系统与水浴达到热平衡时，式（3-27）中的 u、k 和 T_0 皆为常数，可得到式（3-28），以及燃烧试验中温度变化与时间的关系式（3-29）：

$$\lim_{t\to\infty}T:0=u+k\left(T_0-T_\infty\right) \tag{3-28}$$

$$\frac{\mathrm{d}T_{cal}}{\mathrm{d}t}=k\left(T_\infty-T_{cal}(t)\right) \tag{3-29}$$

式（3-28）和式（3-29）基于3个假定：（1）对流传热及辐射传热量很少；（2）T_0、T_∞、u 及 k 皆为常数；（3）测得的热量计的 T_i（t）、T_{cal}（t）及 T_f（t）皆为平均值。据此，在主要测定阶段，以 Simpson 规则对由式（3-28）和式（3-29）得到的测量温度—时间曲线进行数字积分，即可得到式（3-27）。

9. 测量不确定度估计

GERG 的 0 级热量计的测量不确定度可以通过以下途径进行估计。

（1）燃烧掉气体质量的不确定度估计[6]。

燃烧掉气体质量的扩展不确定度 U（m_{gas}）（k=2）可以通过燃烧前后气样容器与模拟容器的表观质量差、浮力校正和毛细管恢复力校正等估计（表 3-13）。从表 3-13 中的数据可以看出，燃烧掉的甲烷质量为 1g，样品气质量的最大差值为 149μg，故其扩展不确定度 U（m_{gas}）最大值不超过 0.015%。

表 3-13　燃烧掉气体质量的扩展不确定度（燃烧掉的甲烷质量为 1g）

项目	符号	U（m_{gas}）（k=2），μg
燃烧前后表观质量差	Δm_{GD1} 和 Δm_{GD2}	36
燃烧前后浮力校正	$\Delta(\rho_A V)_1$ 和 $\Delta(\rho_A V)_2$	0～96
毛细管恢复力质量校正	m_R	1
气体在毛细管的质量差	m_{cap}	6

续表

项目	符号	$U(m_{gas})(k=2)$，μg
校准砝码的浮力校正	m_{subst}	1
样品气质量差值	m_{gas}	62～149

（2）绝热温升的不确定度估计。

绝热温升（ΔT_{ad}）的不确定度可以通过表 3–14 来估计，其值为 ±0.93mK。

表 3–14　绝热温升的不确定度来源分析

项目	符号	$U(k=2)$
起始温度测定	T_{mi}	0.69mK
最终温度测定	T_{mf}	0.69mK
无限长时间后的温度	T_{∞}	0.08mK
温度校正	ΔT_{ex}	0.19mK
$T_{ma}=\dfrac{1}{t_{mf}-t_{mi}}\int_{t_{mi}}^{t_{mf}}T_{cal}(t)\mathrm{d}t$	T_{ma}	0.73mK
传热（冷却）系数	k	$2.6\times10^{-8}\mathrm{s}^{-1}$
扩展不确定度	$U(\Delta T_{ad},\ k=2)$	0.93mK

（3）合成（总）测量不确定度估计。

试验证实 GERG 参比热量计在进行纯甲烷的 SCV 测定时，其扩展不确定度达到了优于 0.05%（$k=2$）的预期水平。测量过程中主要的不确定度来源于量热系统的绝热温升的增加。其他来源还有：点火与熄火过程的能量校正、水蒸气蒸发损失的热焓、气体供应管线的能量校正，等等。

目前尚有若干不确定度来源不能确切地定量，例如：量热系统温度场分布的不均匀性、燃烧过程产生的水蒸气质量、点火导入的能量、微量一氧化碳的生成、烟气测试测量，等等。

第四节　流态模拟和温度场分布

一、GERG 的 0 级热量计的流态模拟和温度场分布

式（3–25）阐明了等环境式热量计测定天然气发热量的基本原理：热量计的绝热温升可以由水浴的起始温度与最终温度来确定。但是，此测量原理是建立在一系列假定的基础上，其中最重要的假定是“热量计温度场分布是均匀的”。受样品气流动状态变化、3 种传热方式之间分配变化、热量计几何形状的不规则性等具体设备及操作条件等因素的影响，上述假定就成为 SCV 测量不确定度的主要来源。据大量试验结果估计，由于热量计

内部温度场分布的不均匀性所产生的不确定度约占总不确定度的90%。测量不确定度主要影响因素可归纳如下：

（1）在热量计内部实际传热过程中，u 和 k 不可能是常数；

（2）起始温度（T_0）及最终温度（T_∞）皆为（体积）平均值；

（3）在电学标定和燃烧试验过程中，两者的流态模型及温度场分布并不完全相同，即使经过仔细调节仍不能完全匹配；

（4）假定水夹套（外层容器）表面温度恒定，并以此表示水夹套温度；

（5）搅拌器套筒内产生的涡旋对传热过程产生的影响。

为精确地估计诸多影响因素产生的不确定度，在GERG参比热量计上进行了流态与温度场数值模拟。建立模型范围包括内层容器（热量计组合件）和外层容器（水夹套）；并假定容器表面温度即为水夹套温度，T_0=298.15K。模拟结果表明：除少数（几个点）略有差异外，热量计原始几何形状与其数值对应相当一致。

图3–18为热量计垂直对称平面上流速分布的等值线图。图中数据表明，搅拌槽的直流管段消除了涡旋，从槽内流出的流体呈喷射状流态。这股流体流出槽后分为两股，其中一股沿冷却盘管和燃烧室垂直向下流动；另一股则撞击这两个设备并从热表面接受能量。因此，在电学加热器与搅拌槽之间的空间温度明显上升（图3–19）。但由于此处位于燃烧室下方，其流速则明显下降。

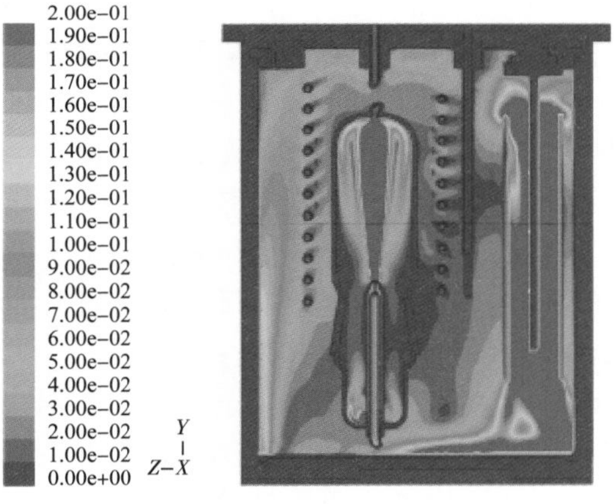

图3–18 热量计垂直对称平面上流速分布的等值线图（m/s）

（红色区域内全部流速均高于0.2m/s）

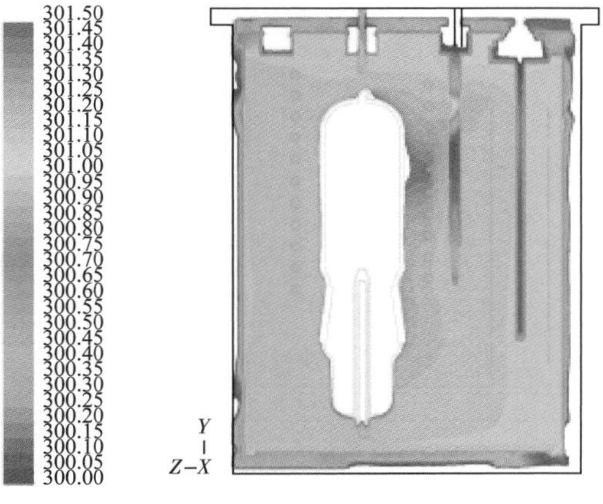

图3–19 热量计对称平面上的温度分布（K）

（空白区域内全部温度均高于301.5K或低于300.00K）

数值模拟结果表明，热量计水浴的温度变化为 ±0.1K。如果设定水夹套的温度为 T_0 = 298.15k，其他点的温度模拟结果见表3–15。

二、传热过程3D数值模拟

近年来，LNE与法国GDF–Suez公司合作，以上文所示式（3–19）为基础，在LNE参比热量计上开展了详细的传热过程3D数值模拟研究。主要研究目标是：

表 3-15　数值模拟结果

项目	符号	温度，K
设定的水夹套温度	T_0	298.15
体积平均温度	$\overline{T}_{cal, volum}$	301.16
表面平均温度	$\overline{T}_{cal, surfa}$	301.08
热量计平均温度	T_{therm}	301.17
Pt25 传感器温度	T_{Pt25}	300.51

（1）深入研究在电学加热及燃烧试验过程中，热量计水浴中的传热行为；

（2）通过大量试验，得到上述两个过程经优化的时间—温度曲线的数值模拟；

（3）评价上述两种操作模式的数值模拟结果，并进一步验证以这两种模式进行操作时热量计水浴及水夹套的温度水平。

模型化研究的范围包括热量计组合件（内层）与水夹套（外层）。在热量计水浴的存水容积空间中，以 CFX 传热软件进行 CFD 传热模型研究。如图 3-20 所示，取得温度数据的 12 个测温点都布置在水浴温度变化敏感处。例如，10kΩ 电阻（敏感程度为 430Ω/℃）、直径 1mm 的死体积和要求快速响应处（在油浴中响应时间为 1.5s）。热敏电阻温度（与 25Ω 标准电阻温度计比对）校准后的不确定度约为 1mK。试验分为 3 个步骤进行：

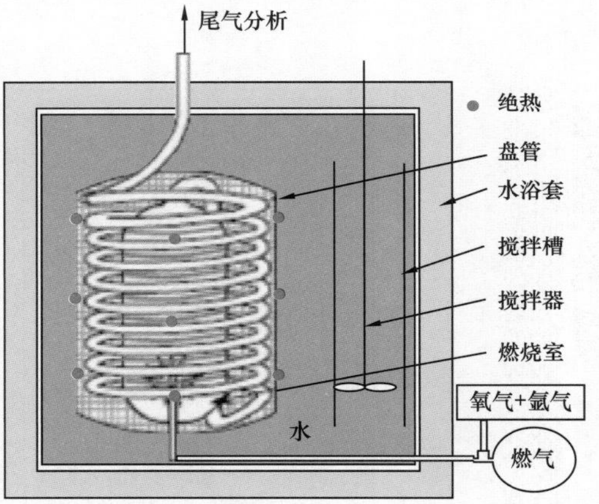

图 3-20　热量计结构及热后电阻测温点布置

（图中示出了 12 个测温点中的 9 个）

（1）以一组（12 个）热敏电阻表征热量计水浴温度的稳定性和均匀性；

（2）在操作电学加热标定模式时，用一组或一个热敏电阻进行测量；

（3）在操作燃烧甲烷试验模式时，用一个热敏电阻进行测量[9]。

电学校准和燃烧甲烷试验模式的操作时间均分为预测定、主要测定和后测定 3 个阶段进行，每个阶段的持续时间为 20min。在预测定阶段，热量计水浴进行连续搅拌，使水浴平均温度略有上升。在主要测定阶段，通过电学加热或燃烧甲烷向系统供入热量，从而使系统温度有较大幅度的上升。在后测定阶段，要求将燃烧器中产生的全部热量向水浴传递，并使系统最终达到“热平衡”状态。在主要测定及后测定两个阶段中，均以安装在特殊部位的一个热敏电阻进行测量，该部位是通过传热均匀性试验和流体力学仿真模拟（CFD）确定。

在开始电学加热的水浴传热稳定性及均匀性研究时，主要通过热能释放来进行数值模拟，释放的总能量约为 61W。假定在电学标定模式中，此热量是沿着燃烧室均匀地向外传导；而在燃烧试验测定模式中，则必定有一部分热量以辐射方式沿轴向对称地传出，并随着燃烧器表面高度增加减弱。为简化计算，假定水对于辐射传热为灰色介质。

三、传热均匀性研究

以电学标定操作模式进行传热均匀性研究。在此项研究中，以如图 3-20 所示的 12 个测温点来表征 0 级热量计水浴的温度场分布。水夹套温度保持在 25℃，搅拌器转速保持在 600rpm（此最佳转速是通过高速照相机评价试验确定的）。在此转速下，从搅拌器槽流出的水流速度约为 30cm/s。试验中测得的由搅拌器输出的能量为 0.39W，电学加热器输出能量为 50W。

如图 3-21 所示，在预测定（准稳态）阶段仅观察到温升略有增加。在预测定和后测定阶段中，20min 试验周期内的温升分别为 140mK 及 130mK。这部分偏差是由于搅拌器所释放的热量产生的（室温 23℃及水夹套温度 25℃条件下）。在以往的长周期试验中，曾将搅拌器转速降到 250rpm，8h 内温升为 40mK（环境温度为 31℃）。由此说明，环境条件对传热过程的测量偏差也有显著影响。

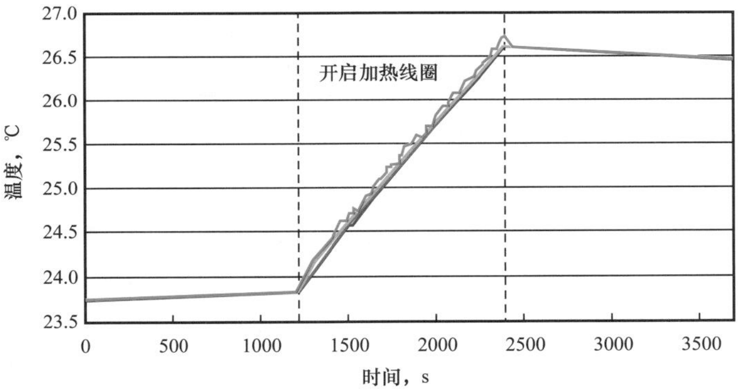

图 3-21　电学标定过程中由 12 个热敏电阻测得的温度场分布

传热均匀性研究结果表明：在电学标定操作模式下产生 2.7713K 的温升时，因系统的传热不均匀性所产生的标准偏差，在预测定及后测定阶段的准稳态流动条件下为 1.4mK；在主要测定阶段的动态区域则达到 32.3mK。

四、电学校准模式平均温度的演变

传热均匀性研究结果表明，使用单个温度传感器时其设置位置对平均水温测量有重要影响。同时，通过数值模拟证实此传感器的最佳设置位置在燃烧器与（内层）容器壁之间，面对搅拌器接近热量计的中间高度处。

在相似的设备结构基础上，比较了试验结果与模拟结果。在（20min 内）输入电能为 61W 的电学标定试验中，以一个热敏电阻测得的时间—温度曲线如图 3-22 所示。图中的蓝色线表示施加在 34.87Ω 加热电阻上的电压（V）。在电加热阶段的温升约为 3.76K。在预测定阶段和后测定阶段都只观察到微小的温升。对于前者，主要是因为水浴温度（从23℃开始）与夹套水温度（27℃）之间的温差，以及搅拌器输出能量的影响；而对于后者，则主要是由于搅拌器输出能量的影响。与图 3–22 中有关数据相对应的数值模拟结果如图 3–23 所示。

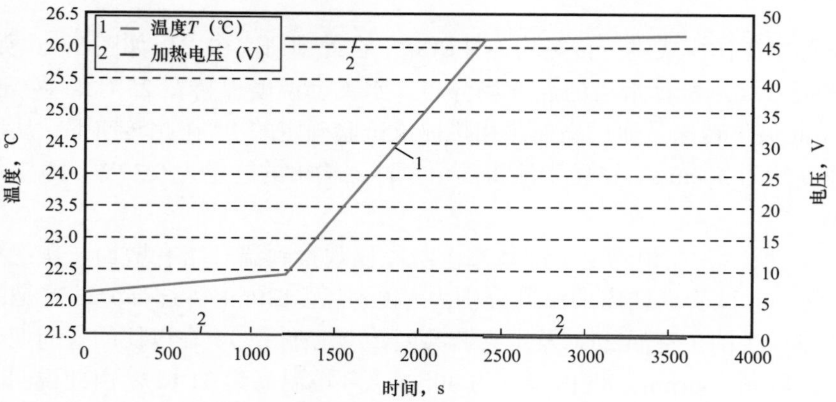

图 3–22　电学标定模式试验中时间—温度（电压）曲线

（供入系统的能量为 61W）

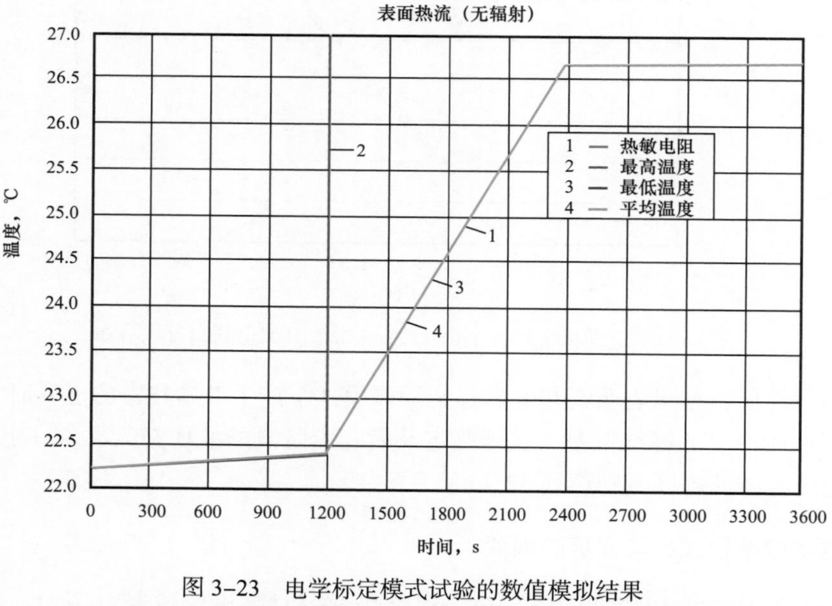

图 3–23　电学标定模式试验的数值模拟结果

（图中曲线所示分别为平均温度、最高温度、最低温度和热敏电阻的演变）

图 3–23 所示数据表明，平均温升约 4.3℃；热敏电阻所在位置测得的温度与平均温升的差值最大不超过 20mK。测得的最低温度与试验值非常接近，但在燃烧室顶部的局部区域内测得的最高温度则与平均温度的差值达到 8.54℃。对于此差值产生原因，现正在改进数值模型边界条件的同时，进一步开展重复试验研究。

五、燃烧甲烷模式平均温度的演变

以与电学标定类似的试验方法进行甲烷燃烧操作模式试验。20min 试验周期内的甲烷释放的总能量为 61W，甲烷的流速为 91mL/min。实验室温度为 23℃，水夹套温度为 27℃。图 3-24 示出了水浴平均温度与时间的关系曲线。试验结束后由热敏电阻测得（对水浴平均温度）的温升为 3.95℃。

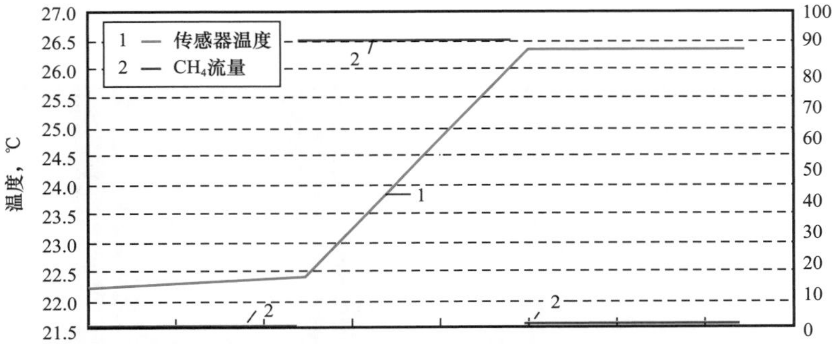

图 3-24　燃烧甲烷模式试验中热敏电阻温度—甲烷流速—时间关系图

与图 3-24 所示数据相对应的数值模拟结果示于图 3-25，在此过程中其他试验条件都相同，但为简化起见，全部释放的能量均处理为由燃烧器外表面进行辐射传热。数值模拟结果表明，在假定全部热量均通过辐射传热的理想状况下得到的平均温升，与电学校准数值模拟结果非常接近，也约为 4.3℃。与电学校准模式试验最大的不同之处在于，辐射传热大大增加了水浴温度场分布的均匀性，故最高温度与水浴平均温度的差值仅为 1.17℃，远低于电学校准模式中的 8.54℃。

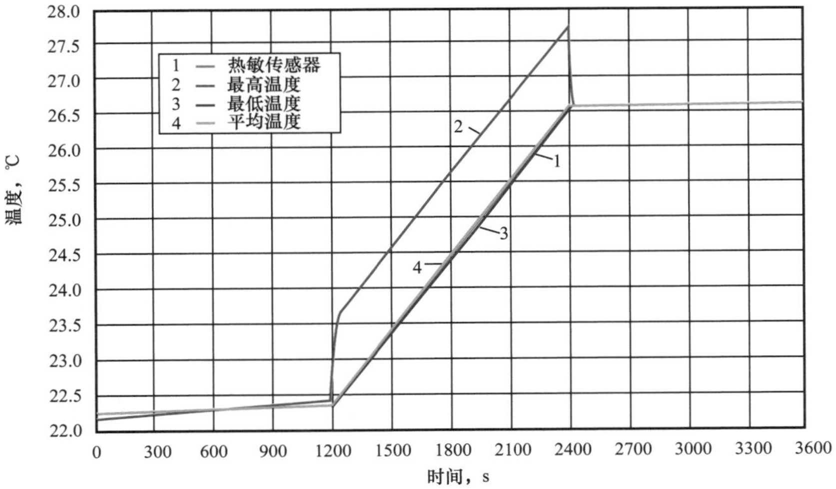

图 3-25　燃烧甲烷模式试验结果的数值模拟（完全以辐射传热计）

六、单个热敏电阻安装位置的影响

通过数值模拟研究可以帮助选择安装单个热敏电阻的最佳位置，并开发出了（在水浴空间中）显示出高于或低于水浴平均温度 0.05℃的可视化研究方法。0.05℃是在电学标定模式中属于传热均匀性最差的情况，选择此值是为了更清楚地达到图示的目的。图 3–26 所示为可视化研究的一个成功范例。图 3–26 中的红色区域表示比水浴平均温度至少高 0.05℃，蓝色区域表示水浴平均温度至少低 0.05℃。这就意味着其他保持透明区域内的温度与平均温度（T）的差值不超过 ±0.05℃。

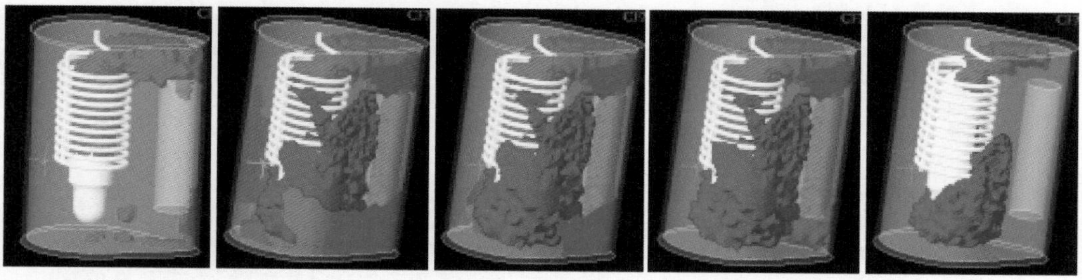

t=1210s　　t=1300s　　t=1800s　　t=2400s　　t=2410s

图 3–26　水浴空间中与平均温度的温差≧ 0.05℃（红色）或≦0.05℃（蓝色）区域与时间的关系（甲烷燃烧试验从 1200s 开始，到 2400s 结束）

如图 3–26 所示，在整个模拟过程中始终保持透明的区域即为安装单个热敏电阻的最佳位置，在这些位置上测得的温度可以代表水浴的平均温度。此结论也已经为试验数据所证实。数值模拟的结果也可以应用于参比热量计的设计优化，以进一步改善测量不确定度。

七、模型化研究的发展

1. 0 级热量计及燃烧器的结构改进

当前 3D 数值模拟的重点正在转向燃烧过程的模型化研究[10]。研究重点集中在两个方面：一是开发燃烧器内化学稳定燃烧模型；二是进行燃烧器几何形状综合研究（包括壁厚与热阻的关系）。

进行上述研究使用的参比热量计及其玻璃燃烧器的结构如图 3–27 所示。燃烧过程释放的所有热量均传至燃烧器周围水浴。安装热量计组合件的内层置于 25℃恒温水浴（外层）中，内外层中间有 1cm 空气间隙，从而构成所谓的“等环境”系统。如图 3–27 所示，此参比热量计采用简化的换热器，其结构与图 3–20 所示的盘管式换热器完全不同。电学校准用的加热电阻丝缠绕在玻璃燃烧器外壁上，缠绕高度为 10cm，提供约 46W 能量，大致与燃烧甲烷产生的能量相近。

2. 流态模拟

以 ANSYS–CFX 软件进行液体动力学模型研究。如图 3–28 所示，甲烷在燃烧器中的燃烧涉及一级氧气（混合有氩气）、二级氧气和甲烷气 3 股气流的流动，故比较难以预测燃烧模式并进行模拟。进行试验时，甲烷气流量为 0.0042m^3/h，一级氧气为 0.0027m^3/h，二级氧气为 0.0168m^3/h。虽然一级氧气流量占总流量不足 16.1%，但其喷嘴面积仅 0.2mm^2，因而喷出的气流速度达到 15m/s，基本控制了喷出气流的流态及速度矢量方向。在图 3-29（a）中可以观察到一股特殊的高速气流沿燃烧器中轴喷出，在燃烧器圆顶处与其他烟气混合而再循环。

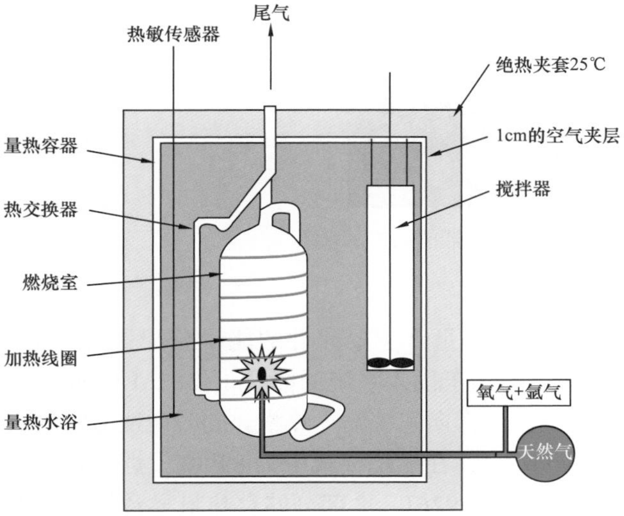

图 3-27　LNE 参比热量计及其玻璃燃烧器结构示意图

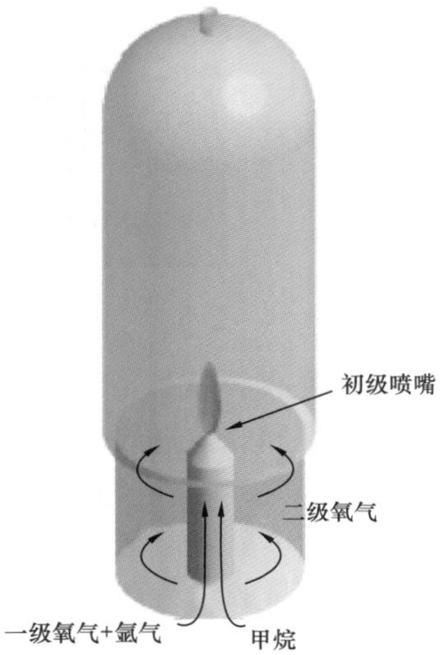

图 3-28　喷嘴出口火焰及燃烧器进口气流流向示意图

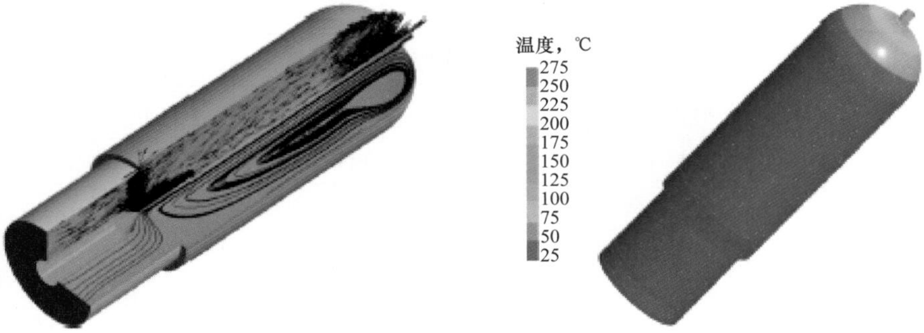

（a）燃烧器燃烧试验周期的流态与速度矢量方向　　（b）有热阻器壁的温度场

图 3-29　燃烧器燃烧试验

3. 新型设计燃烧器

数值模拟结果显示，在热量计（带有热阻的）器壁温度仅 25℃。这表明在燃烧室进行的换热起了重要作用。图 3-29（b）是以 Fourier 定律为基础进行热传导过程模拟时的器壁温度场分布。由图 3-29 可以观察到，在燃烧室圆顶与加热电阻丝的结合部的最高温度可达 275℃，但在靠近圆顶处温度仅略高于 50℃。此现象说明在这个区域中进行有效的热交换，燃烧产生的高温烟气迅速为其周围的水浴所冷却，此处的换热效率远高于燃烧室内的其他区域。

基于上述模拟试验结果，新设计将原来围绕着燃烧器设置的盘管式换热器简化为半圈玻璃管，并设置 2 个小型聚水器收集燃烧过程的生成水，以便使尽可能多的生成水以液态保留在热量计中。新型（玻璃）燃烧器的结构如图 3–30 所示。

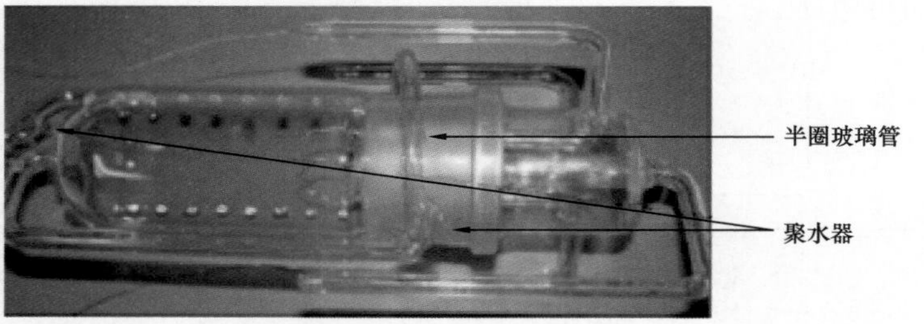

图 3–30　新型设计（玻璃）燃烧器的结构示意图

4. 主要模拟结果

在校准和燃烧两种模式的数值模拟试验中，热量计主要元件的能量分配见表 3–16。表中数据说明，两种模式操作中测得的总能量均大于供入系统的能量（55836J），原因在于搅拌器、热量计容器壁与水夹套换热等影响因素都向系统输入热量。同时说明，水浴吸收了释放能量的绝大部分，在校准模式中为 90.3%，在燃烧模式中为 89.8%。燃烧器壁储存了少量能量，在校准模式中为 613J，燃烧模式为 926J。这部分储存热量导致燃烧器壁温度略高于水浴温度。在后测定阶段开始时，由于玻璃的传热惰性，这部分热量会释放一些出来。在校准模式操作中释放 –178J，在燃烧模式操作中释放 –489J。

表 3–16　热量计主要元件热量分配模拟结果

	热量计元件	校准试验吸收能量，J	燃烧试验吸收能量，J
主要测定阶段	玻璃燃烧器壁	613	926
	热量计壁（内层）	4875	4858
	热量计水浴	50882	50747
	合计	56370	56531
后测定阶段	玻璃燃烧器壁	–178	–489
	热量计壁（内层）	161	180
	热量计水浴	–199	84
	合计	–216	–225

从上述数值模拟结果可以归纳出如下认识：

（1）无论在何种模式的试验中，均约有 90% 的释放热量为水浴所吸收，另外的约 10% 的热量为热量计容器壁所吸收。

（2）无论何种模式，其试验结果与数值模拟结果均相当接近，且两种模式的相似程度也很高。

（3）燃烧器在试验中所观察到的准稳态区域及动态区域，均在计算机流体动态（CFD）传热模型的数值模拟中得到验证。

（4）在固定水夹套温度为25℃时，由数值模拟试验确定的热敏电阻安装位置，能准确地代表水浴平均温度。

（5）当水夹套温度为24.5℃时，水夹套与热量计（容器）之间的热交换量不超过100J。

有文献中报道了韩国标准科学研究院研制成功了使用金属燃烧器的0级热量计（图3–31）。此类燃烧器可以由自动化的机械制造，大大提高了燃烧器的加工精度和耐用性，而且可以严格地保证产品的一致性[11]。以该0级热量计进行了8次纯甲烷发热量测定，测定结果见表3–17。测定结果与国际标准值的偏差为0.16%，此偏差主要来源于燃烧甲烷的质量测定。

图3–31　装有金属燃烧器的0级热量计

表3–17　8次试验的测定结果

测试序号	1	2	3	4	5	6	7	8
H_S，kJ/g	55.38	55.45	55.40	55.38	55.44	55.52	55.45	55.39

第五节　连续记录式热量计

一、发展概况

20世纪50年代开始，美国广泛采用水流式热量计测定城市煤气及其他工业燃气的发热量（ASTM D900；此标准试验方法已经于1973年撤销）。但即使是一个训练有素的操作人员，以水流式热量计测定一次燃气发热量也至少需要30min，因而此类设备不适合应用于在连续测定的基础上监控天然气发热量。

1921年起就在煤气工业中广泛应用的Cutler–Hammer（连续）记录式热量计，当时是美国唯一可以在连续测定的基础上对燃气发热量进行监控的设备。鉴于此，美国标准局决定选择此仪器作为连续监控商品天然气发热量法定的仲裁设备，并在20世纪50年代中期，对此设备在发热量在33.8～45.1MJ/m^{3}范围内的操作、校准和准确度进行了全面考察，最终在1961年首次发布了《用连续记录式热量计测定天然气标准试验方法》（ASTM D1826）。当前最新版本为2010再次批准。

1957年Eiseman和Potter（在实验室）以纯甲烷试验估计此类热量计准确度的研究结果表明（表3–18），在严格控制试验条件的情况下，对发热量为37.48MJ/m^{3}的纯甲烷，测量误差为±0.1MJ/m^3，即测量误差为±0.27%[1]。

表 3-18　纯甲烷分析结果

钢瓶编号	组分	含量，%（摩尔分数）	计算发热量，MJ/m^3
127	甲烷	99.93	37.48
	乙烷	0.00	
	氮气	0.07	
130	甲烷	99.92	37.47
	乙烷	0.00	
	氮气	0.08	
133	甲烷	99.93	37.48
	乙烷	0.00	
	氮气	0.07	
134	甲烷	99.93	37.48
	乙烷	0.00	
	氮气	0.07	

20 世纪 60 年代起，Cutler–Hammer 连续记录式作为商业化仪器广泛应用于天然气工业。80 年代中期以后，也曾作为能量计量现场在线测定天然气发热量的主要设备。进入 90 年代后，此类仪器由于操作比较复杂，对实验室环境要求相对较高，才逐步被以天然气组成分析为基础的间接测定法设备所替代。由于此类仪器可以在连续测定的基础上，提供较准确的燃气高位发热量数据，因而是美国计量法规规定（在线测量结果）的仲裁方法，在交接计量及过程监控方面仍有较多应用。目前，配备有 SMART–CAL 软件的此类热量计不仅可以提供管输商品天然气的实时测定值，也可以提供 1h、8h 和 24h 高位发热量平均值。根据 ASTM D1826–94（2010）提供的信息，在现场连续测定的基础上对此类热量计以已知发热量的标准气进行校准时（连续试验时间不少于 1.5h，标定周期为 1 周），对发热量为 33.8～45.1MJ/m^3 的天然气，估计测量误差 0.019～0.034MJ/m^3。

20 世纪 80 年代中期，美国 NASA 的 Langley 研究中心又利用 ZrO_2 电化学传感器对微量氧含量极为敏感的原理，开发成功了以烟气中残余氧含量与燃气高位发热量相关联的当量燃烧 B 式热量计。此类热量计可以通过实验确定一个仅与燃气中饱和烃类组成及烟气中残余氧含量有关的 A 值。A 值又与氧气流量体积（m）与饱和烃类流量体积（n）之比呈线性相关（图 3–32）。此类热量计的响应时间比空气换热式更短，很适合于只含饱和链烃（及少量非烃不可燃气体）的商品天然气，但其准确性则略低于上述空气换热式热量计[16]。当量燃烧式热量计对天然气中的非链式烷烃敏感，故推荐的天然气中合适组分范围见表 3–19。

表 3-19　推荐的天然气组分范围

化合物	含量范围，%（摩尔分数）
氦	0.01～5
氮	0.01～20
二氧化碳	0.01～10
甲烷	50～100
乙烷	0.01～20
丙烷	0.01～20
正丁烷	0.01～10
异丁烷	0.01～10
正戊烷	0.01～2
异戊烷	0.01～2
C_{6+}	0.01～2

根据 ASTM D1826-94（2010）提供的信息，在重复性条件下所得实验室试验结果以最小二乘法估计其标准偏差为 0.03MJ/m³；对应包含概率 95% 的重复性区间为 0.09MJ/m³。在再现性条件下所得实验室试验结果以最小二乘法估计其标准偏差为 0.06MJ/m³；对应包含概率 95% 的再现性区间为 0.19MJ/m³。

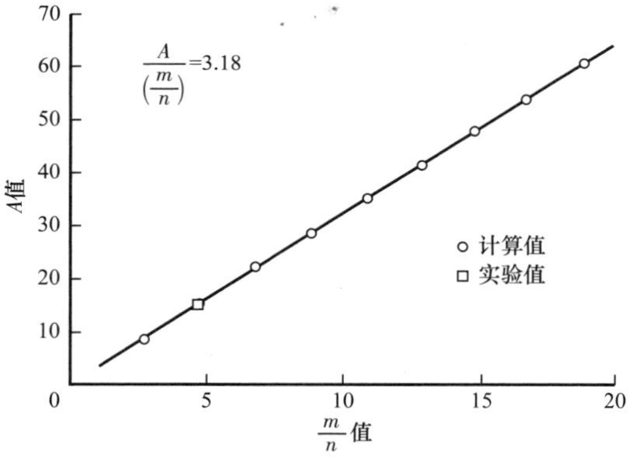

图 3-32　*A* 值与 *m*/*n* 值之间的线性关系

综上所述，关于连续记录式热量计的基本信息归纳见表 3-20。为便于此类仪器的推广并实现操作程序的标准化，美国材料与试验协会（ASTM）于 2008 年首次发布了《用热量计法测定气体燃料发热量及其在线 / 离线取样实施规程》（ASTM D7314），并于 2010 年发布了修订版。

二、空气换热式热量计

1. 基本原理

燃气在恒定流速下燃烧，释放的全部热量由作为换热介质的一股空气流所吸收。燃气、助燃空气和换热空气均以常用的湿式流量计计量。这些流量计量设备皆通过齿轮连接并由电动马达驱动齿轮，从而保持这三者的流速恒定。燃烧产生的烟气与换热空气换热至

表 3-20　连续记录式热量计的基本信息

型式	基本原理	精密（准确）度	标准化	应用
空气换热式	换热空气的温升与燃气发热量成正比	现场连续测定基础上，对发热量范围为 33.8～45.1MJ/m^3 的天然气的测量误差为 0.019～0.034MJ/m^3	ASTM D1826–94（2010 再次批准）；ISO15971 规定现场用 1 级热量计	（1）记录式测定仪器的仲裁方法；（2）交接计量中作为结算的依据；（3）工艺过程控制。ASTM D7314 规定了用热量计法测定气体燃料发热量及其在线 / 离线取样的实施规程
当量燃烧 A 式	达到当量燃烧时，火焰温度最高	在实验室操作条件下：置信概率 95% 的重复性区间为 0.09MJ/m^3；置信概率为 95% 的再现性区间为 0.19MJ/m^3	ASTM D4891–13；ISO15971 规定的现场用 2 级、3 级热量计	
当量燃烧 B 式	达到当量燃烧时，燃烧产生的烟气中残余氧含量最低			

接近空气的起始温度，并使燃烧产生的水蒸气冷凝成液态。换热空气的温升与燃气的高位发热量成正比，此温升用（镍）电阻温度计连续测量并记录在条形记录器上。燃烧室的基本结构如图 3–33 所示。

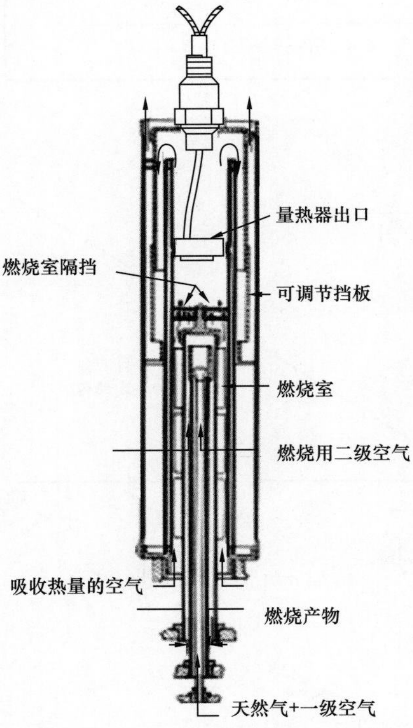

图 3–33　燃烧室的基本结构示意图

2. 温升测量系统

换热空气的温升由镍电阻温度计测定，后者连接至 Wheatstone 电桥的一个相邻臂。该电桥中设有一个经准确校准的滑线电阻（S），并配备有合适的记录器。电桥的电路图如图 3–34 所示。

3. 初步（预）校准

初次安装或维修后重新安装的热量计，在纯甲烷校准前应以氢气进行初步校准。其主要原因是：

（1）氢气密度很低，故系统中任何微小的漏失都将导致读数下降，因而实质上初步校准过程中也对从气体流量计至燃烧室之间的系统进行了检漏。

（2）氢气校准试验的结果实质上提供了热量计在不同量程范围内（滑线电阻与温度计校准两个方面）的交叉检验数据。因此，合适的氢气校准对降低热量计在低发热量量程范围内的测量误差进一步提供了保证。

（3）氢气实质上不存在不完全燃烧的可能性，故合适的氢气校准试验将提供较准确的供入系统的热量数据，它们可应用于校正记录器的读数。如果通过氢气校准试验得到了标准气在低发热量范围内的读数值，在进行样品天然气燃烧试验时，就能更方便地观察其燃烧是否完全。

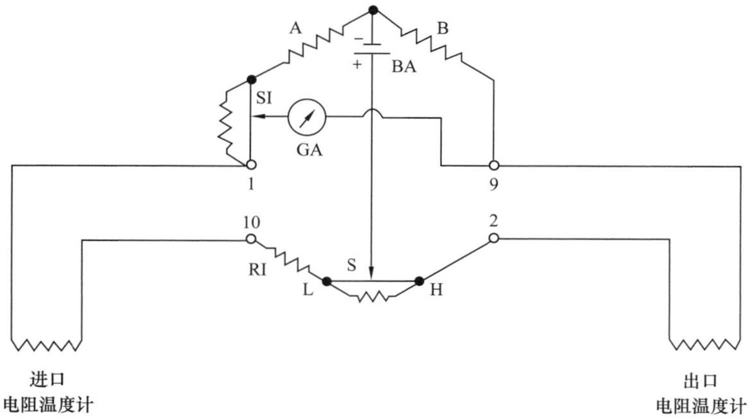

图 3–34　Wheatstone 电桥的电路图

4. 比例校正器试验

（1）此项试验的目的是确认预先设定的空气 / 燃气体积流量是准确的，因为此体积比是保证热量计测量准确度的关键因素。

（2）比例校正器试验过程中应保持室温（合理地）恒定。

（3）应准确地调整如图 3–35 所示的比例校正器。

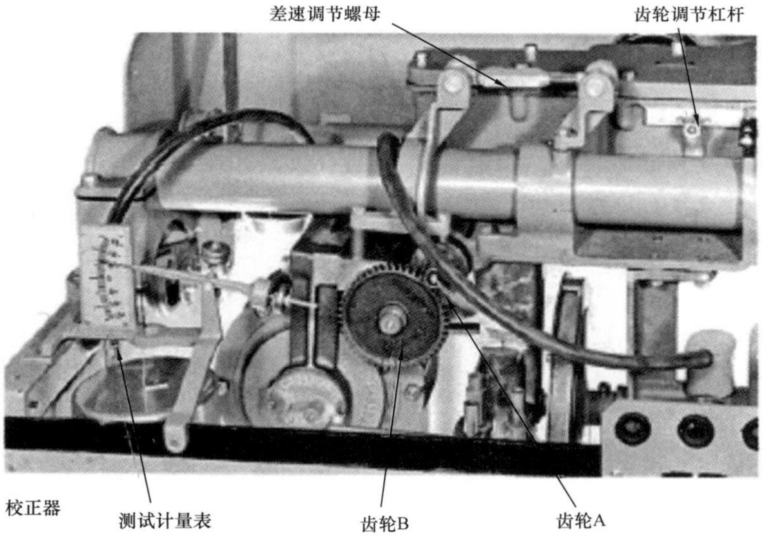

图 3–35　空气 / 燃气比例校正器

（4）燃气流量计、换热空气流量计、比例校正器及它们的连接处应无漏失。

（5）试验开始前应核对储水罐的液面。

（6）应以表 3–21 的格式记录比例校正器试验结果。

5. 对燃气样品的要求

燃气样品中不应含有粉尘、游离水和其他固体杂质。如果操作经验表明燃气样品中可能含有上述杂质，就应在取样管线上安装合适的过滤器。为防止液态水在取样管线中积累，应在其低点处设置排水支管。

表 3–21　典型的空气 / 燃气比例校正器试验记录（示例）

空气流量计校准器开始与结束自旋时的读数					第 1、第 2 和第 3 次旋转一圈后校准器读数减去开始时读数			校准器旋转一圈读数平均值
螺纹数	开始时读数	第 1 次旋转一圈后	第 2 次旋转一圈后	第 3 次旋转一圈后				
……	0	1	2	3	1–0	2–0	3–0	……
15	–0.01	–0.08	–0.15	–0.21	–0.07	–0.14	–0.20	–0.07
16	–0.02	–0.07	–0.13	–0.19	–0.05	–0.11	–0.17	–0.06
17	–0.03	–0.09	–0.16	–0.21	–0.06	–0.13	–0.18	–0.06

样品气中应基本上不含硫化氢。为此，可以在取样管线上设置一个小型的、内装固体脱硫剂的净化管，其合适的尺寸为 1h 处理 84.5L 燃气样品。

三、当量燃烧式热量计

1. 基本原理

空气与燃气混合后在燃烧室内进行燃烧，并将空气 / 燃气之比调节至基本接近当量比，再进一步调节此值至某个与燃气发热量有关的固定值。然后设定此值，并利用燃气燃烧的某个特性（如火焰温度、烟气中残余氧含量等）与此设定值之间的线性关系测定发热量（图 3–36）。

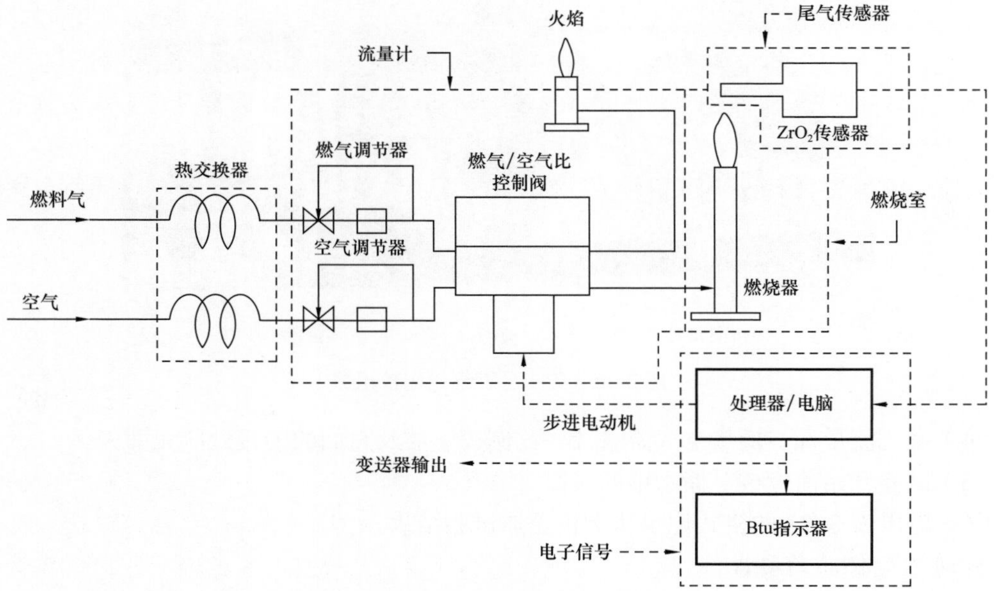

图 3–36　当量燃烧式热量计结构原理示意图

2. 仪器结构

当量燃烧式热量计有多种型式，它们的仪器结构也有所不同，但一般至少都包括 4 个主要组成部分：流量计和 / 或压力调节器、燃烧室、烟气传感器和电子控制设备（参见图 3–36）。目前国外市场上有 3 种商业化的当量燃烧式热量计。图 3–36 所示仪器通过测定烟气中残余氧含量（当量燃烧 B 式），并使之与空气 / 燃气比相关联以测定燃气的高位发热量。

3. 校准程序

当量燃烧式热量计通过式（3–30）进行校准：

$$C = F \times R + B \tag{3–30}$$

式中　C——燃气发热量；

F——校准因子；

R——空气 / 燃气比；

B——常数。

在热量计初次投入运行时，必须使用两种以上已知发热量的标准气对热量计进行校准以确定 F 和 B。在日常使用过程中也必须定期进行校准。ASTM D7314 规定了用（当量燃烧式）热量计法测定气体燃料发热量及其在线 / 离线取样的实施规程。该标准于 1989 年首次发布，并于 2013 年发布了最新修订版本。

第六节　发热量赋值

无论使用直接法或间接法测定天然气发热量都涉及比较复杂的技术和设备，故只适用于大型计量站，而供气量较少的界面一般都应用赋值方法来估计供出气体的发热量。鉴于此，中国石油西南油气田公司天然气研究院与中国石油大学（北京）合作，于 2006 年完成了题为《天然气发热量等物性参数赋值方法及软件编制》的研究报告，并在陕京输气管道、西气东输管道沿线的一系列分输站、清管站和压气站对计算软件进行了现场测试，证实其计算精度完全符合要求。

根据 GB/T 22723《天然气能量的测定》的规定，天然气能量测定中有下列多种赋值方法。

一、固定赋值

1. 利用测定发热量的固定赋值（一种气质——一个气体流动方向）

如果能够满足发热量和体积测量点之间的气体流动方向不变，且在能量测定周期中天然气的气质变化及发热量测定点与流量测定点之间的输送时间变化均甚小等条件时，通常在一段简单的、分开的管网内进行能量测定周期中，计费区内发热量可采用固定赋值。图 3–37 所示例子是单一气源向某管道的众多界面供气，由天然气输送公司在管道入口点测定气体发热量（H_S），然后赋值给所有界面作为入口点的发热量。此时，不对气体输送至不同界面所用的时间进行修正。

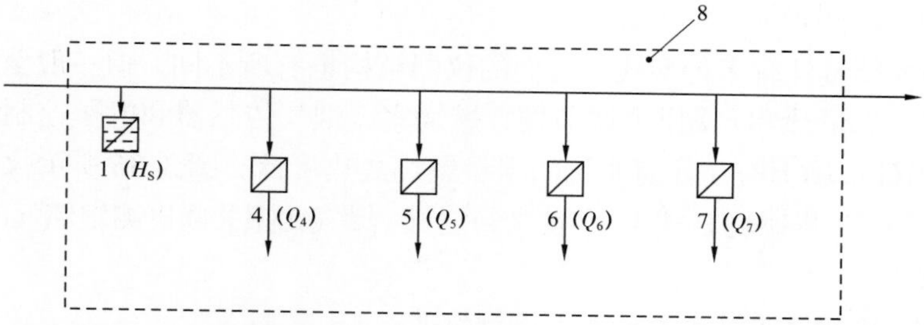

图 3-37 固定赋值应用于一种气质——一个气体流动方向的示例

1、4～7—界面；8—能量测定管网

2. 两种经测定发热量的气体——一个气体流动方向的固定赋值

图 3-38 的示例是表明气体输送公司有可能将两股不同气质的天然气送入同一管道，但在管道入口处分别测定了这两股气体的发热量 H_{S1} 和 H_{S2}，并利用这两个数据向入口点下游的界面 4～界面 7 赋值。

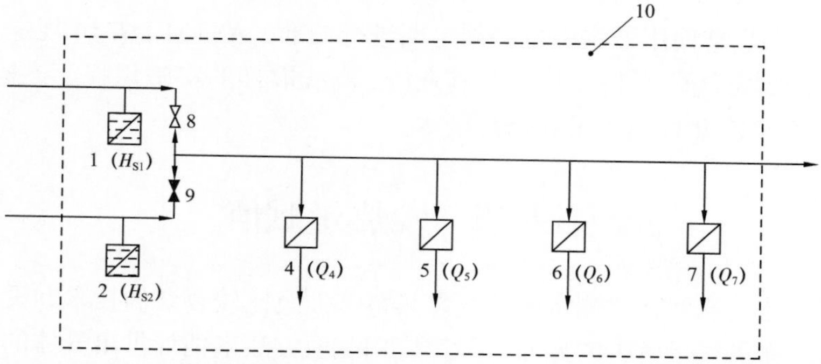

图 3-38 固定赋值应用于两种气质——一个气体流动方向的示例

1、2、4～7—界面；8—阀 1；9—阀 2；10—能量测定管网

当实施此种固定赋值方式时，气体输送公司应保证做到以下几点：

（1）在一个供气时段内保证从一个气源持续地稳定供气；

（2）不能出现同时供应两种不同气质的天然气；

（3）记录下两种不同气质天然气各自的供气周期；

（4）在相应的供气周期中，应能从一个或几个发热量测定点选择用于固定赋值的数据。

二、利用公告发热量的固定赋值

假定发热量在整个能量测定周期中是合理的恒定值，且在发热量测定站测定的数据已经过核实。此时，该发热量可作为公告发热量合理地赋值给所有下游界面。当本地分销公司决定对其输气管网上所有界面使用固定赋值的公告发热量时，在某一时间段内应以下列条件为基础进行公告：

（1）向用户所供气体的平均发热量应等于或略高于公告发热量（约高 0.1MJ/m^3）；

（2）在公告期间，应以每天所供天然气的最低发热量的平均值来计算向用户所供气体的平均发热量；

（3）每天应测定进入管网的所有天然气的发热量；

（4）如果能量测定的任何时间段内的发热量低于公告数据，本地分销公司应在后续时间段内修订公告值，以便使发热量测定值等于或高于这两个时间段的平均公告发热量。

三、可变赋值

1. 可变赋值应用于两种气质——两个气体流动方向

在开放的输气管网中界面处的气质可能会有显著的变化；此时固定赋值方法不再适用，而应该使用可变赋值的方法。如图 3-39 所示，在一个能量测定周期中有不同数量和质量的天然气通过（输入站）界面 1 和界面 2，定义的零位浮点可位于这两个界面之间。根据界面 4～界面 7 的外输结构，发热量为 H_{S1} 的天然气可能供给界面 4 和界面 5，而发热量为 H_{S2} 的天然气可能供给界面 7。从界面 1 和界面 2 来的天然气所组成的混合气体可能通过界面 6。在此供气条件下，发热量 H_{S1} 可赋值给界面 4 和界面 5，发热量 H_{S2} 可赋值给界面 2。但对界面 6 而言，有代表性的发热量或在此界面处测定，或通过来自界面 1 的气量 Q_1 和界面 2 的气量 Q_2，以及可以利用的发热量 H_{S1} 和 H_{S2} 用流量或算术加权平均的方法确定。

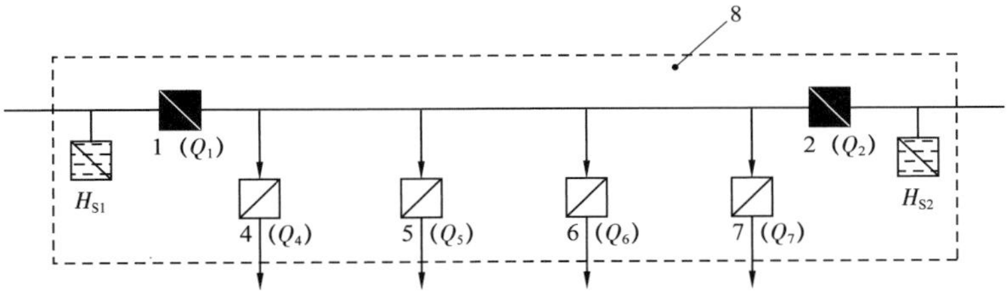

图 3-39　可变赋值应用于两种气质——两个气体流动方向的示例

1、2、4～7—界面；8—能量测定管网

2. 可变赋值应用于两种气质——一个气体方向流动

如图 3-40 所示，在整个能量测定中都应测量界面 1 处的天然气流量 Q_1 及其发热量 H_{S1} 和在界面 2 处的天然气流量 Q_2 及其发热量 H_{S2}。据此计算得到的两个总发热量彼此不同，而且在整个能量测定周期中还可能有变化。根据有关已知条件，在将发热量赋值给界面 4～界面 7 的过程中，应在界面 4 处形成类似于图 3-41 那样的图形。

在能量测定周期中，对于流量分别为 Q_4～Q_7 的天然气而言，应该在阀 1 和阀 2 后面的混合点处计算（混合后天然气的）加权平均发热量，并结合考虑发热量为 H_{S1} 和 H_{S2} 的两种天然气从计量站至混合点的输送时间。

四、气质跟踪与状态重构

气质跟踪是一种特殊的赋值方法，它是利用输气管道上所有供气点测定的气质数据为基础，通过管道模拟或状态重构技术来对管道或管网中任何供气点的气质进行计算的方

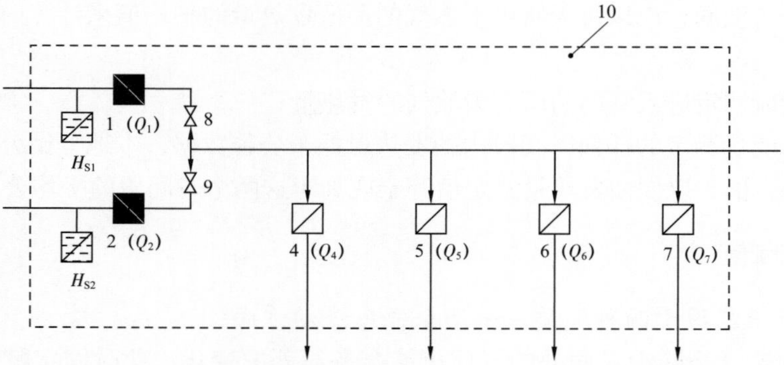

图 3–40　可变赋值应用于两种气质——一个气体流动方向

1、2、4～7—界面；8—阀 1；9—阀 2；10—能量测定管网

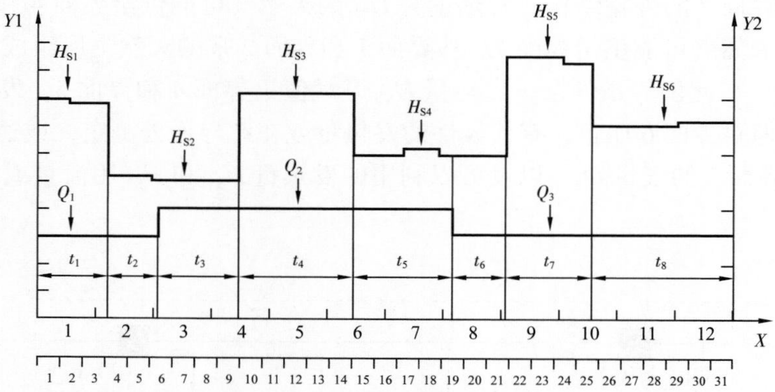

图 3–41　以年或月为能量测定周期的记录图

X—月（1 = 1 月份……12=12 月份）或天（每月 1 至 31）；

Y1—H_S，以 MJ/m^3 表示；Y2—q_v，以 m^3/d 或 m^3/mon 表示

法。图 3-42 所示是一个有很多接收点（界面 5 和界面 6 仅为示例）的输气管网，但在接收点上不进行发热量测定。图 3-42 中所示的 H_{S1}～H_{S3} 表示来自不同气源的、气量分别为 Q_1～Q_3 的天然气的测定发热量；而 H_{S5} 和 H_{S6} 则是在接收站处，以气体量 Q_5 和 Q_6 通过状态重构技术计算得到的发热量。

管网模拟方法也可以用来计算管道或管网中任何点的天然气发热量，但它与状态重构的不同之处在于：管网模拟的输入数据，如发热量、流量、温度和压力等都是未经核实的在线数据或者仅是假设值，因而模拟结果往往不够准确，一般不适用于计费目的。

五、气质跟踪及其模拟计算的一个示例

1. 基本原理

应用蒙特卡洛（Monte-Carlo，MCM）模拟技术进行发热量间接测定子系统的测量误差及其不确定度评定，已有文献做了系统介绍[12]，并在 2012 年发布的新版 ISO 10723 中对其实施细则做了详尽说明。下文以在德国 TU Clausthal 地区配气网络进行的蒙特卡洛

（MCM）模拟试验，及其应用于网络气质管理的现场试验为例（图 3-43），阐明 MCM 模拟技术在能量计量结果不确定度评定中应用基础理论、实施方案与试验结论，重点讨论气体流量测定子系统的测量误差及其不确定度评定问题[13]。

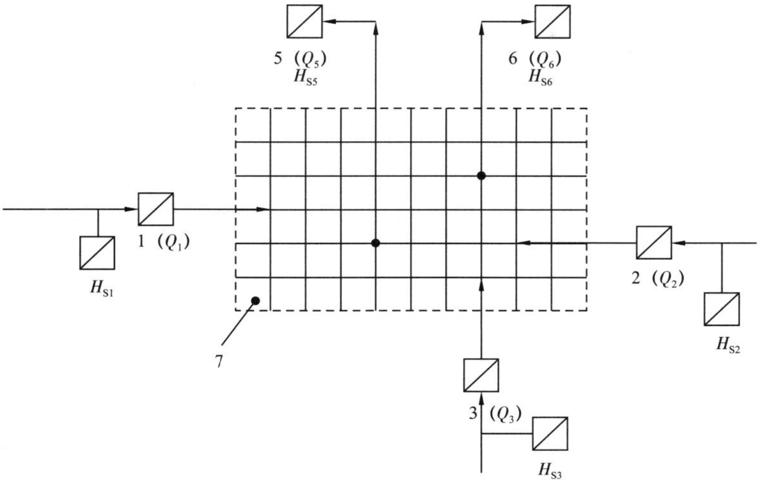

图 3-42 以气质跟踪方案为基础的状态重构示意图

1、2、3、5 和 6—界面；7—能量测定管网

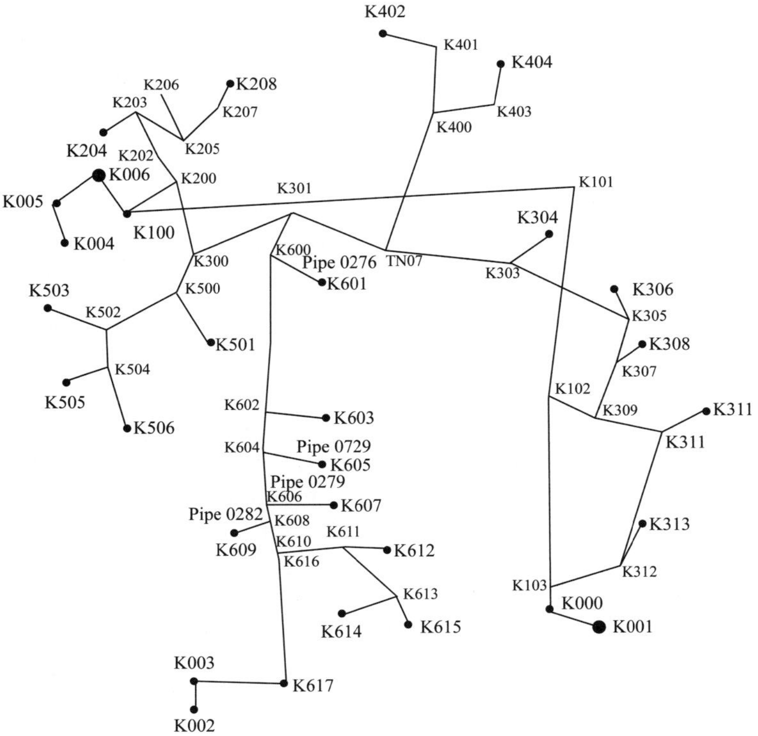

图 3-43 德国 TU Clausthal 地区分配管网拓扑结构示意图

天然气流量计量是多参数、多组分气体的连续测量过程，其量值测量具有不可回复性，测量结果的同一性与准确性受众多因素影响，故进行测量误差及其不确定度评定比较困难。天然气流量测定过程中，测定值 Y 与众多输入量 X（如气体气质、输入流量、管网温度、管网压力等）之间的测量模型（函数）可以表示为式（3–31）。式中的函数 f 不仅考虑了上述众多系统效应引起的测量误差，也考虑了不同的观测人员、仪器仪表、实验条件、取样工况和取样时间引起的测量误差。因此，式（3–32）中的函数 f 是用以计算输出量估计值 y，而式（3–31）中的 Y 则用以估计输入量 x_1，x_2，x_3，…，x_N。当以 GUM 法估计输出量 y 的测量误差及其不确定度时，需要列出如式（3–33）所示的测量方程（模型）。方程中的 $\bar{x}_1$ 和 $\bar{x}_2$ 分别表示观测值 x_1 和 x_2 的平均值，最后一项 W 则表示残余误差[14]。式（3–33）中的残余误差 W 可以式（3–34）所示方程表示。

$$Y = f\left(X_1, X_2, X_3 \cdots, X_N\right) \tag{3–31}$$

$$y = f\left(x_1, x_2, x_3 \cdots, x_N\right) \tag{3–32}$$

$$y = f\left(\bar{x}_1, \bar{x}_2\right) + \frac{\partial f}{\partial x_1}\left(x_1 - \bar{x}_1\right) + \frac{\partial f}{\partial x_2}\left(x_2 - \bar{x}_2\right) + W \tag{3–33}$$

$$W = \frac{1}{2!}\left[\frac{\partial^2 f}{\partial x_1^2}\left(x_1 - \bar{x}_1\right)^2 + \frac{\partial^2 f}{\partial x_2^2}\left(x_2 - \bar{x}_2\right)^2 + 2\frac{\partial^2 f}{\partial x_1 \partial x_2}\left(x_1 - \bar{x}_1\right)\left(x_2 - \bar{x}_2\right)\right] \tag{3–34}$$

当对平均值 $\bar{x}_1$ 和 $\bar{x}_2$ 取偏导数时，所有 i 项（i=1，…，N）的 W 值皆相等，且因 W=0 而可以忽略不计。如此，方程（3–33）就简化为方程（3–35）。按式（3–35）所示测量模型计算而得的 y 值的标准不确定度可以式（3–36）评定，式（3–36）中的 $\sigma(x_1)$ 和 $\sigma(x_2)$ 分别表示 GUM 法评定中的标准偏差 σ。

$$y = f\left(\bar{x}_1, \bar{x}_2\right) + \frac{\partial f}{\partial x_1}\left(x_1 - \bar{x}_1\right) + \frac{\partial f}{\partial x_2}\left(x_2 - \bar{x}_2\right) \tag{3–35}$$

$$u(y) = \sigma(y) = \sqrt{\frac{1}{N}\sum_{i=1}^{N}\left(y_i - y\right)^2} = \sqrt{\left(\frac{\partial f}{\partial x_1}\right)^2 \sigma\left(x_1\right)^2 + \left(\frac{\partial f}{\partial x_2}\right)^2 \sigma\left(x_2\right)^2 + 2\frac{\partial f}{\partial x_1}\frac{\partial f}{\partial x_2}\sigma\left(x_1 x_2\right)} \tag{3–36}$$

上述天然气流量测定结果的误差及其不确定度评定过程虽然简单易行，但应用于复杂的输配气管网中模拟计算状态重构与相应工况条件下的天然气发热量则存在 3 个重大缺陷：一是只有在 x_1 和 x_2 本身量值甚小，且分别与其约定真值 $\bar{x}_1$ 和 $\bar{x}_2$ 相当接近时，W=0 的假设条件才是可以接受的，否则就可能产生相当大的误差。二是只有当 f（x_1，x_2）是线性函数时，按式（3–34）计算的 W 才等于零，但在实际测量过程中由于对输出量 y 而言，x_1 和 x_2 两者皆非独立变量，故 f（x_1，x_2）并非线性函数，且 y 值测量结果的不确定度具有概率密度传播的特征。三是按 GUM 法规定在测量不确定度评定中应该使用标准偏差（σ），但实际计量过程中只能进行有限次测量，故只能以有限次测量得到的实验标准差（s）作为标准偏差的估计值。显然，测量次数越少则实验标准差 s 的可靠性就越差。

2. 模拟计算

图 3–43 所示为规模较小的德国 TU Clausthal 地区分配管网，仅涉及 4 个进气节点（K000、K002、K004 和 K006）与 25 个供气节点，但后者之中有 15 个节点并不进行测定，仅根据流量负荷图进行估计，故不确定度高达 30%（表 3–22）。对这样一个小型分配管网进行不确定度评定时，需要处理约 30000 个输入量数据与约 20000 个计算结果数据，模拟计算的工作量很大。因此，需要经济合理地确定 MCM 模拟的试算次数 n（即样本量）。在规定数值容差的条件下，MCM 模拟提供规定要求结果所需的试算次数与输出量的概率密度"形状"及包含概率有关。在本实例情况下，试算次数 n 可以式（3–37）求得。如果选定 r=0.05，p=0.95，则本实例的 MCM 模拟需要进行 1600 次试算[13]。

$$n=\frac{1}{r^2}\times \mathrm{norm}\left(1-\frac{1-p}{2}\right)^2 \tag{3-37}$$

表 3–22　不确定度评定中有关输入量的信息

输入量	不确定度	函数分布形态	备注
气源气体发热量	≤1%	正态	
气源气体输入流量	≤2%	矩形	
气体输出流量	≤2%	矩形	在线仪表测量
气体输出流量	30%	正态	流量负荷图估计
管网参比压力	≤5%	矩形	
温度	0～15℃	矩形	
管网拓扑信息	≤10%	矩形	管道长度
	≤5%	矩形	管道直径
	≤50	矩形	管壁粗糙度

根据表 3–22 给出的所有输入量信息，本示例开发了以 Python 语言编制的、供每次试算用的一组随机变量（预期值为 1.0）。MCM 模拟计算过程中每次试算的原始输入数据均乘以一系列（影响）因子后输入有关模型进行运算。不确定度则由全部试算所得结果的标准偏差计算。由于只进行了有限次数的试算，故选定 k=2 作为扩展不确定度的包含因子。

3. 试验结果

由于对气体在管网中流动状态变化而产生的不确定度缺乏了解，故在模拟试验中将气体发热量值假定为已有充分了解而不存在不确定度。管内输气状态变化产生的不确定度及不同气源发热量值不同产生的不确定度皆未经关联，因而将其方差简单地相加即可得到输出气流发热量值的合成不确定度。以下讨论的是在 160h 试验周期中得到的模拟试验结果，试验周期中发热量变化范围为 10.7～11.2kW·h/m^3。

（1）管网内状态重构时，气体流量测量结果的不确定度随时间的变化而变化，且在不同管道内的测量不确定度有很大差别。图 3–44 表明，有些管道内气体流量因状态重构而产生的不确定度不足 2.5%，但很多管道内可达 30% 以上，而部分管道则超过 300%。尽管状态重构对气体流量测量结果的不确定度影响可能很大，但在试验周期中发热量值的变化仅有 5%。由此可见，缺乏气体输送过程有关信息对供气模型的影响远比状态重构模型小。

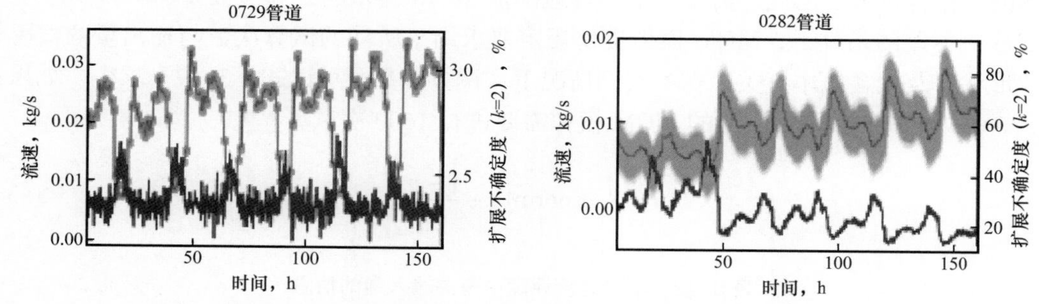

图 3–44　编号 0729 和 0282 管道的气体流量模拟结果

（上条谱线表示气体流量变化；下条谱线表示其相对扩展不确定度 k=2）

（2）发热量测定结果的不确定度同样也随时间的变化而变化，且在不同输出节点其值也不同。图 3–45 示出了供气量最大的 K001 节点的发热量变化情况。图 3–45 表明，大多数时间发热量的测量不确定度优于 0.5%，仅有 1 个峰值为 0.8%。

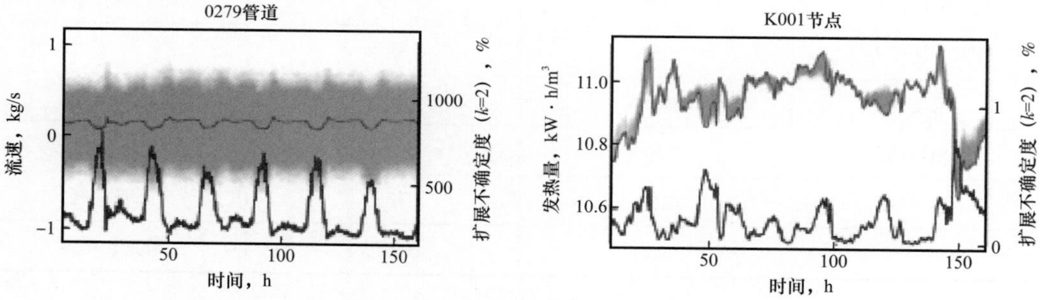

图 3–45　编号 0279 管道内气体流量和节点 K001 发热量模拟结果

（上条谱线表示气体流量或发热量变化；下条谱线表示其相对扩展不确定度 k=2）

（3）试验周期中观察到：当管网内商品天然气发热量值发生快速变化时其测量不确定度也随之增加。这是由于计算气体供出时间的供气模型使用了状态重构模型的输出数据。图 3–46 中编号为 K605 和 K607 的两个节点均通过 0279 管道输出气体。该管道状态重构产生的流量测量不确定度高达约 700%，但图 3–46 中的数据表明这两个节点发热量测量结果的不确定度与其峰值的差值仅为 1.4%，大部分时间内发热量测定结果的相对不确定度不超过 0.5%。同时，可以预期 K605 和 K607 两个节点的发热量模拟（测定）值及其测量不确定度很接近，只是 K607 节点的信号随时间略有偏移，原因在于 K607 距主气源 K006 较远。

4. 主要试验结论

（1）国家计量技术规范 JJF 1059.2《用蒙特卡洛法评定测量不确定度》规定的不确定

度评定方法，是评定天然气管网中气质跟踪系统测量不确定度的有效补充。此项技术对未设置流量计量设备而仅以流量负荷图进行估计的站点尤其重要。

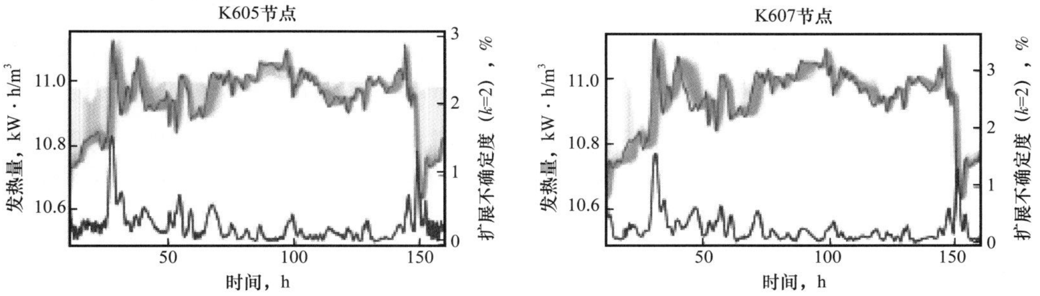

图 3-46　编号 K605 和 K607 节点的发热量模拟结果
（上条谱线表示发热量变化；下条谱线表示其相对扩展不确定度 k=2）

（2）获得的包括表征供气模型和状态重构模型可靠性的发热量值不确定度在内的全部数据，均表明 MCM 模拟计算模型是适用的。

（3）MCM 模拟计算评定不确定度技术不能替代通过实际测量以验证模型的工作；不确定度评定报告并不涵盖模型计算与实际测量之间的差值。测量结果可靠性报告是基于已经校正的模型。在保证模拟过程中所有数据皆有意义的前提下，MCM 模拟实质上是评定正在进行气质跟踪系统的不确定度。

参考文献

［1］高立新，陈赓良，李劲，等．天然气能量计量的溯源性［M］．北京：石油工业出版社，2015.

［2］周理，陈赓良，潘春锋，等．天然气发热量测定的溯源性［J］．天然气工业，2014，34（11）：122.

［3］李佳，孙国华，王海峰，等．基于氧弹热量计测量天然气发热量标准装置及方法的研究［J］．计量报，2013，34（6）：592.

［4］F D Rossini. The heat of formation of water［J］. Bur. Stand. J. Res.，6（1931）：1～35.

［5］P A Pittam，G. Pilcher. Measurement of heats of combustion by flame calorimetry（part 8）［J］. J. Chem. Soc. Faraday Trans.，I 68，1972：2224.

［6］M Jeaschke，et al. Development and setup of a new combustion reference calorimeter for natural gases［J］. Int. J. Thermophys.，2007，28（1）：220.

［7］F Haloua，et al. Thermal behavior modeling of a reference calorimeter for natural gas［J］. International Journal of Thermal Sciences，2012（55）：40.

［8］J Rauch，et al. Development and setup a new reference calorimeter（part 2）［C］. International Gas Union Research Conference，Paris French，2008.

［9］C Villermaux，M Zarea，F Haloua，et al. A new frontier to be reached with an optimized reference gas calorimeter［C］. 23rd World Gas Conference，Amsterdam，2006.

［10］F Haloua，J Ponsard，G Lartigue，et al. Thermal behavior modelling of a reference calorimeter for natural gas［J］. International Journal of Thermal Science，2012（55）：40.

[11] J Lee，W Joung. Measurement of the calorific value of methane by calorimeter using metal burner [J] . International Journal of Thermophysics，2017，38 (11) : 171.

[12] C J Cowper. 天然气在线分析的准确性与一致性 [J] . 石油与天然气化工，2012，41 (1) : 1.

[13] R Kessel，K D Sommer. Uncertainty evaluation for quality tracking in natural gas grids [C] . Proceedings of the 9th International Measurement Conference，Smolenice，Slovakia，2013.

[14] M Basil，C Papadopoulos，D Sutherriand，et al. Application of probabilities uncertainty methods (Monte-Carlo Simulation) in flow measurement uncertainty estimation [C] . Flow Measurement International Conference，2001.

第四章　发热量间接测定

对于间接法测定天然气发热量，中国石油西南油气田公司天然气研究院已经在标准方法研究方面取得了一系列成果。但由于我国化学测量不确定度的标准化工作相对滞后，迄今尚未发布有关天然气分析溯源准则的国家标准。另外，多元 RGM 制备是天然气组分分析溯源性获得的关键步骤，而我国当前应用于间接法测定天然气发热量的、准确度优于 0.5% 的十元 RGM 尚需依赖进口。

第一节　GB/T 13610 技术要点

强制性国家标准 GB 17820《天然气》规定天然气组成的测定应按 GB/T 13610《天然气的组成分析　气相色谱法》执行。GB/T 13610—2014 与 GB/T 13610—2003 相比，技术内容方面基本相同，主要进行了以下两方面的修订：

（1）修改了标准气浓度要求。对所有的组分，均采用同一要求，即对气样中被测组分，标准气中相应组分的浓度，应不低于样品中组分浓度的一半，也不大于该组分浓度的两倍。同时也增加了标准气组分最低浓度的要求，要求标准气组分的最低浓度应大于 0.1%。

（2）修改了精密度的表述方式。组分的浓度范围的边界点由原来的交叉变为连续但不交叉。如将边界点“0～0.1”和“0.1～1”改为“0～0.09”和“0.1～0.9”。

一、范围

本标准规定了用气相色谱法测定天然气及类似气体混合物化学组成的分析方法。本标准适用于表 4–1 所示天然气组成范围的分析，也适用于一个或几个组分的测定。

表 4–1　天然气的组分及其浓度范围

组分	浓度范围 y，%（摩尔分数）
氦	0.01～10
氢	0.01～10
氧	0.01～20

续表

组分	浓度范围 y，%（摩尔分数）
氮	0.01～100
二氧化碳	0.01～100
甲烷	0.01～100
乙烷	0.01～100
丙烷	0.01～100
异丁烷	0.01～10
正丁烷	0.01～10
新戊烷	0.01～2
异戊烷	0.01～2
正戊烷	0.01～2
己烷	0.01～2
庚烷和更重组分	0.01～1
硫化氢	0.3～30

二、方法提要

具有代表性的气样和已知组成的标准气混合物（RGM），在相同的操作条件下用气相色谱法进行分离。样品中许多重尾组分可以在某个时间通过改变流过柱子的载气方向，获得一组不规则的峰。这组重尾组分可以是 C_5 和 C_{5+}、C_6 和 C_{6+}、或 C_7 和 C_{7+}。由标准气的组成值，通过对比峰高、峰面积或者两者均对比来计算样品的相应组成。

天然气中较重组分的补充分析方法见 GB/T 13610—2014 标准附录 A。

三、载气与标准气

1. 载气

（1）氦气或氢气，其体积分数应不低于 99.99%；

（2）氮气或氩气，其体积分数应不低于 99.99%。

2. 标准气

（1）标准气可采用国家二级标准物质，或按 GB/T 5274《气体分析　标准用混合气体的制备　称量法》制备。

（2）在分析氮和氧时，稀释的干空气是一种适用的标准气。

（3）标准气的所有组分必须处于均匀的气态。对于样品中的被测组分，标准气中相应组分的浓度应不低于组分浓度的一半，也不大于该组分浓度的两倍。标准气中组分的最低浓度应大于 0.05%。

四、仪器与设备

1. 检测器

可选用热导检测器，或灵敏度和稳定性与之相当的检测器。要求对正丁烷浓度为 1%（摩尔分数）的样品气在进样量为 0.25mL 时，至少应产生 0.5mV 的信号。

2. 记录系统

可选用记录仪、电子积分仪或微处理机。

记录仪满标量程为 1～5mV，记录纸宽不少于 150mm，记录笔的最大响应时间等于或小于 2s。如果人工测量色谱峰，则纸速可提高至 100mm/min。使用电子积分仪或微处理机时，要求它们能检测色谱分离并记录响应值。

人工测量色谱峰时必须使用衰减器，以使检测器输出信号的最大峰值保持在记录仪的纸宽范围内，衰减挡之间的误差必须小于 0.5%。

3. 进样系统

应选用对气样中组分呈惰性和无吸附性的材料制作，优先选用不锈钢。

进样系统应配备带定量管的进样阀，定量管体积为 0.25～2mL，内径 2mm（小于 2mm 的应带加热器）。在真空下进样时可选用如图 4–1 所示的管线排列。

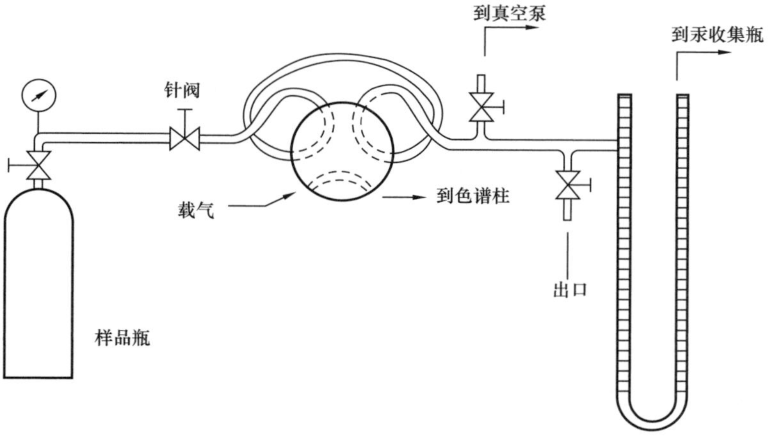

图 4–1　用于真空下进样的管线排列

4. 温度和载气控制

恒温操作时，色谱柱温度的变化应控制在 0.3℃之内；程序升温操作时，色谱柱温度不应超过柱中填充物推荐的温度上限。在分析的全过程中，检测器温度应等于或高于最高柱温，并保持恒定，其变化应在 0.3℃之内。

在分析全过程中，载气流量变化应控制在 1% 之内。

5. 吸附色谱柱

必须能完全地分离氧气、氮气和甲烷，按式（4–1）计算的分离度（R）必须大于或等于 1.5。图 4–2 是采用吸附色谱柱获得的一例典型色谱图。

$$R = 2(t_2 - t_1)/(W_2 + W_1) \quad (4\text{-}1)$$

式中 t_1——在相邻的两个峰中，第 1 个色谱峰的绝对保留时间，s；

t_2——第 2 个色谱峰的绝对保留时间，s；

W_1——第 1 个色谱峰的峰宽，s；

W_2——相邻的第 2 个色谱峰的峰宽，s。

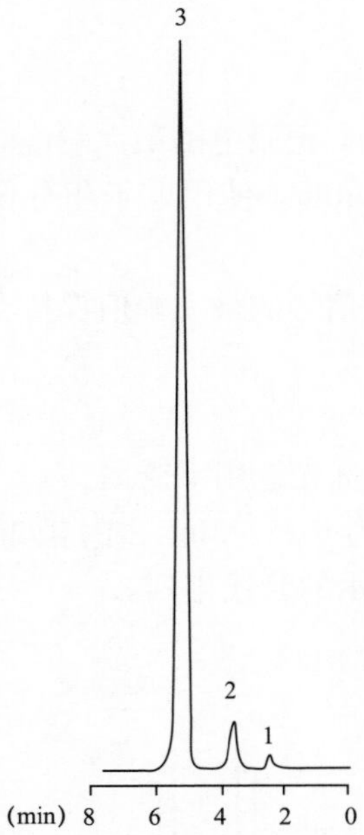

图 4-2 分离氧气、氮气和甲烷的典型色谱图

1—氧；2—氮；3—甲烷

色谱柱：13X 分子筛，60～80 目；柱长：2m；

载气：氦气，30mL/min；进样量：0.25mL

6. 分配色谱柱

色谱柱必须能分离二氧化碳和乙烷至戊烷之间的各组分。在丙烷之前的组分，峰返回基线的程度应在满标量的 2% 以内。二氧化碳的分离度必须大于或等于 1.5。要求对二氧化碳浓度为 0.1%（摩尔分数）的气样，在进样量为 0.25mL 时能产生一个清晰可测的色谱峰。整个分离过程（包括正戊烷之后，通过反吹获得的己烷和更重组分的一组响应）应在 40min 内完成。图 4-3 所示为使用分配色谱柱的典型实例。

五、操作步骤

1. 线性检查

按分析要求安装好色谱柱；调整操作条件使仪器稳定。

对浓度大于 5%（摩尔分数）的任何组分必须获得其线性数据。在宽浓度范围内，色谱检测器并非真正的线性，但应在与被测样品浓度接近的范围内建立其线性。

对浓度不大于 5%（摩尔分数）的组分可用 2～3 个标准气混合物，在大气压下用进样阀进样以获得组分浓度与响应值的数据。

对浓度大于 5%（摩尔分数）的组分可用纯组分或一定浓度的混合气，在一系列不同的真空压力下，用进样阀进样以获得组分浓度与响应值的数据。

将线性检查获得的数据制作成表格，并据此来评价检测器的线性。表 4-2 和表 4-3 分别为甲烷和氮气线性评价的实例。

在线性检查中应注意以下事项：

（1）在大气压下，氮气、甲烷和乙烷的可压缩性小于 1%。天然气中的其他组分在低于大气压下仍具有明显的可压缩性。

（2）对于蒸气压小于 100kPa 的组分，由于没有足够的蒸气压，因而不能用纯气体来检查其线性。对于这类组分，可用氮气或甲烷与之混合，由此获得其分压，并使总压达到 100kPa。天然气中常见组分在 38℃下的饱和蒸气压见表 4-4。

表 4–2　甲烷的线性评价

y/A 的偏差 = [（y/A）$_1$–（y/A）$_2$] /（y/A）$_1$ × 100%			
峰面积 A	y，%（摩尔分数）	y/A	y/A 之间的偏差，%
223119392	51	2.2858×10^{-7}	
242610272	56	2.3082×10^{-7}	−0.98
261785320	61	2.3302×10^{-7}	−0.95
280494912	66	2.3530×10^{-7}	−0.98
299145504	71	2.3734×10^{-7}	−0.87
317987328	76	2.3900×10^{-7}	−0.70
336489056	81	2.4072×10^{-7}	−0.72
351120721	85	2.4208×10^{-7}	−0.57

注：y/A 之间的偏差是指相邻的两个浓度点之间的偏差，以%表示。

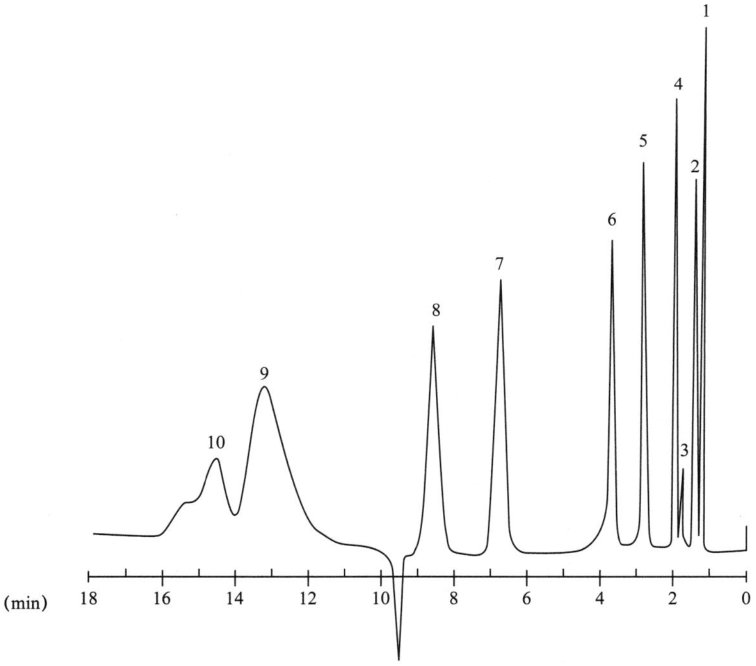

图 4–3　天然气分析使用分配柱的典型色谱图

1—甲烷和空气；2—乙烷；3—二氧化碳；4—丙烷；5—异丁烷；6—正丁烷；

7—异戊烷；8—正戊烷；9—庚烷及更重组分；10—己烷

色谱柱：25%BMEE Chromosorb.P ；柱长：7m ；柱温：25℃ ；

载气：氦气，40mL/min ；进样量：0.25mL

表 4-3 氮气的线性评价

峰面积 A	y，%（摩尔分数）	y/A	y/A 之间的偏差，%
5879836	1	1.7007×10^{-7}	
29137066	5	1.7160×10^{-7}	−0.89
57452364	10	1.7046×10^{-7}	−1.43
84953192	15	1.7657×10^{-7}	−1.44
111491232	20	1.7939×10^{-7}	−1.60
137268784	25	1.8212×10^{-7}	−1.53
162852288	30	1.8422×10^{-7}	−1.15
187232496	35	1.8693×10^{-7}	−1.48

表 4-4 天然气中各组分在 38℃时的蒸气压

组分	绝对压力，kPa
N_2	＞34500
CH_4	＞34500
CO_2	＞5520
C_2H_6	＞5520
H_2S	2720
C_3H_8	1300
iC_4H_{10}	501
nC_4H_{10}	356
iC_5H_{12}	141
nC_5H_{12}	108
nC_6H_{14}	34.2
nC_7H_{16}	11.2

（3）可采用一个含有多种待测组分的标准气，通过在不同压力下分别进样的方法来进行线性检查。

2. 仪器重复性检查

当仪器稳定后，两次或两次以上连续进标准气样品进行检查，每个组分响应值相差必须在 1% 以内。在操作条件不变的前提下，无论是连续两次进样，还是最后一次进样与以前某一次进样，只要它们每个组分相差在 1% 以内，都可作为随后气样分析的标准。推荐每天进行校正操作。

3. 气样的准备

如果需要脱除硫化氢，有两种方法可供选择（参见 GB/T 13610—2014 附录 C）。

在实验室内，样品必须在比取样时气源温度高 10～25℃的温度下达到平衡。温度越高，平衡所需的时间就越短，300mL 或更小的样品容器约需 2h。本标准假定，在现场取样时已经脱除了夹带在气体中的液体。

如果气源温度高于实验室温度，则气样在进入色谱仪前需预先加热。如果已知气样的烃露点低于环境最低温度，就不需要加热。

4. 进样

为了获得检测器对各组分，尤其是对甲烷的线性响应，进样量应不超过 0.5mL。除了微量组分外，使用这样的进样量都能获得足够的精密度。测定浓度不高于 5%（摩尔分数）的组分时，进样量允许增加到 5mL。

样品瓶到仪器进样口之间的连接管线应选用不锈钢或聚四氟乙烯管，不得使用铜、聚乙烯、聚氯乙烯或橡胶管。

进样可根据具体情况分别选用吹扫法、封液置换法或真空法。

5. 分离乙烷和更重组分、二氧化碳的分配柱操作

使用氮气或氢气为载气，选择合适的进样量进样，并在适当的时间反吹重组分。按同样的方法与步骤获得标准气的响应。

如果使用的色谱柱能将甲烷与氮气和氧气分离，则也可以用此色谱柱来测定甲烷，但进样量不得超过 0.5mL。

6. 分离氧、氮和甲烷的吸附柱操作

使用氦气或氢气为载气，进样获得样品气中氧、氮和甲烷的响应；如需测定甲烷则进样量不得超过 0.5mL。按同样的方法与步骤获得氮和甲烷标准气的响应。如有必要，可导入在一定真空压力下并且压力已被精确测定的干空气或经氦气稀释的干空气，获得氧气和氮气的响应。

氧含量为约 1% 的混合物可按以下方法制备：将一个常压干空气瓶用氦气充压至 2MPa，此压力不需精确测定。因为此混合物中的氮含量必须通过与标准气中氮含量比较来确定。此混合物中氮的摩尔分数乘以 0.268 就得到氧的摩尔分数；或者乘以 0.280 则为氧加上氩的摩尔分数。使用几天前制备的氧标准气是不可行的。但由于氧的响应因子相当稳定，故对于氧允许使用响应因子。

7. 分离氦气和氢气的吸附色谱柱

使用氮气或氩气为载气，进样量为 1～5mL，记录氦气和氢气的响应。按同样的方法与步骤获得合适浓度氦和氢的标准气的响应。

六、计算

每个组分浓度的有效数字应按量器的精密度和标准气的有效数字取舍。

气体样品中任何组分浓度的有效数字位数，均不应多于标准气中相应组分浓度的有效

数字位数。

本标准规定以外标法定量。

1. 戊烷和更轻组分

测量每个组分的峰高或峰面积，将气样和标准气中相应组分的响应换算到同一衰减。气样中 i 组分的浓度 y_i 按式（4–2）计算：

$$y_i = y_{si}\left(H_i / H_{si}\right) \tag{4-2}$$

式中 y_{si}——标准气中 i 组分的浓度，%（摩尔分数）；

H_i——气样中 i 组分的峰高或峰面积；

H_{si}——标准气中 i 组分的峰高或峰面积，H_i 和 H_{si} 用相同的单位表示。

如果是在一定真空压力下导入空气作为氧或氮的标准气，则按式（4–3）进行压力修正。

$$y_i = y_{si}\left(H_i / H_{si}\right)\left(p_a / p_b\right) \tag{4-3}$$

式中 p_a——空气进样时的绝对压力，kPa；

p_b——空气进样时的实际大气压力，kPa。

2. 己烷和更重组分

测量己烷、庚烷及更重组分的峰面积，并在同一色谱图上测量正、异戊烷的峰面积，并将所有的测量峰面积换算到同一衰减。有关的补充方法可参见 GB/T 13610—2014 附录 A；色谱柱的排列参见 GB/T 13610—2014 附录 B。

气样中己烷（C_6）和 C_{7+} 的浓度按式（4–4）计算。

$$y\left(C_n\right) = \frac{y\left(C_5\right)A\left(C_n\right)M\left(C_5\right)}{A\left(C_5\right)M\left(C_n\right)} \tag{4-4}$$

式中 $y(C_n)$——气样中碳数为 n 的组分的浓度，%（摩尔分数）；

$y(C_5)$——气样中异戊烷与正戊烷浓度之和，%（摩尔分数）；

$A(C_n)$——气样中碳数为 n 的组分的峰面积；

$A(C_5)$——气样中异戊烷和正戊烷的峰面积之和，$A(C_n)$ 和 $A(C_5)$ 用相同的单位表示；

$M(C_5)$——戊烷的相对分子质量，取值为 72；

$M(C_n)$——碳数为 n 的组分的相对分子质量（对于 C_6，取值为 86；对于 C_{7+}，为平均相对分子质量）。

如果异戊烷和正戊烷的浓度已经通过较小的进样量单独进行了测定，就不需要再重新测定。

3. 归一化

将每个组分的原始含量值乘以 100，再除以所有组分原始含量值的总和，即为每个组分归一化后的浓度（摩尔分数）。所有组分原始含量值的总和与 100.0% 的差值应不超过

1.0%。有关气体样品的计算示例可参见 GB/T 13610—2014 附录 E。

七、精密度

由同一操作人员使用同一仪器，对同一气样重复分析获得的结果，若连续 2 个结果的差值超过表 4–5 规定的数值，应视为可疑。

表 4–5　精密度

组分浓度范围 y，%	重复性	再现性
0～0.09	0.01	0.02
0.1～0.9	0.04	0.07
1.0～4.9	0.07	0.10
5.0～10	0.08	0.12
＞10	0.20	0.30

对同一气样由两个实验室提供的分析结果，若差值超过表 4–5 所示的规定，则每个实验室的结果均应视为可疑。

第二节　组成分析结果的不确定度评定

近年来，ISO/TC 193 标准化工作最重要的技术发展动向是特别强调测定结果的不确定度评定。尤其是涉及天然气能量计量和计价的几个基础性标准，如 ISO 6974、ISO 6976：2014 和 ISO 10723：2012 等。按《检测和校准实验室能力认可准则》（ISO/IEC 17025：2017/CNAS–CL01：2018）的规定：

（1）建立计量溯源性（链）；

（2）按约定方法评定溯源过程中每次校准的测量不确定度。

这是检测和校准实验室认可的两项基本原则。

对天然气能量计量实验室而言，由于组成分析结果的不确定度评定是涉及巨大经济利益的重要工作。据英国 EffecTech 公司的估计，对一座规模为 500MW 的火力发电站而言，当电价为 0.06 欧元 /（kW · h）时，如果能量计量的扩展不确定度 U 为 1%，对年产值的影响将达到 270 万欧元。

目前我国有关天然气组分测量不确定度的报道甚少，而以 GB 17820 规定的 GB/T 13610 作为标准方法进行组成分析的不确定度评定的报道，则仅见文献[1]一篇。该文献报道了国家煤层气产品质量监督中心用 Top–down 法（而不是 GUM 法）评定天然气组分分析的测量不确定度评定，并以 GB/T 27411—2012《检测实验室中常用不确定度评定方法与表示》规定的控制图法表示评定结果，从而将不确定评定与实验室质量控制结合在一起。虽然与 ISO 10723：2012 附录 A 建议的评定方法相比，在校准用标准气混合物（RGM）选择等方面尚有不足之处，但此项成果对我国今后开展此类研究极具参考价值。

下文扼要介绍该文献的技术要点。

一、实验方法

1. 试剂与仪器

仪器设备均按照 GB/T 13610—2014《天然气的组成分析　气相色谱法》要求配备。主要设备为美国 Agilent 公司出品的气相色谱仪 7890B 和 7890A。主要配置为：热导检测器（TCD）；天然气组分分析色谱柱共 4 根，型号分别为 UCW982、DC200、HaysepQ、13X。分析时采用十通阀进样，1 个十通阀和 2 个六通阀完成阀切换。载气 N_2［浓度为 99.999%（摩尔分数）］、He［浓度为 99.999%（摩尔分数）］为大连大特气体有限公司生产。校准使用的标准气混合物编号为：BW（QT17）1727，是中国计量科学研究院生产。化学工作站软件为 HP GC ChemStation Software。检测条件：柱箱温度为 100℃，检测器温度为 200℃。

2. 核查样品（CS 样品）

CS 样品（编号 BW DT0142）是采用称量法制备的 RGM，为大连大特气体有限公司生产，该 RGM 参照 GB/T 5274—2008《气体分析　标准用混合气体的制备　称量法》的规定，对均匀性进行了检验，对稳定性进行了考察，均匀性和稳定性良好，样品有效期为 1 年。

CS 样品的组成见表 4–6。

表 4–6　CS 样品组成

组分	标称值，%	扩展不确定度（k=2）
CH_4	98.100	0.04905
C_2H_6	0.213	0.00213
O_2	0.196	0.00196
N_2	0.996	0.00996
CO_2	0.495	0.00495

3. 实验方法

测量方法参考 GB/T 13610—2014 的规定，在期间精密度条件下，时间跨度 200 天，以盲样的方式，由不同的检验人员在随机时间、随机的环境条件和不同的设备进行 CS 样品的随机测量。

二、实验结果

1. CS 样品的重复测量

对 CS 样品进行 20 次的重复测量，重复测量所得标准差的 2.8 倍即为实验室测定的重复性。实验室测得的标准差、重复性及在该水平下 GB/T 13610—2014 规定的重复性见表 4–7。

表 4–7 CS 样品重复性的标准偏差和再现性

组分	重复测量标准偏差	测量重复性	CB/T 13610—2014 要求的重复性	CB/T 13610—2014 要求的再现性
CH_4	0.0042	0.0118	0.20	0.30
C_2H_6	0.0001	0.0003	0.04	0.07
O_2	0.0003	0.0008	0.04	0.07
N_2	0.0017	0.0048	0.04	0.07
CO_2	0.0006	0.0017	0.04	0.07

2. 正态分布和 t 检验

按时间顺序根据式（4–5）至式（4–7）进行正态性、独立性检验和分辨力检验。

$$w_i = \frac{x_i - \bar{x}}{s} \tag{4-5}$$

式中 w_i——x_i 的标准值；

$\bar{x}$——测量值 x_i 的平均值；

s——x_i 的标准差，其中 i=1…n，n 为测试次数（n=30）。

将 w_i 换算成概率值 p_i，CS 样品各组分及其移动极差的正态统计量 A^2 和修正值 A^{2*}，按式（4–6）和式（4–7）计算，结果见表 4–8。

$$A^2 = -\frac{\sum_{i=1}^{n}(2i-1)\left[\ln p_i + \ln\left(1 - p_{n+1-i}\right)\right]}{n} - n \tag{4-6}$$

$$A^{2*} = A^2\left(1 + \frac{0.75}{n} + \frac{2.25}{n^2}\right) \tag{4-7}$$

表 4–8 CS 样品组成测定值、正态性和 t 值

序号	CH_4		C_2H_6		O_2		N_2		CO_2	
	测得值①	$\|MR_i\|$②	测得值①	$\|MR_i\|$②	测得值①	$\|MR_i\|$②	测得值①	$\|MR_i\|$②	测得值①	$\|MR_i\|$②
1	98.0673	—	0.2128	—	0.2012	—	1.0046	—	0.4953	—
2	98.1328	0.0655	0.2134	0.0006	0.1907	0.0105	0.9873	0.0173	0.4960	0.0007
3	98.0940	0.0388	0.2130	0.0004	0.1959	0.0052	1.0010	0.0137	0.4961	0.0001
4	98.1051	0.0111	0.2132	0.0002	0.1961	0.0002	0.9919	0.0091	0.4939	0.0022
5	98.1172	0.0121	0.2131	0.0001	0.1866	0.0095	0.9846	0.0073	0.4985	0.0046
6	98.0828	0.0344	0.2128	0.0003	0.2054	0.0188	1.0074	0.0228	0.4915	0.0070
7	98.0878	0.0050	0.2134	0.0006	0.1945	0.0109	1.0009	0.0065	0.4987	0.0072
8	98.1122	0.0244	0.2131	0.0003	0.1975	0.0030	0.9911	0.0098	0.4941	0.0046

续表

序号	CH_4		C_2H_6		O_2		N_2		CO_2	
	测得值①	$\lvert MR_i \rvert$②	测得值①	$\lvert MR_i \rvert$②	测得值①	$\lvert MR_i \rvert$②	测得值①	$\lvert MR_i \rvert$②	测得值①	$\lvert MR_i \rvert$②
9	98.0966	0.0156	0.2129	0.0002	0.1963	0.0012	0.9991	0.0080	0.4950	0.0009
10	98.1034	0.0068	0.2132	0.0003	0.1957	0.0006	0.9929	0.0062	0.4972	0.0022
11	98.0963	0.0071	0.2133	0.0001	0.2011	0.0054	1.0000	0.0071	0.4922	0.0050
12	98.1400	0.0437	0.2124	0.0009	0.1824	0.0187	0.9749	0.0251	0.4935	0.0013
13	98.1035	0.0365	0.2127	0.0003	0.1934	0.0110	0.9960	0.0211	0.4941	0.0006
14	98.0965	0.0070	0.2134	0.0007	0.1986	0.0052	0.9960	0.0000	0.4959	0.0018
15	98.1069	0.0104	0.2131	0.0003	0.1895	0.0091	0.9959	0.0001	0.4947	0.0012
16	98.0931	0.0138	0.2130	0.0001	0.1876	0.0019	0.9961	0.0002	0.4934	0.0013
17	98.1232	0.0301	0.2126	0.0004	0.2011	0.0135	0.9989	0.0028	0.4897	0.0037
18	98.0890	0.0342	0.2129	0.0003	0.1970	0.0041	0.9910	0.0079	0.4957	0.0060
19	98.1012	0.0122	0.2132	0.0003	0.2066	0.0096	0.9951	0.0041	0.4986	0.0029
20	98.1361	0.0349	0.2130	0.0002	0.1967	0.0099	0.9873	0.0078	0.4957	0.0029
21	98.1045	0.0316	0.2128	0.0002	0.2027	0.0060	0.9943	0.0070	0.4959	0.0002
22	98.0972	0.0073	0.2133	0.0005	0.1913	0.0114	1.0100	0.0157	0.4974	0.0015
23	98.1233	0.0261	0.2132	0.0001	0.1968	0.0055	1.0005	0.0095	0.4943	0.0031
24	98.0974	0.0259	0.2129	0.0003	0.1983	0.0015	0.9986	0.0019	0.4971	0.0028
25	98.1103	0.0129	0.2125	0.0004	0.1844	0.0139	0.9996	0.001.0	0.4954	0.0017
26	98.1027	0.0076	0.2129	0.0004	0.2015	0.0171	0.9872	0.0124	0.4976	0.0022
27	98.1341	0.0314	0.2133	0.0004	0.2002	0.0013	0.9986	0.0114	0.4937	0.0039
28	98.1000	0.0341	0.2131	0.0002	0.2046	0.0044	1.0007	0.0021	0.4978	0.0041
29	98.1073	0.0073	0.2126	0.0005	0.1970	0.0076	0.9861	0.0146	0.4968	0.0010
30	98.1049	0.0024	0.2134	0.0008	0.1961	0.0009	1.0006	0.0145	0.4953	0.0015
平均值	98.1056	0.0217	0.21302	0.0004	0.1962	0.0075	0.9956	0.0092	0.4954	0.0027
S_x③	0.01640		0.00028		0.00600		0.00730		0.00210	
S_{MR}④	0.01930		0.00032		0.00670		0.00820		0.00240	
A^{2*}⑤	0.728		0.424		0.501		0.530		0.263	
A^{2*}_{MR}⑥	0.899		0.432		0.562		0.655		0.270	
t	1.8532		0.3250		0.2071		0.2947		0.954	
$t_{临界}$					2.0452					

① 各组分摩尔分数，%；② 各组分的移动极差，%；③ 标准差，%；④ 极差的标准差，%；⑤ 各组分的正态统计量；⑥ 各组分移动极差的修正值。

由表 4–8 可见，测得的各组分的正态统计量 A^{2*} 和移动极差正态统计量 A_{MR}^{2*} 均小于 1，表明正态性、独立性和分辨力均适宜。在置信概率为 95% 时，进行 t 检验（表 4–8），将 t 与自由度为 $n-1$ 的临界值进行比较，得出 $t \leqslant t_{临界}$，分布的均值与标准值无显著差异。结果表明，各组分测量可靠，无统计学上的偏差。

三、控制图

利用计算机软件 minitab 对数据进行单值移动极差控制图（*I–MR* 控制图）和指数加权移动平均值控制图（*EWMA* 控制图）分析检验。依据 GB/T 27411—2012《检测实验中常用不确定度评定方法与表示》规定，*I* 值的上下行动限为均值加减 2.66 倍极差平均值，*MR* 上限为 3.27 倍极差平均值，*EWMA* 的权重为 0.4。

根据 GB/T 27411—2012 规定的失控准则判断分析图 4–4 至图 4–8，表明测定均未超出上行动限（*UCL*）或下行动限（*LCL*），且无其他不符合现象出现，表明测量系统仅受随机误差的影响。

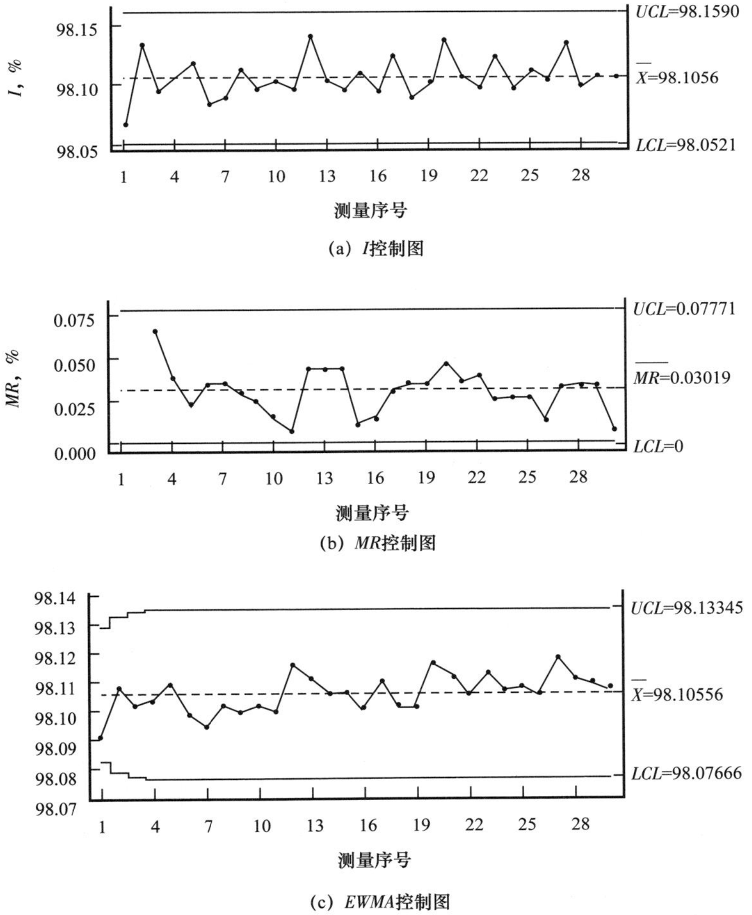

图 4–4 CS 样品 CH_4 测定值 *I*、*MR* 和 *EWMA* 控制图

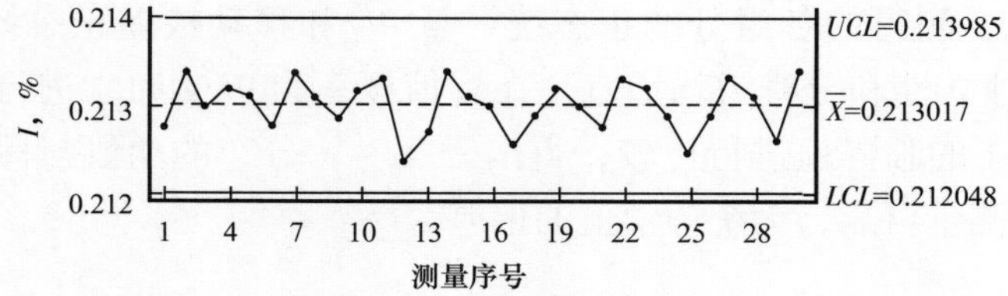

(a) *I*控制图

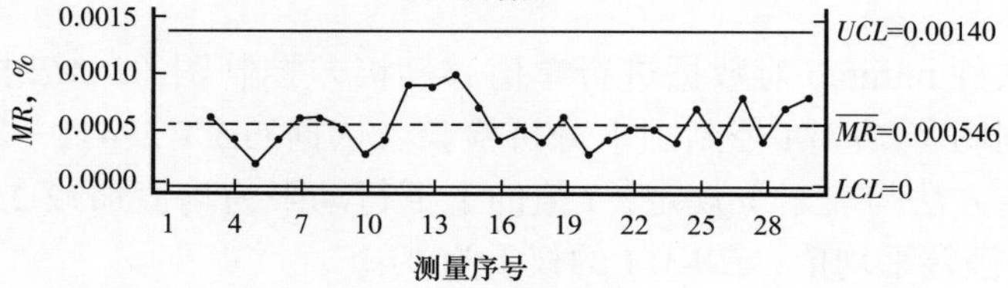

(b) *MR*控制图

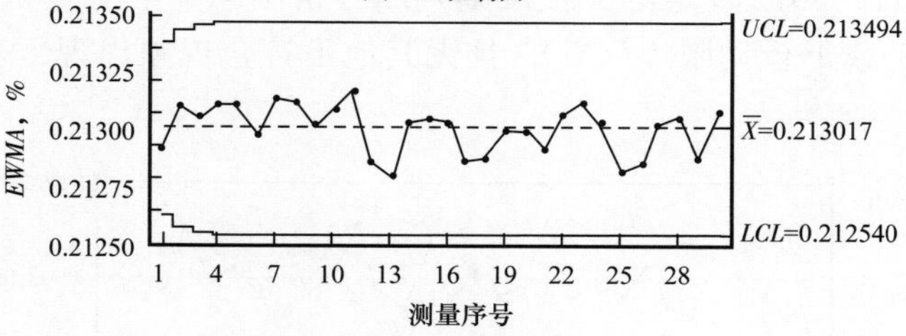

(c) *EWMA*控制图

图 4–5　CS 样品 C_2H_6 测定值 *I*、*MR* 和 *EWMA* 控制图

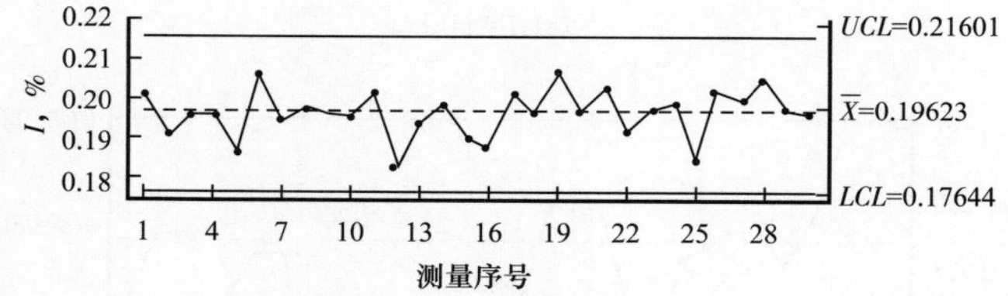

(a) *I*控制图

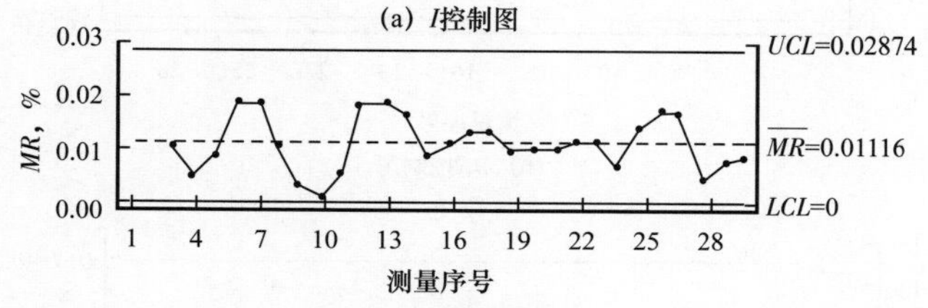

(b) *MR*控制图

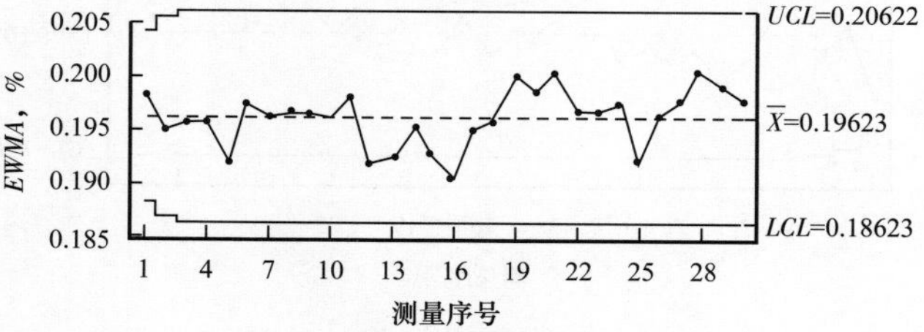

(c) *EWMA*控制图

图 4–6　CS 样品 O_2 测定值 *I*、*MR* 和 *EWMA* 控制图

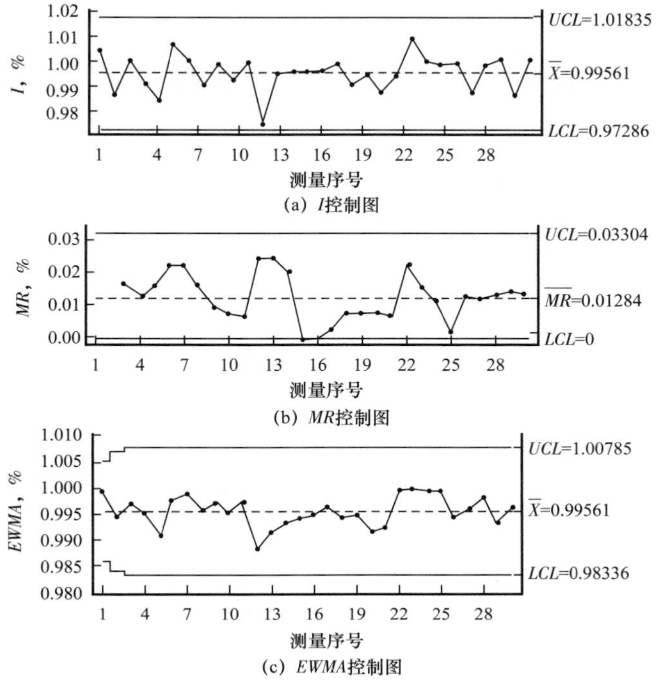

图 4-7　CS 样品 N_2 测定值 *I*、*MR* 和 *EWMA* 控制图

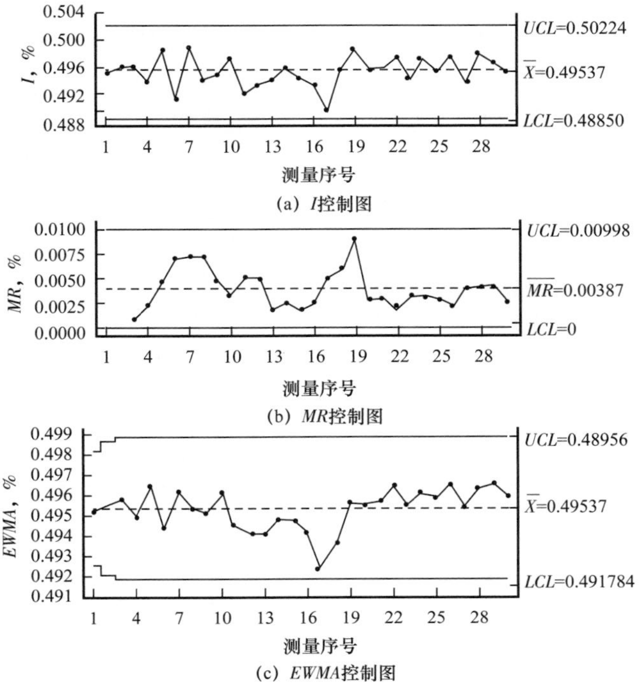

图 4-8　CS 样品 CO_2 测定值 *I*、*MR* 和 *EWMA* 控制图

四、CS样品的期间精密度和有效性核查

在确保实验室的测量系统处于受控状态，期间精密度条件下获得的数据可以根据式（4-8）求得期间精密度 $S_{R'}$（表4-9）。

$$S_{R'}=\frac{\overline{MR}}{1.128} \tag{4-8}$$

表4-9 CS样品各组分有效性核查结果

组分	$S_{R'}$，%	$\frac{S_x}{\sqrt{n}\cdot S_{R'}}$	CS样品有效性判断
CH_4	0.01927	0.16	有效
C_2H_6	0.00032	0.16	有效
O_2	0.00666	0.16	有效
N_2	0.00816	0.16	有效
CO_2	0.00239	0.16	有效

五、不确定度评定

通过正态性、独立性、分辨力、偏差检验、CS样品有效性核查及观察和分析控制图，从而确保检测过程统计受控，且检测水平处于稳定和可控制状态后，就可以用Top-down法评定天然气组分分析的测量不确定度。国家煤层气产品质量监督中心对天然气组分的测量不确定度 u 包括以期间精密度 $S_{R'}$（由随机误差产生）和偏差（由系统误差产生的）不确定度 u_b 表示的两个分量。其中，$S_{R'}$ 按式（4-8）计算，并在表4-9中给出。单水平的偏差不确定分量可视为方法系统误差，按式（4-9）计算，其中 RQV 为标准气体各组分的标称值（参见表4-6），S_x 为期间精密度条件下测得值的标准差，u_{CRM} 为CS样品自身的不确定度（参见表4-6）。测量不确定度 u 按式（4-10）计算。扩展不确定度 $U=k\cdot u$，包含因子 $k=2$。各组分的测量不确定评定结果见表4-10。

$$u_b=\sqrt{\left(\bar{x}-RQV\right)^2+u_{CRM}{}^2+\frac{S_x^2}{n}} \tag{4-9}$$

表4-10 各组分的测量不确定度

组分	$S_{R'}$	u_b	u	U（$k=2$）
CH_4	0.01927	0.02530	0.0318	0.0636
C_2H_6	0.00032	0.00107	0.0011	0.0022
O_2	0.00666	0.00147	0.0068	0.0136
N_2	0.00816	0.00517	0.0097	0.0193
CO_2	0.00239	0.00252	0.0035	0.0070

$$u=\sqrt{S_{R'}^{2}+u_{b}^{2}} \tag{4-10}$$

表 4-11 示出了文献报道的国内外有关实验室（对天然气组成分析数据的）测量不确定度评定结果。表中数据显示，国内外 3 个实验室的评定结果非常接近，这表明国内 2 个检测实验室分析结果的测量不确定度都能满足 ISO 10723：2012 附录 A 给出示例规定的相关要求。

表 4-11 文献报道的分析结果测量不确定度

	单位	样品气甲烷浓度（摩尔分数）	评定方法	分析结果的测量不确定度 U（k=2）
文献［2］	中国石化 武汉计量研究中心	0.90	GUM	0.05%
文献［3］	英国 EffecTech 校准实验室	0.34～1.00	MCM	0.07%
本研究	国家煤层气产品 质量监督检验中心	0.9810	Top–down	0.0636%

第三节 ISO 6976：2016 技术要点

我国于 1989 年首次发布国家标准《天然气发热量、密度、相对密度和沃泊指数的计算方法》（GB 11062），此标准系等效采用 ISO 6976：1983。1997 年以非等效采用 ISO 6976：1995 的方式对 GB 11062 进行了修订，并于 1998 年发布实施。2014 年再次对 GB/T 11062 进行了修订。

进入 21 世纪以来，天然气国际贸易迅速发展，2018 年全球天然气产量 $38679\times10^{8}m^{3}$，其中通过管输和 LNG 方式进行国际贸易的量达到 $12364\times10^{8}m^{3}$，占比为 32%。由于交易量如此之大，精确测定其发热量涉及巨大经济利益，因而在交接计量中要求更精确地测定天然气的“质”和“量”的呼声愈来愈高，且对如甲烷之类的高浓度组分的测量不确定度也给予充分关注。2016 年 8 月 15 日 ISO/TC 193 发布了 ISO 6976：2016（第三版），不仅扩充了计算内容与应用范围，且进一步阐明了对各种气体组分计算结果的不确定度。为便于使用者深入理解 ISO 6976（第三版）的内涵，ISO/TC 193 还发布了《ISO 6976：2016 技术支持信息》技术报告（ISO/TR 29922），不仅对 ISO 6976（第三版）的内容提供详尽的佐证及解释，并有针对性地介绍了利用 0 级参比热量计测定甲烷纯组分高位发热量时，测定结果的测量不确定度来源及其评价方法。

一、燃烧焓与燃烧参比温度的关系

根据热力学第一定律计算出的理想气体摩尔基高位发热量是燃烧参比温度（t_1）的复杂函数，故计算任意参比温度下的纯组分燃烧焓相当困难。因此，ISO 6976：2016 的表 3 中只给出各种纯组分在 t_1 等于 25℃、20℃、15.55℃、15℃和 0℃时的 5 个数据；所有组分的这 5

个燃烧焓数据都是建立在统一的热力学基础上。除了甲烷和水外，ISO 6976（第三版）表3中其他各组分在25℃时的摩尔基高位发热量值均与ISO 6976（第二版）中的值相一致。注：*Hm* 指质量发热量（MJ/kg）；*Hv* 指体积发热量（MJ/m^3）；*Hc* 指摩尔发热量（MJ/mol）；上标 ^{O} 指理想气体状态；下标 $_G$ 指高位的（发热量或沃泊指数）。

图4-9所示数据表明，甲烷在25℃下的燃烧焓为−890.58kJ/mol，而在15℃下则为−891.51kJ/mol，两者之间的偏差约1.00kJ/mol（0.11%）。因此，目前的研究成果表明焓修正值可能导致计算结果产生0.10%以上的偏差；故能否忽略此项偏差应视要求的测量不确定度而定。

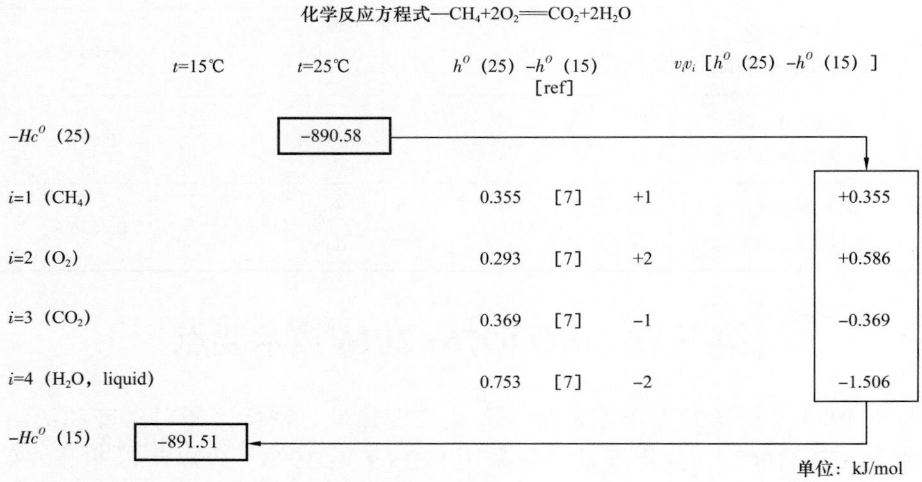

图4-9 甲烷理想气体燃烧焓从25℃换算至15℃的焓变化（来自GB/Z 35474—2017）

图4-10给出非烃类反应物 H_2S 的理想气体燃烧焓转换示例。本例为25℃转换至0℃，燃烧产物有 SO_2，没有 CO_2，化学反应方程式的系数也并不全为整数。

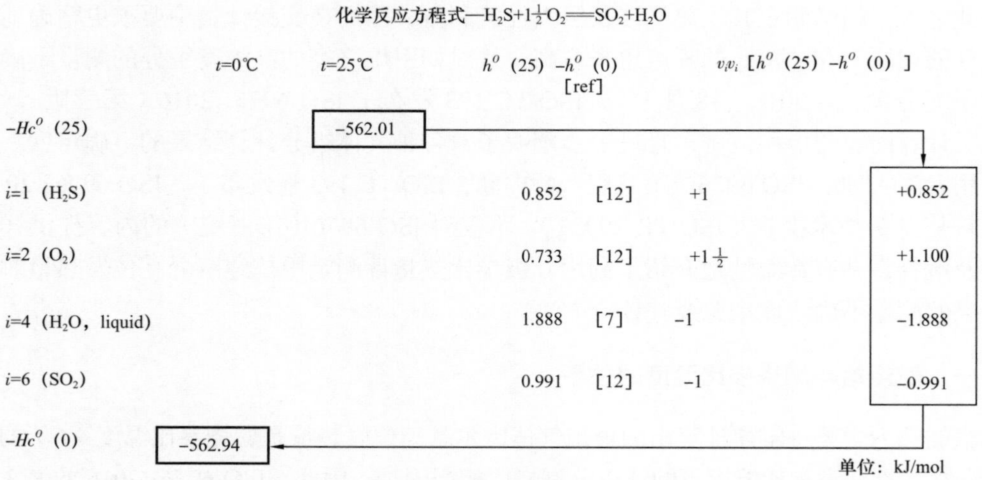

图4-10 硫化氢理想气体燃烧焓从25℃换算至0℃的焓变化（来自GB/Z 35474—2017）

二、压缩因子对体积基发热量的影响

自然界中没有一种真实气体（包括天然气）符合理想气体定律，因而1mol真实气体的体积需要利用压缩因子（Z）通过式（4–11）来计算。式（4–11）至式（4–13）中，V（real）表示真实气体体积，而 V（ideal）则表示理想气体体积。

$$V(\text{ideal})=R\cdot T_2/p_2 \tag{4–11}$$

式中　T_2——对应于摄氏温度 t_2 的绝对温度（K）。

根据式（4–12）和式（4–13），1mol 真实气体的体积通常可以通过压缩因子 Z 与理想气体状态进行换算。

$$V(\text{real})=Z(T_2,p_2)\cdot V(\text{ideal}) \tag{4–12}$$

$$=Z(T_2,p_2)\cdot R\cdot T_2/p_2 \tag{4–13}$$

根据统计力学原理，Z 值可以表示为如式（4–14）所示的无穷级数。在式（4–14）中，摩尔体积 V 是摩尔密度 D 的倒数；B（T），C（T），…，J（T）则分别是已知的第 2，第 3，…，第 j 维里系数。在 2016 版 ISO 6976 涉及的压力范围，极少见三阶及更高阶的交互作用，故维里方程可以在二阶处截断而不至于对准确度产生明显影响。如此，式（4–14）即可简化为式（4–15）所示的形式[5]。方程式（4–15）即为 1980 年代由欧洲气体研究集团（GERG）提出的，立足于天然气物性（发热量、密度等）数据计算压缩因子 Z 的标准型方程——SGERG–88 方程。

$$Z(T,p)=1+B(T)/V+C(T)V_2+\cdots+J(T)/V(j-1) \tag{4–14}$$

$$Z=Z(T,p)=1+p\cdot B(T)/Z(T,p)\cdot R\cdot T \tag{4–15}$$

统计力学还提供了一个如式（4–16）所示的多组分混合物的 B 值表达式。在此式中，B_{jk}（T）= B_{kj}（T）。必须指出：对天然气中存在的每个组分均得到其不同计量参比温度下所有 B_{jk}（T）和 B_{kj}（T）的数字值，实际无法实现。因此，必须在设置必要的限制条件后，采用某些估计或关联技术来获得。

$$B(T)=\sum_j^N\sum_k^N x_j\cdot x_k\cdot B_{jk}(T) \tag{4–16}$$

对天然气或其他气体混合物而言，目前在计量参比温度（T_2）下各纯组分的第二维里系数 B（T）值大多取自《Landolt–Börnstein》最新汇编的数据库信息。2016 版 ISO 6976 利用这些最近更新值，修订了（除氢、氦和氖以外的）表 2 中所示的求和因子（ $\sqrt{b}$ ）值。

表 4–12 列出了 15℃时以各种不同方法计算的求和因子 $\sqrt{b}$ 值。表 4–12 中：（1）ISO 6976（第三版）表 2 中所示值；（2）以文献［4］所示方程导出的第二维里系数值计算；（3）以文献［5］导出的第二维里系数值计算；（4）以文献［4］所示另一个方程导出的第二维里系数值计算；（5）以 AGA–8–92DC 方程导出的压缩因子值计算；（6）以 GERG–2004 方程导出的压缩因子值计算；（7）以 MBWR 状态方程导出的压缩因子值计算；

（8）以 GERG 及 TM-5 中的 GERG—2004 公式计算；（9）ISO 6976：1995（第二版）给出的值。表 4-13 中示出了这些主要组分在 ISO 6976（第三版）中所示值，与其在第二版中所示值的相对偏差（以第三版所示值为准）。

表 4-12　不同方法计算出主要气体的求和因子（15℃）

方法 \ 组分	甲烷	乙烷	丙烷	氮气	二氧化碳	一氧化碳
（a）	0.04453	0.0916	0.1342	0.0172	0.0751	0.0212
（b）	0.04452	0.0918	0.1335	0.0170	0.0751	0.0213
（c）	0.04453	0.0916	0.1333	0.0171	0.0750	0.0217
（d）	0.04441	0.0921	0.1346	0.0169	0.0754	0.0212
（e）	0.04445	0.0921	0.1346	0.0171	0.0751	0.0208
（f）	0.04448	0.0920	0.1338	0.0170	0.0752	0.0204
（g）	0.04452	0.0919	0.1345	0.0170	0.0752	0.0217
（h）	0.04452	0.0919	0.1344	0.0170	0.0752	0.0217
（i）	0.0447	0.0922	0.1338	0.0173	0.0748	0.0224

表 4-13　第三版 ISO 6976 中求和因子与第二版的比较

组分	第三版	第二版	相对偏差，%
甲烷	0.04453	0.0477	−7.11
乙烷	0.0916	0.0922	−0.66
丙烷	0.1342	0.1338	0.30
氮气	0.0172	0.0173	−0.58
二氧化碳	0.0751	0.0748	0.40
一氧化碳	0.0212	0.0224	−5.7

分析表 4-12 和表 4-13 的数据可以看出：

（1）虽然剩余燃烧焓会给其计算结果带来一定偏差，但以 *Z* 值表示的气体体积非理想往往是更大的不确定度来源。这也是直接测定发热量采用基准级（零级）热量计应为间歇式，测定结果必须以质量发热量（MJ/kg）表示的主要原因。

（2）表中 6 个组分中除 CH_4 和 CO 外，第三版 ISO 6976（15℃）下的求和因子所示值与第二版所示值的相对偏差在 0.30%～0.66% 之间，但 CO 组分则达到 −5.7%。

（3）在表 4-12 中，（e）方法以 AGA-8-92DC 方程导出的压缩因子计算的求和因子，与（f）方法以 GERG-2004 方程导出的压缩因子计算的值存在较大相对偏差；在 15℃时，对甲烷组分为 0.67%，对丙烷组分为 0.60%。由于美国仪器仪表生产商一般使用前一个方程，而欧洲国家则一般使用后者，故两者之间存在系统误差。

（4）按国家标准《天然气压缩因子的计算》（GB/T 17747）的规定，（e）方法及（f）方法皆可应用于管输天然气压缩因子的计算。但前者立足于组分分析，应用较为普遍；后者则立足于发热量或密度测定，较容易获得相对准确的测定值。选用何种方法，主要取决于天然气的组成特点。

三、质量基和体积基发热量

1. *有关第三版 ISO 6976 中表 3 的说明*

与第二版不同，第三版 ISO 6976 的表 3 中，只提供了（包括 60°F 在内的）5 种不同燃烧参比温度下，天然气中可能存在的 48 个组分的理想气体高位摩尔发热量。利用此表所示的测定数据，可以按式（4–17）计算天然气（理想气体混合物）的摩尔发热量。式（4–17）则与第二版中所示的计算式相同。

$$(Hc)_G(t_1)=(Hc)_G^O(t_1)=\sum_{j=1}^{N}x_j\cdot\left[(Hc)_G^O\right]_j(t_1) \qquad (4\text{–}17)$$

ISO 6976（第三版）表 3 的注解中，对表中有关数据及其来源作了以下说明：

（1）除甲烷外，其余所有组分（包括正十一烷～正十五烷在内）的理想气体高位发热量皆取自文献，燃烧参比温度为 25℃。

（2）除 25℃外，其余 4 种燃烧参比温度条件下的高位摩尔发热量值，皆由 25℃时的值按 ISO/TR 29922 中描述的方法换算而得。

（3）甲烷的测量标准不确定度 u（Hc）直接取自 ISO/TR 29922 的计算结果，其余组分的测量标准不确定度 u（Hc）皆按 ISO/TR 29922 中描述的方法计算而得。

（4）水的（非零）发热量是由高位发热量定义导出，故任何存在于天然气中的水蒸气均将对其高位发热量有所贡献。

（5）根据当前管输商品天然气气质的发展状况，ISO 6976（第三版）的表 3 中增加了正十一烷～正十五烷等 5 个组分的理想气体高位摩尔基发热量。据此，可以导出其相应的理想气体高位质量基及体积基发热量［参见式（4–18）]，结果见表 4–14。

表 4–14　正十一烷～正十五烷的理想气体高位发热量

组分	摩尔发热量，kJ/mol	质量发热量，MJ/kg	体积发热量，MJ/m^3
正十一烷	7488.14	47.91	311.29
正十二烷	8147.19	47.83	338.69
正十三烷	8805.48	47.76	366.05
正十四烷	9464.15	47.71	393.44
正十五烷	10122.83	47.66	420.82

注：燃烧参比温度 25℃，计量参比温度 20℃。

2. 天然气中组分的理想气体高位质量基发热量

ISO/TR 29922 中的表 16 示出了天然气中可能存在的 48 个组分在各种计量和燃烧参比温度条件下的理想气体高位质量基发热量。此表中所有数据均由第三版 ISO 6976 中表 3 所示的理想气体高位摩尔基发热量，除以第三版标准中表 1 所示的各种组分分子中有关原子的相对原子质量而求得，并将除甲烷以外其余组分的发热量值圆整至小数点后 2 位。

ISO/TR 29922 中利用式（4–18）计算不同参比温度下理想气体混合物高位质量基发热量的方法称为“非规范计算法”，后者与第二版 ISO 9676 中推荐使用的公式相同。但是，与第三版 ISO 9676 中推荐利用式（4–19）进行的“规范计算法”所得结果略有差别，两者差值约在 0.01MJ/kg 的范围之内。

$$(Hm)_G^O(t_1)=\sum_{j=1}^{N}\left\{\left(x_j\cdot\frac{M_j}{M}\right)\cdot\left[(Hm)_G^O\right]_j(t_1)\right\} \tag{4–18}$$

$$(Hm)_G(t_1)=(Hm)_G^O(t_1)=\frac{(Hc)_G^O(t_1)}{M} \tag{4–19}$$

$$M=\sum_{j=1}^{N}x_j\cdot M_j \tag{4–20}$$

式中 $(Hm)_G^O(t_1)$——理想气体混合物高位质量基发热量；

$(Hm)_G(t_1)$——真实气体高位质量发热量；

M——气体混合物的摩尔质量。

3. 天然气中组分的理想气体高位体积基发热量

ISO/TR 29922 中表 17 示出了天然气中可能存在的 48 个组分在各种不同燃烧及计量参比温度条件下的理想气体高位体积基发热量。该表中的每个数据都是从第三版 ISO 6976 表 3 选取相应的合适数据后，再除以（$p_2/R\cdot T_2$）求得，并最终将除甲烷以外的所有组分的发热量值圆整至小数点后 2 位。此处，p_2 为计量参比压力，摩尔气体常数 R 取 8.314447J/（mol·K）。

对 ISO/TR 29922 中表 17 中所示数据及其来源应做以下说明：

（1）所有工况条件下，燃烧与计量的参比压力均为 101.325kPa；

（2）表头所示燃烧参比温度：计量参比温度（t_1：t_2）是分别测量的；

（3）ISO/TR 29922 表 16 中所示数据也同样应用于表 17；

（4）综上所述可见，ISO/TR 29922 表 17 中的数据也是以非规范方法计算的。

比较第三版与第二版 ISO 6976 中示出的理想气体发热量数据可以看出，除甲烷外的其他组分基本无变化。

四、水蒸气对发热量的影响

关于水蒸气对发热量的影响问题，第三版 ISO 6976 基本保留了第二版附录 C 的内容，即从排除体积效应、潜热效应和压缩因子效应 3 个方面来考虑其对发热量的影响，并增加了以下几个值得注意的内容：

（1）当使用某种类型的热量计直接测定天然气的体积基发热量时，对于被水饱和天然气而言，因其在计量时有部分天然气为水蒸气所取代，尽管（被取代的）气体量很少，但也会导致测得的发热量略低于未饱和（干气或部分饱和）天然气。在 ISO 15971：2008 中对与此有关操作的技术进行了详细讨论。

（2）在综合考虑上述诸多影响因素的情况下，第三版 ISO 6976 提出了一个如式（4–21）所示的简单方程来关联同一天然气（样品）在水饱和条件下与干基条件下的高位体积发热量。在式（4–21）中，$(Hv)_G$（sat）、$(Hv^O)_G$（sat）、$(Hv^O)_G$（dry）分别表示饱和真实气体高位发热量、饱和理想气体高位发热量和干基理想气体高位发热量；L^O（t_1）则表示在标准参比条件下，水分蒸发的标准焓（表 4–15）。

$$\begin{aligned}(Hv)_G(\text{sat})&=(Hv^O)_G(\text{sat})/Z(p_2,t_2,\text{sat})\\&=\left[(Hv^O)_G(\text{dry})\cdot\left(1-\frac{p_s(t_2)}{p_2}\right)+L^O(t_1)\cdot\left(\frac{p_s(t_2)}{p_2}\right)\cdot\left(\frac{p_2}{R\cdot T_2}\right)\right]\times\frac{1}{Z(p_2,t_2,\text{sat})}\end{aligned}\tag{4–21}$$

表 4–15　水分蒸发的标准焓

项目	参比温度				
	0℃	15℃	60°F	20℃	25℃
p_s，kPa	0.612	1.706	1.769	2.339	—
L^O，kJ/mol	45.064	44.431	44.408	44.222	44.013

（3）为了协调 ISO 标准参比条件与美国材料与试验协会（ASTM）或气体加工者协会（GPA）采用的标准条件之间的差异，第三版 ISO 6976 还给出了表 4–15 所示的各种不同参比条件下的水分蒸发标准焓。

五、计算发热量测量不确定度的一个示例

以下示例取自第三版 ISO 6976 附录 D 的 D.2 节。

1. 组成分析

表 4–16 所示为五元混合气体的浓度（摩尔分数）分析报告。小数点后面保留 6 位是为了避免圆整产生的误差。

2. 计算摩尔质量

表 4–17 示出了摩尔质量计算结果。计算出该混合气体的摩尔质量为：M= 17.388430kg/kmol。

3. 计算真实气体摩尔体积

表 4–18 示出真实气体求和因子的计算结果。计算出该混合气体的求和因子（s）为：s= 0.047305。

表 4-16　五元混合气体的浓度（摩尔分数）分析报告

组分	x_i	$u(x_i)$
甲烷	0.933212	0.000346
乙烷	0.025656	0.000243
丙烷	0.015368	0.000148
氮气	0.010350	0.000195
二氧化碳	0.015414	0.000111
合计	1.000000	—

表 4-17　混合气体组分的摩尔质量

组分	x_i	M_i	$x_i \cdot M_i$
甲烷	0.933212	16.04246	14.9710162
乙烷	0.025656	30.06904	0.7714513
丙烷	0.015368	44.09562	0.6776615
氮气	0.010350	28.01340	0.2899387
二氧化碳	0.015414	44.00950	0.6783624
合计	1.000000	—	17.3884301

表 4-18　混合气体的求和因子

组分	x_i	s_i	$x_i \cdot s_i$
甲烷	0.933212	0.04452	0.0415466
乙烷	0.025656	0.09190	0.0023578
丙烷	0.015368	0.13440	0.0020655
氮气	0.010350	0.01700	0.0001760
二氧化碳	0.015414	0.07520	0.0011591
合计	1.000000	—	0.0473050

根据式（4–22）可求得压缩因子 Z=0.9975690。

$$Z(t_2, p_2) = 1 - \left(\frac{p_2}{p_0}\right) \times \left[\sum_{j=1}^{N} x_j \cdot s_j(t_2, p_0)\right]^2 \tag{4-22}$$

p_2=101.325kPa

p_0=101.325kPa

气体常数为：

$$R = 8.3144621\text{J}/(\text{mol}\cdot\text{K})$$
$$V = Z(t_2, p_2)\cdot R \cdot T_2 / p_2 \tag{4-23}$$

根据式（4–23）可求得摩尔体积 V=0.023591917m^3/mol。

4. 计算摩尔基高位发热量

根据式（4–24），求得混合气体摩尔基高位发热量为（Hc）$_G$=906.179959kJ · mol。

$$(Hc)_G(t_1) = (Hc)_G^O(t_1) = \sum_{j=1}^{N} x_j \cdot \left[(Hc)_G^O\right]_j (t_1) \tag{4-24}$$

5. 计算混合气体摩尔基高位发热量的测量不确定度

根据第三版 ISO 6976 附录 B 中所示的式（4–25）求得混合气体摩尔基高位发热量的扩展不确定度 $U\left((Hc)_G\right)$ 为：1.2kJ/mol（k=2）。

$u^2\left((Hc)_G\right)$ =0.347303943+0.031671570=0.378975513

$u^2\left((Hc)_G\right)$ =0.615609872kJ/mol

$U\left((Hc)_G\right)$ =1.2kJ/mol（扩展不确定度，k=2）

计算过程的有关数据分别示于表 4–19 至表 4–22。

$$u^2\left((Hc)_G\right) = \sum_{i=1}^{N}\sum_{j=1}^{N}\left[\left[Hc\right]_G^O\right]_i \cdot u(x_i)\cdot r(x_i, x_j)\cdot\left[\left[Hc\right]_G^O\right]_j \cdot u(x_j) + \sum_{i=1}^{N} x_i^2 \cdot u^2\left(\left[(Hc)_G^O\right]_i\right) \tag{4-25}$$

表 4–19　混合气体摩尔基高位发热量的不确定度

组分	x_i	$\left((Hc)_G^O\right)_i$	$x_i\cdot\left((Hc)_G^O\right)_i$
甲烷	0.933212	891.51	831.9678301
乙烷	0.025656	1562.14	40.0782638
丙烷	0.015368	2221.10	34.1338648
氮气	0.010350	0.00	0.000
二氧化碳	0.015414	0.00	0.000
合计	1.000000	—	906.1799588

表 4-20　计算过程有关数据（一）

组分	$\left((Hc)_G^O\right)_i$	$u(x_i)$	$\left((Hc)_G^O\right)_i \cdot u(x_i)$	$\left[\left((Hc)_G^O\right)_i \cdot u(x_i)\right]^2$
甲烷	891.51	0.000346	0.30846246	0.095149089
乙烷	1562.14	0.000243	0.37960002	0.144096175
丙烷	2221.10	0.000148	0.32872280	0.108058679
氮气	0.00	0.000195	0.00000000	0.000000000
二氧化碳	0.00	0.000111	0.00000000	0.000000000
合计	—			0.347303943

表 4-21　计算过程有关数据（二）

组分	x_i	x_i^2	$u\left((Hc)_G^O\right)_i$	$u^2\left((Hc)_G^O\right)_i$	$x_i^2 \cdot u^2\left((Hc)_G^O\right)_i$
甲烷	0.933212	0.870884637	0.19	0.0361	0.031438935
乙烷	0.025656	0.000658230	0.51	0.2601	0.000171206
丙烷	0.015368	0.000236175	0.51	0.2601	0.000061429
氮气	0.010350	0.000107123	0.00	0.0000	0.000000000
二氧化碳	0.015414	0.000237591	0.00	0.0000	0.000000000
合计	1.000000	—			0.031671570

表 4-22　计算过程有关数据（三）

组分	$r(x_i, x_j)$				
	CH_4	C_2H_6	C_3H_8	N_2	CO_2
甲烷	1	0	0	0	0
乙烷	0	1	0	0	0
丙烷	0	0	1	0	0
氮气	0	0	0	1	0
二氧化碳	0	0	0	0	1

第四节　分析系统的性能评价

一、基本原理

1. 分析系统的精密度与准确度

天然气能量计量系统中应用于发热量间接测定的分析仪器主要是气相色谱仪。分析仪器本身并不提供测量结果的准确性。

气相色谱分析是将样品气中各个组分（x_i）的响应值，与已知组分浓度的 RGM 中同一组分的响应值进行比较，根据样品气组成、样品气和 RGM 两者响应值的比值来计算样品气组成中各组分（x_i）的浓度（摩尔比）。因此，计算结果的准确度主要取决于 RGM 中各组分的准确度，如果 RGM 中各组分的测量结果存在偏差（型误差），使用该 RGM 进行校准的所有分析结果也将存在偏差。

由于管输商品天然气组成复杂且其中各组分浓度的变化范围甚大，而现有的 RGM 品种远不能满足发热量间接测量的要求，故分析系统的操作评价是保证分析结果的质量及实现测量结果溯源的另一个技术关键。ISO/TC 193 于 1995 年发布的第一版 ISO 10723《天然气　在线分析系统性能评价》，规定了以下 3 个方面的性能评价要求及数据处理方法：

（1）分析系统对被分析组分的（分离）有效性；

（2）分析系统对全部要求分析的组分在整个测量范围内的重复性；

（3）在规定的测定浓度范围内每个组分浓度与响应值的线性关系。

第二版 ISO 10723 的前言中明确指出：第一版 ISO 10723 由第二版替代后，撤销第一版（在等同采用 ISO 10723：2012 的 GB/T 28766—2018《天然气　分析系统性能评价》的前言中却没有译出“撤销”二字）。故应特别注意：2012 年以后国外文献报道的分析系统操作性能评价皆指组分浓度和 / 或物性测量结果的不确定度评定（其中已经包括上述精密度评价的内容），而不是文献［6］中介绍的单纯地进行精密度评价。

2. 分析系统响应值的非线性

天然气能量计量系统中，如果分析仪器正确地按使用目的进行了配置，其性能可以由两个特性来表征：一是以重复性表示的测量不确定度；二是组分在不同浓度条件下的响应值与仪器出厂时假设值相一致的程度。在实际操作过程中，分析仪器响应值的测量不确定度将随组分浓度变化而变化。在图 4–11 中，虚线表示在线分析仪出厂时设定的响应值 / 摩尔浓度关系曲线，高斯分布曲线则表示被测组分在不同物质的量（摩尔）浓度时精密度的不确定度的变化范围。对天然气组成中的多数组分而言，其测量不确定度是随物质的量（摩尔）含量的增加而增加，但也有些组分的不确定度在整个组成范围内都是固定不变的。

大多数在线色谱分析仪在出厂时，其默认设置为按内置数学模型计算的假设响应函数为一条通过原点的直线。如此设置所采用的响应值与组分浓度之比为常数，并允许以一种 RGM 应用于较宽范围的被测组分浓度，这样就导致产生偏差（图 4–12）。但在多数情况下，这一假设值与真实响应值之差不是很大，由此产生的偏差相对较小，一般通过单点校准后的测定值大体上可以接受。对含量很高的大组分，尤其是甲烷组分，有时产生的误差则可能相当可观，从而使偏差超出标准规定的不确定度范围。

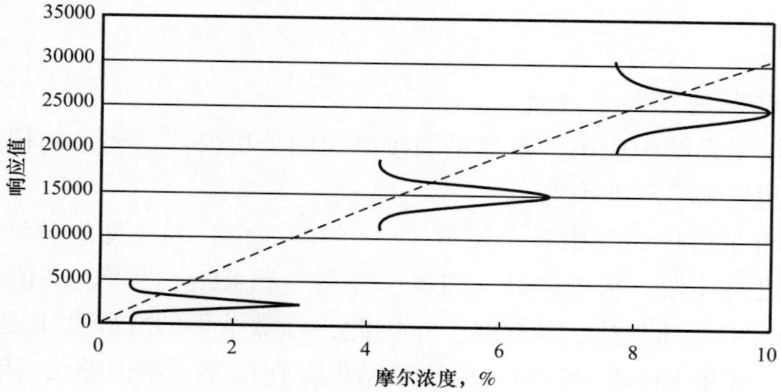

图 4-11　响应值不确定度随组分含量的变化

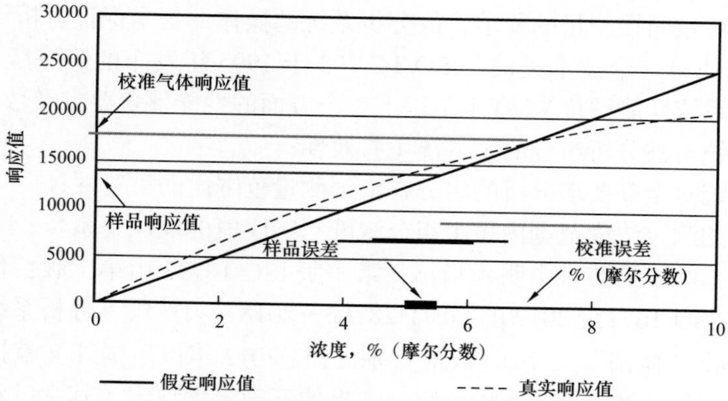

图 4-12　偏差型误差的来源

3. 响应函数的类型

新版 ISO 10723 要求使用高质量的 RGM 来评价分析仪器的操作性能。不同试验用的 RGM 中被测组分的浓度不同，以便适应预定的测量浓度范围。不论测量不确定度在整个预定的浓度范围内是否有变化，都可以通过对试验气体的重复测定而对其进行评定。响应函数的类型可能是一次、二次或三次方程，多项式级别越高，则应用时就越复杂。对每种组分需要涵盖测量范围内 7 个不同浓度来定义三次方程。如果先验知识表明不可能是三次方程时，可以 5 个不同浓度来定义二次方程，或以 3 个不同浓度来定义一次方程。然而大多数情况下并不存在此类信息，故一般都倾向于使用 7 个不同浓度的实验数据以确定合适级别的响应函数。因此，每个组分的真实校准函数 $F_{\mathrm{i,true}}(x_i)$ 的表达式如式（4-26）所示。

$$y_i = F_{i,\mathrm{true}}(x_i) = a_0 + a_1x_i + a_2x_i^2 + a_3x_i^3 \qquad (4\text{-}26)$$

式中　a_z（$z=1，2，3$）——校准函数方程中的各项有关参数。

同样，真实分析函数 $G_{i,\ \text{true}}$（y_i）的表达式如式（4–27）所示。

$$x_i = G_{i,\text{true}}\left(y_i\right) = b_0 + b_1 y_i + b_2 y_i^2 + b_3 y_i^3 \tag{4–27}$$

式中　bz（$z=0$，1，2，3）——分析函数方程中的各项有关参数。大多数情况下仪器出厂时均设定 $b_0=b_2=b_3=0$。

在式（4–26）和式（4–27）中，y_i 是分析仪器对组分 i 响应值的平均值；x_i 是天然气样品中组分 i 的浓度（摩尔分数）。

根据 JJF 1059.1 的规定，RGM 中组分 i 的浓度（摩尔分数）的标准不确定度 u（$x_{i,\ \text{cal}}$），可由仪器制造厂提供的包含因子 k 通过式（4–28）计算，式中 u_{cert}（$x_{i,\ \text{cal}}$）表示 RGM 中 x_i 组分测量结果的扩展不确定度。

$$u\left(x_{i,\text{cal}}\right) = U_{\text{cert}}\left(x_{i,\text{cal}}\right) / k \tag{4–28}$$

4. 误差与不确定度的计算

大多数情况下仪器出厂时假设的分析函数如式（4–29）所示。同样，进行操作评价时由 RGM 得到的真实校准函数则如式（4–30）所示。这两条函数曲线在图 4–12 中所示的校准点相交，从而由式（4–31）求得未经归一化的组分 i 的浓度（摩尔分数）$x^*_{i,\ \text{meas}}$。所有组分经归一化后的绝对误差 δx_i 可以由式（4–32）与式（4–33）计算。

$$x_i = G_{i,\text{asm}}\left(y_i\right) \tag{4–29}$$

$$y_i = F_{i,\text{true}}\left(x_i\right) \tag{4–30}$$

$$x^*_{i,\text{meas}} = x_{i,\text{cal}} \times \frac{G_{i,\text{asm}}\left[F_{i,\text{true}}\left(x_{i,\text{true}}\right)\right]}{G_{i,\text{asm}}\left[F_{i,\text{true}}\left(x_{i,\text{cal}}\right)\right]} \tag{4–31}$$

$$x_{i,\text{meas}} = \frac{x^*_{i,\text{meas}}}{\sum_i x^*_{i,\text{meas}}} \tag{4–32}$$

$$\delta x_{i,\text{meas}} = x_{i,\text{meas}} - x_{i,\text{true}} \tag{4–33}$$

二、操作性能评价程序的设计与建立

1. 评价程序应用范围

ISO 10723：2012 规定了一种天然气分析系统是否适用的判定方法，它可以应用于以下两种情况：

（1）在满足预先规定的组成和 / 或物性的最大允许误差（MPE）和不确定度时，使用特定的标准气体判定分析方法适用的气体组成浓度范围；

（2）被分析气体在规定的组成浓度范围内，使用特定的校准气体评定组成和 / 或（以组成计算的）物性的测量误差和不确定度。

进行上述两项操作时，假定已经具备以下条件：

① 应用于（1）中第 1 类评价时，组成（浓度）测量及据此计算的物性参数可接受的不确定度范围已在分析要求中明确规定；

② 应用于（2）中第 2 类评定时，被测组成（浓度）及据此计算的相应物性参数范围已在分析要求中明确规定；

③ 已经明确规定了分析和校准程序；

④ 分析系统气体组成设计为天然气输配系统中常见的变化范围。

2. 模型化与数值模拟

完整地评价一台仪器的误差和不确定度，需要在特定的操作范围内测量无限多个专门设计的 RGM，实际上这是不可能完成的。GB/T 28766—2018/ISO 10723：2012 规定：以测量少量专门设计的 RGM，并在预先设定的含量范围内确定每个特定组分响应函数的数学表达式；利用这些“真实的”响应函数、仪器数据系统“假设的”响应函数与特定的 RGM 的组分含量，建立仪器操作性能评价的数学模型。然后，可以利用数值方法模拟未测量的大量气体混合物，以确定测量系统固有的性能特点。

3. 评价程序

确定仪器操作特性的一般程序如下：

（1）确定被评价仪器需要测量的组分和每个组分需要评价的浓度范围。

（2）通过仪器（或其数据系统）对每个特定组分建立假设的响应函数表达式。在校准 / 评价期间，这些函数称为“假设的”分析响应函数［$x=G_{asm}(y)$］。

（3）确定日常校准仪器的 RGM 组分及其不确定度。

（4）设计一系列 RGM，其组成应能涵盖（1）所规定的所有组分的全部浓度范围。

（5）开展多点校准试验，收集仪器对（4）中规定的 RGM 的响应值，全部试验应在两次例行校准间隔内完成。

（6）利用回归分析法计算出每个特定组分的“真实的”校准响应函数［$x=G_{true}(y)$］和分析响应函数，并确认两者之间的相容性。

（7）利用以上（4）、（5）和（6）得到的函数及经核对的数据，在规定的组成范围内，计算仪器对每个组分和物性的测量误差与不确定度。

（8）通过从（7）中计算得到的误差和不确定度无偏估计，确定每个测量值的平均误差及其不确定度。

由步骤（8）求得的组分浓度及物性的平均误差和不确定度与分析系统操作性能要求进行比较。如果分析系统的性能基准达不到操作要求，则该分析方法不能在规定的整个浓度范围内完成要求的操作。此时应相应地改进分析方法，然后再重复进行整个评价。为了改进分析系统操作，也可以在有限的浓度范围内重复进行离线计算。此时，在限定的浓度范围内仪器可能显示出令人满意的操作性能。

考虑到仪器的真实响应函数与其“假设的”分析函数之间可能存在差别，此时应根据性能评价结果修改仪器的数据系统。如果 G_{true} 和 G_{asm} 的函数形式相同，仪器数据系统中有关 G_{asm} 函数的参数可以根据上述（4）中确定的 G_{true} 使之升级，从而消除由仪器产生的系统误差。应当明确，G_{true} 的诸多参数只在确定分析函数时所限定的组分浓度范围内有效，即仪器不能在步骤（1）、（2）和（3）中规定、设计和评价的浓度范围之外应用。

三、蒙特卡洛（Monte-Carlo，MCM）模拟

1. 国家计量技术规范 JJF1059.2

GUM 法是一种利用测量不确定度传播公式进行评定的方法，而 MCM 模拟则是利用概率密度分布通过重复随机取样而实现分布传播的不确定度评定方法。与 GUM 法利用线性化模型传播不确定度的方式不同，MCM 模拟是通过对输入量（x_i）的概率密度函数（PDF）进行离散取样，由测量模型传播输入量分布而计算得到输出量（Y）的离散分布值，并由离散分布直接获得其最佳估计值、标准不确定度和包含区间。同时，最佳估计值、标准不确定度和包含区间的模拟计算质量将随 PDF 离散取样量的增加而改善。通常取样次数（N）应该至少大于 $1/(p-1)$ 的 10^4 倍（p 为数值容差，numerical tolerance）。

我国于 2012 年发布国家计量技术规范 JJF 1059.2《用蒙特卡洛法评定测量不确定度》，专门应用于测量模型不宜进行线性近似的场合。因为在此场合下按 GUM 法确定输出量的估计值和标准不确定度可能变得不可靠。同时，对于像我国这样的天然气消费大国，其输配系统涉及数量十分庞大的、用于发热量间接测定的在线气相色谱仪，如此巨大的样本数量也难以用 GUM 法进行测量不确定度评定。

2. 基本原理

MCM 法的基本原理是：可通过测量无穷多个、组成位于规定操作范围内的参比气体混合物（RGM），对由仪器引起的误差和不确定度进行完整评估。通常的做法是：在预定的含量范围内测量少量 RGM，据此确定每种组分响应函数的数学表达式。然后用这些真实响应函数、仪器数据系统假定的响应函数及仪器所用工作校准气体混合物（WMS）的参考数据等模拟仪器的性能特征。再用试算方法对气体混合物进行大量的离线模拟测量，从而确定测量系统固有的性能基准（Benchmark）。根据分析系统的具体情况，测量偏差及其不确定度（即偏差的分布范围）评定大致需经过以下步骤：

（1）确定商品天然组成及其组分变化范围；

（2）在离线分析器上确定响应函数类型；

（3）确定校准气体混合物（WMS）组成及其不确定度；

（4）进行实验设计；

（5）计算测量结果的偏差及其分布（不确定度）。

具体试验方案为构建一个至少应包括 10000 个随机样品气组成的数据集，其中各组分的浓度（摩尔分数）皆位于整个输配系统所考虑的全部计量站可能出现的天然气组成范围内。严格地讲，模拟中所选用的组成也并不完全是随机的，而是根据长期工业经验得到的某种组分（浓度）与同类组分中相邻组分浓度的已知关系确定的。例如在每一个实例中，天然气（模拟组成）发生器对有关丁烷和戊烷异构体与正构体的关系就是采用这些经验规则。由于采用了这些经验规则，实际样品中不存在的非自然界生成的天然气组分就不会出现于模拟样品组成之中[7]。

3. 模拟计算公式

在 MCM 模拟过程中，每进行一次试算就能得到一组 x_i 的真值和测定值，将两者分别

代入式（4–34）就可以按 ISO 6976–2（GB/T 27894.2）规定的方法计算出该天然气样品的体积基高位发热量真值 CV_{true} 与测定值 CV_{meas}。然后，就可以得到高位发热量测量误差的表达式（4–35），此表达式也同样可应用于气体密度等测量误差的计算。

$$CV = \tilde{H}_S\left[t_1, V\left(t_2, p_2\right)\right] = \frac{\tilde{H}_S^0\left[t_1, V\left(t_2, p_2\right)\right]}{Z_{\text{mix}}\left(t_2, p_2\right)} = \frac{\sum_{i=1}^{N} x_i \times \tilde{H}_i^0\left[t_1\right] \times \frac{p_2}{R \cdot t_2}}{1 - \left[\sum_{i=1}^{N} x_i \times \sqrt{b_i}\right]^2} \tag{4-34}$$

式中 t_1——气体燃烧温度，K；

t_2——气体计量温度，K；

p_2——气体计量压力，kPa；

$\tilde{H}_i^0\left[t_1\right]$——在燃烧温度为 t_1 时，组分 i 的理想气体摩尔基高位发热量，kJ/mol，参见 ISO 6976：2016 表 3；

R——摩尔气体常数，R=8.314472J/（mol · K）；

b_i——规定温度与压力下的求和因子。

$$\delta CV_{\text{meas}} = CV_{\text{meas}} - CV_{\text{true}} \tag{4-35}$$

由于 MCM 模拟过程中假定的组分浓度及其计算而得的高位发热量不存在不确定度，故模拟结果得到的组分浓度及其计算出的高位发热量测量偏差的不确定度 $u(\delta x_i)$ 和 $u(\delta P)$，就分别等于组分浓度测定值及其计算而得的高位发热量的不确定度 $u(x_{i,\text{meas}})$ 和 $u(P_{\text{meas}})$。因此，根据 MCM 模拟结果可以由式（4–36）计算组分浓度及其计算的高位发热量的平均测量偏差 $\overline{\delta P}$，式中的 δP_t 表示在总数为 N 次的模拟测量过程中第 t 次测量结果的测量偏差。求得 $\overline{\delta P}$ 后，可由式（4–37）计算测量平均偏差的不确定度 $u_c\left(\overline{\delta P}\right)$；并可由式（4–38）计算其扩展不确定度 $U_c\left(\overline{\delta P}\right)$，式中 k 为合适的包含因子，目前使用包含因子 k=2，包含概率为 0.95。

$$\overline{\delta P} = \frac{\sum_{t=1}^{N} \delta P_t}{N} \tag{4-36}$$

$$u_c^2\left(\overline{\delta P}\right) = \overline{u^2\left[\delta P(t)\right]} + u^2\left(\overline{\delta P}\right) \tag{4-37}$$

式中 $u^2\left(\overline{\delta P}\right)$——由 N 个组成中每个组成计算出高位发热量的偏差的方差；

$\overline{u^2\left[\delta P(t)\right]}$——$N$ 个组成中每个组成的测量偏差的标准不确定度平方 u^2［δP（t）］的算术平均值。

$$U_c\left(\overline{\delta P}\right)=k\times u_c\left(\overline{\delta P}\right) \tag{4-38}$$

四、MCM 模拟的一个示例

1. 试验目的

EffecTech 是通过英国皇家认可委员会（UKAS）认可的校准实验室，并可按第二版 ISO 17025 规定的范围提供具有规定不确定度数据的校准气体混合物 RGM[8]。RGM 用称量法制备，制得的 RGM 经充分混合后，与由英国国家物理实验室（NPL）或荷兰国家计量研究院（NMI）提供的参比物质进行比对分析对其进行验证。该校准实验室在认可范围内可提供的相关校准和测量能力（CMCs）见表 4-23。表中所示的测量不确定度为扩展不确定度（k=2）。这些值是适用于典型 C_{6+} 分析的 RGM 的常见值，C_{6+} 分析被广泛用于物理性质（如发热量、密度和沃泊指数）的计算。

表 4-23　RGM 组分范围及其不确定度

组分	范围，%（摩尔分数）	CMC（k=2），%（摩尔分数）
氮气	0.1～22	0.3% relative + 0.002
二氧化碳	0.05～15	0.35% relative + 0.001
甲烷	34～100	0.07
乙烷	0.1～23	0.3% relative + 0.001
丙烷	0.05～10	0.6% relative + 0.002
异丁烷	0.01～0.15	0.0012
	0.15～2	0.8% relative
正丁烷	0.01～0.15	0.0012
	0.15～2	0.8% relative
新戊烷	0.005～0.35	1.5% relative + 0.0002
异戊烷	0.005～0.1	0.0008
	0.1～0.35	0.8% relative
正戊烷	0.005～0.1	0.0008
	0.1～0.35	0.8% relative
正己烷	0.1～0.35	1.0% relative

注：表中“relative”是指相对于组分含量。有些组分的 CMC 由一个可变值和一个固定值构成，如 5% 氮气的 CMC 的可变值为 5% 乘以 3%，即 0.015%，固定值为 0.002%，0.015% 与 0.002% 相加，得出 CMC 值为 0.017%。有些组分在一定浓度范围内 CMC 是不变的，在其他浓度范围内是可变的，如 0.1% 异丁烷的 CMC 为 0.0012%，1% 异丁烷的 CMC 为 1% 乘以 0.8%，即 0.008%。

分析仪器本身并不存在测量不确定度，但可以将其理解为在样品测量结果中由分析仪器引入的不确定度分量。因此，不确定度这个参数并非分析仪器所固有。根据 OIML 发布的国际建议 R140 的规定，以术语最大允许误差 *MPE* 来表征由分析仪器得到的测量结果的不确定度。对实施天然气能量计量的 A 级计量系统发热量直接测定模块建议 *MPE* 值定为 ±0.5%；发热量间接测定模块则定为 ±0.6%。据此，英国国家输气管网准入协议规定，管输商品天然气每个组分浓度及高位发热量测量结果的平均误差及其不确定度均需与管网协议规定的最大允许误差值（*MPE*）进行比较，且比较结果也可作为该仪器是否能适用于当前或推荐今后应用的标准。

2. 试验气体与函数中的参数

表 4–24 示出了按英国国家输气管网中商品天然气组成情况确定的试验气体组成范围。按表中所示组分浓度范围确定 7 个不同的试验气体组成后，在离线气相色谱仪上进行重复试验，每种组分取得的测定结果按 ISO 6143 的规定，用最小二乘法对该组分进行回归分析而分别求得校准函数中的参数 a_z（表 4–25）和分析函数中的参数 b_z（表 4–26）。

表 4–24　试验气体覆盖的浓度范围

组分	浓度，%（摩尔分数）	
	最小值	最大值
氮气	0.10	12.07
二氧化碳	0.05	8.02
甲烷	63.81	98.49
乙烷	0.10	13.96
丙烷	0.05	7.99
异丁烷	0.010	1.19
正丁烷	0.012	1.18
新戊烷	0.005	0.35
异戊烷	0.005	0.35
正戊烷	0.006	0.34
正己烷	0.005	0.35

3. MCM 模拟结果

在表 4–24 所示典型组成浓度范围内随机抽取 10000 个气体样品，按式（4–39）进行 MCM 模拟而获得的平均误差见表 4–27。由于迄今为止测量误差与其不确定度尚不能以令人满意的方式相结合，故在本示例中采用与式（4–39）进行比较的方法对合成不确定度进行评定。只要高位发热量测量结果的误差及其不确定度之和不超过法规、规范或标准所规定的 *MPE* 就接受测量结果的误差，而不再对分析仪器适用的商品天然气中有关组分浓度设置限定值。

表 4–25　校准函数的参数

组分	参数			
	a_0	a_1	a_2	a_3
氮气	1.6746×10^5	1.9772×10^7	—	—
二氧化碳	1.2268×10^4	2.3804×10^7	—	—
甲烷	8.0075×10^8	-1.1672×10^7	3.3874×10^5	-1.4288×10^3
乙烷	-3.4555×10^3	2.6765×10^7	-2.8694×10^4	
丙烷	-3.9437×10^4	3.2418×10^7	1.6709×10^5	-2.6167×10^4
异丁烷	-7.3801×10^4	3.8358×10^7	—	—
正丁烷	5.5093×10^3	3.9143×10^7	—	—
新戊烷	-2.6105×10^2	1.5524×10^5	—	—
异戊烷	-5.1790×10^1	1.3072×10^5	—	—
正戊烷	-2.0241×10^2	1.2648×10^5	—	—
正己烷	3.6260×10^4	5.1710×10^7	—	—

表 4–26　分析函数的参数

组分	参数			
	b_0	b_1	b_2	b_3
氮气	−0.008469	5.0577×10^8	—	—
二氧化碳	−0.000515	4.2009×10^8	—	—
甲烷	−71.296782	2.1755×10^7	-1.1746×10^{16}	3.0386×10^{26}
乙烷	0.000147	3.7357×10^8	1.5568×10^{18}	—
丙烷	0.001184	3.0867×10^8	-5.3925×10^{18}	2.5782×10^{26}
异丁烷	0.001924	2.6070×10^8	—	—
正丁烷	−0.000141	2.5547×10^8	—	—
新戊烷	0.001692	6.4420×10^6	—	—

续表

组分	参数			
	b_0	b_1	b_2	b_3
异戊烷	0.000396	7.6503×10^6	—	—
正戊烷	0.001607	7.9017×10^6	—	—
正己烷	−0.000702	1.9340×10^8	—	—

表 4-27　典型组分的组成范围及平均误差

组分	校准气体 %（摩尔分数）	组成范围 %（摩尔分数）		平均误差 $E(x)$
		x_{min}	x_{max}	
氮气	4.495	0.000	10.000	0.015
二氧化碳	3.308	0.000	7.000	0.012
甲烷	80.493	78.000	97.960	−0.041
乙烷	6.978	0.000	12.000	0.013
丙烷	3.279	0.000	6.890	0.000
异丁烷	0.5019	0.000	1.000	0.001
正丁烷	0.5012	0.000	1.000	0.001
新戊烷	0.1107	0.000	0.030	−0.001
异戊烷	0.1099	0.000	0.350	0.000
正戊烷	0.1092	0.000	0.350	0.000
正己烷	0.1099	0.000	0.350	0.000
发热量，MJ/m^3	—	31.6	46.5	−0.0061

$$\left|\overline{E(P)}\right| + U_c\left(\overline{E(P)}\right) \leqslant MPE \tag{4-39}$$

对于实施能量计量的天然气计量站，英国现行法规《输气管网准入协议》（NEA）规定，用户接受天然气的计算发热量（COTE）应与其支付的账单相一致；用户得到的天然气发热量应与供气公司的声明值相一致。因此，进入国家输气管网的天然气必须达到规定的发热量值才允许进入。图 4-13 所示的模拟数据表明：平均误差 $\overline{\delta P}$ 的不确定度数据绝大多数分布在浅灰区域内，由此估计最大平均误差（*MPE*）的分布区间为 −0.1～0.08MJ/m^3，符合准入协议的规定。同时，从图中模拟数据的分布可以确定被测量为正态分布，故选取对应的包含因子 k=2，包含概率为 0.95，*MPE* 的分布区间即为其包含区间。

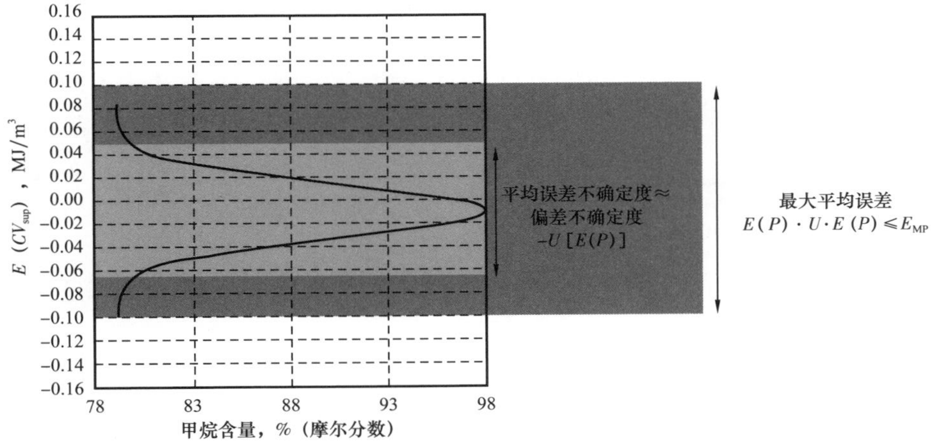

图 4−13　平均误差分布与 *MPE* 分布带

综上所述可以看出，ISO 10723：2012 的发布，首次以国际标准的形式确认了通过溯源性量化及蒙特卡洛模拟来评定天然气管网能量计量系统的测量不确定度，理论上是正确的，实践上是可靠的。

第五节　ISO/TR 24094 技术要点

一、VAMGAS 项目概况

在完成 VAMGAS（试验）项目的基础上，ISO/TC 193 于 2006 年发布了题为《天然气分析用气体标准物质的确认》的技术报告（ISO/TR 24094）。该技术报告不仅对通过室间循环比对试验（round robin test）确认 RGM 的方法与步骤做了详尽规定；更为重要的是报告提出的确认方法虽有不足之处，但已成功地为 RGM 的准确度与不确定度的标准值提供了实验证据，从而将室间比对试验定值法与计量学定值法相联系，解决了 RGM 的“公议值”未能溯源至 SI 制单位的关键问题[9]。

由欧洲多家天然气公司联合开展的气体标准物质确认（VAMGAS）项目的目标是：确认用天然气分析数据计算其物理性质方法的有效性和可靠性。

VAMGAS 项目主要试验内容是：用现代分析方法（测定数据）计算的天然气发热量和密度值，与英国天然气市场办公室（OFGEM）下属实验室的一台 0 级热量计和设于德国 Ruhrgas 公司的一台密度天平（的测定值）进行比较。严密的统计分析保证了评价结果的有效性。

VAMGAS 项目中涉及的天然气分析分为以下两个阶段：

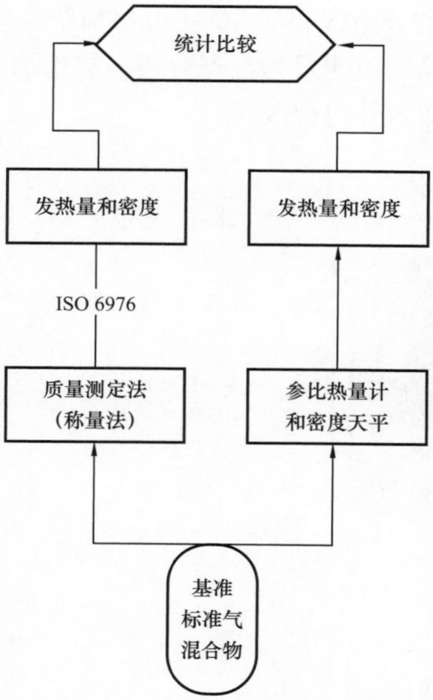

图 4-14　VAMGAS 项目第一阶段试验示意图

（1）按 ISO 6142 规定用称量法制备的 RGM 在天然气分析中作为校准气。这些 RGM 被定为基准级校准气体混合物（PSM），由德国计量科学研究院（BAM）和荷兰国家计量研究院（NMI）研制。

（2）按 ISO 6974 规定用气相色谱法分析天然气组成。ISO 6974 分为多个部分，可以提供不同的气相色谱分析方法。该标准的第 2 部分规定了按样品组分浓度得到校准数据及分析数据不确定度的方法，而这些组分浓度数据同样也是计算与之相对应的物理性质的不确定度时所需要的。

按 ISO 6976 的规定由气相色谱法分析结果计算天然气的物理性质。

图 4-14 示出了用称量法制备的两种 PSM 计算的发热量和密度值与参比热量计和密度天平测定值比较的操作程序。图 4-15 示出（用 PSM 以升降法校准的）两种天然气以气相色谱法分析数据计算而得的发热量和密度值相比较的操作程序。利用上述两个分别独立进行的操作可以鉴别出称量法制备或气相色谱法分析过程中存在的问题。

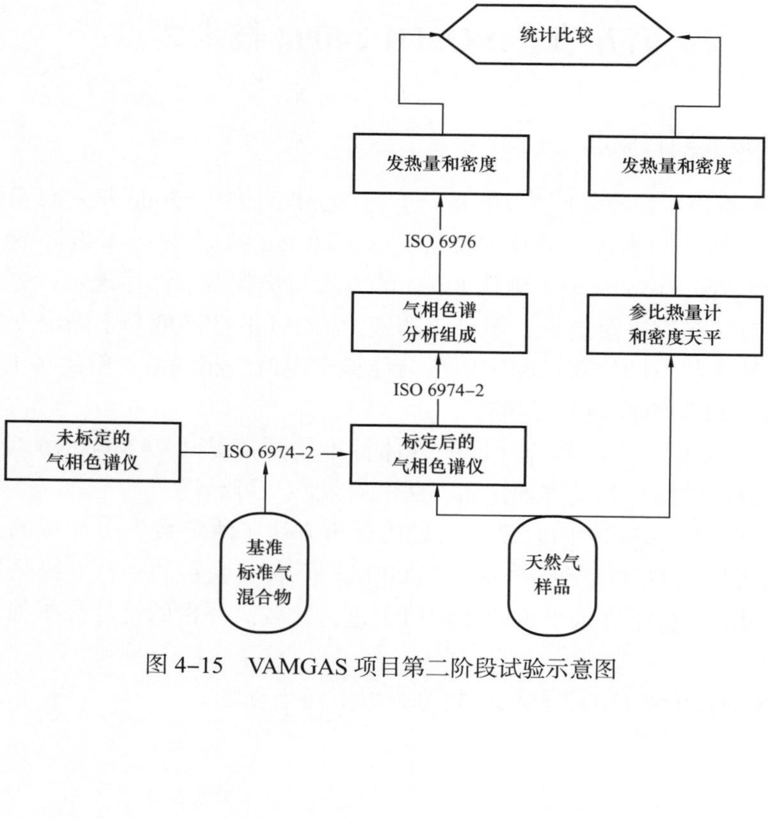

图 4-15　VAMGAS 项目第二阶段试验示意图

VAMGAS 项目的参与者为：德国 Ruhrgas 公司（项目协调者）、荷兰 Gasunine 公司、法国气体公司、德国 BAM、荷兰 NMI 和英国 OFGEM。此外，还有欧盟国家的 18 个实验室参与气相色谱分析结果的比对。

二、主要试验结果

试验第一阶段，分别由 BAM 和 NMI 制备了 12 个 PSM 级 RGM。为进行比较，PSM 的组成分为两组，一组类似于 Groningen 气田生产的低发热量（L）型，另一组则类似于北海气田生产的高发热量（H）型。表 4–28 示出了这些 PSM 摩尔质量的测定值与计算值，表中数据说明两者吻合得很好。

表 4–28 PSM 摩尔质量测定值与计算值的比较①

气体混合物	气体类型	测定值 M_{exp}，g/mol	计算值 M_{calc}，g/mol	相对偏差，%
BAM 9605 4933	L	18.5643	18.5646	0.002
NMI 0602E	L	18.5427	18.5430	0.002
BAM 9605 4902	H	18.7931	18.7966	0.018
NMI 9497C	H	18.9465	18.9469	0.002

① 按 ISO 6976 的规定进行。

试验第二阶段，从 Ruhrgas 公司的输气网络中取 20 个 Groningen 气田生产的低发热量（L）型天然气样品和北海气田生产的高发热量（H）型样品。由于采用批量取样，故钢瓶中两类天然气样品的组成是一致的；同时对取样期间样品的稳定性也进行了测定。表 4–29 和表 4–30 示出样品的相对密度及高位发热量测定结果，表 4–31 则示出了相应的测量不确定度。

表 4–29 密度（标态）测定值与计算值的比较①

气体混合物	气体类型	测定值 ρ_{exp}，kg/m^3	计算值 ρ_{calc}，kg/m^3	相对误差，%
BAM 9605 4933	L	0.77319	0.77319	—
NMI 0602E	L	0.77229	0.77238	0.012
BAM 9605 4902	H	0.78324	0.78341	0.022
NMI 9497C	H	0.78967	0.78972	0.006

① 按 ISO6976 的规定进行。

表 4–30 高位发热量测定值与计算值的比较

气体混合物	气体类型	测定值 CV_{exp}，MJ/kg	计算值 CV_{calc}，MJ/kg	相对误差，%
BAM 9605 4933	L	44.061	44.068	0.015
NMI 0603E	L	44.222	44.220	0.006
BAM 9605 4902	H	51.896	51.887	0.017
NMI 9498C	H	51.910	51.895	0.03

表 4-31　物性测定值与计算值的相对不确定度（95% 置信区间）

参数		混合气相对偏差，%	
		eH 型	eL 型
密度	计算值	0.01	0.01
	测定值	0.015	0.015
摩尔质量	计算值	0.007	0.007
	测定值	0.015	0.015
发热量	计算值	0.1	0.1
	测定值	0.035	0.035

根据样品的组成，BAM 和 NMI 重新制备了组成与之类似的 PSM 级 RGM，并在 18 个参与试验的实验室间进行循环比对试验。经处理的试验结果示于表 4-32。

表 4-32　室间比对试验结果与参比方法直接测定结果的比较

参数	气体类型	室间比对试验结果	参比方法	相对偏差，%
发热量，MJ/kg	H	52.561	52.563	0.003
	L	44.701	44.688	0.027
摩尔质量，kg/kmol	H	18.115	18.122	0.036
	L	18.604	18.612	0.045
密度，kg/m^3	H	0.7549	0.7551	0.034
	L	0.7748	0.7752	0.048

三、主要研究结论

VAMGAS 项目研究报告提供了两组比较结果：

（1）以 PSM 进行的比对结果表明：用称量法制备的 PSM（由组成）计算发热量和密度的结果，与由参比仪器直接测定的结果在统计学上是一致的。

（2）气相色谱法测定的比对结果表明：用制备的 PSM 为校准气所得的分析数据计算的发热量和密度值，与参比仪器直接测定值在统计学上也是一致的。

综上所述可以得出结论：VAMGAS 项目验证了当前常用的以气相色谱分析数据计算天然气物理性质所涉及的多个 ISO 标准。作为该项目的研究成果，天然气市场的供需各方均可确信其计量结果。

当前应用于校准气体制备和天然气分析的所有 ISO 标准，只要仔细谨慎地应用，由此给出的发热量及密度值均与（独立进行的）参比仪器测定值相一致。上述结论也同样包括

ISO 6976 中所有表格所列出的数值，后者皆在交接计量中应用于财务结算。

VAMGAS 项目是将称量法制备校准气体混合物及气相色谱分析（并据此计算天然气物理性质）两者作为一个完整的系统进行研究。在研究过程中，以参比测量仪器的直接测定结果来评价上述系统。因此，ISO/TR 24094 的读者应将整个项目视为一个整体。认为将该报告中某一孤立部分及其研究结果也能合理地作为研究手段应用于其他研究目的的想法是错误的。

例如，本项目第一部分是将称量法制备的 PSM 数据计算物理性质所得之值，与参比测量（仪器）直接测量所得之值进行比较。但是，本部分所得的结论绝不能应用于以物理性质参比测量的结果来确认所制备的天然气混合物的组成。其理由有以下 3 个：

（1）VAMGAS 项目并非设计来研究其实用性。换言之，也并非研究一种验证程序。设计该项目的目的是：研究储存于钢瓶中的 PSM 的组成是否与其附证书相一致。

（2）国家计量院在研制 PSM 时均有严格的程序，其中包括气相色谱分析法验证气体混合物，并确认其组成。

（3）尽管某个已知组成的气体混合物有其特定的发热量和密度值，但其逆向思维不正确。具有某个特定发热量或密度值的天然气并不仅对应一个特定的天然气组成，而可以对应无数不同组成。简而言之，丁烷有两种同分异构体，它们的发热量和密度相同；但两种丁烷含量相同的气体混合物其气体组成可能不同。

第六节 能量直接（实时）测定技术

一、发展概况

天然气能量计量技术问世 20 多年来，工业应用的能量测定技术只有两大类：气相色谱分析（间接测定）技术和热量计（直接测定）技术。这两类技术（尤其后者）的推广应用均涉及设备庞大、投资昂贵和维修困难等一系列技术经济问题，且两者都不能实现实时连续测定；故目前国内外大多仅在处理量达到 $120\times10^4m^3/d$ 以上的 A 级计量站使用基于气相色谱分析原理的间接测定技术。中、小型计量站通常以赋值技术来确定天然气能量。

近年来，通过沃泊指数与管输天然气黏度或热导率相关联而开发的实时测定气体混合物组成，并进一步换算为输出能量的技术取得很大进展，目前已经能测定 4 种气体组成的混合物。图 4–16 和图 4–17 分别示出了此类测定系统的基本结构及分析计算模型。

位于得克萨斯州圣安东尼奥市的美国西南研究院（SWRI）也宣布已经研制成功一种可以利用关联法直接测定天然气能量的设备。其要求输入的参数为超声流量计的声速、压力、温度和天然气中惰性气体（N_2、CO_2）的含量。美国 ITT 仪表公司现已取得应用此项技术的许可证，并利用算法语言开发成功了新颖的天然气能量流量计专用软件包。2008 年出版的美国天然气协会的 AGA 5 号报告已经介绍过此项新技术。但迄今尚未见工业应用的报道。

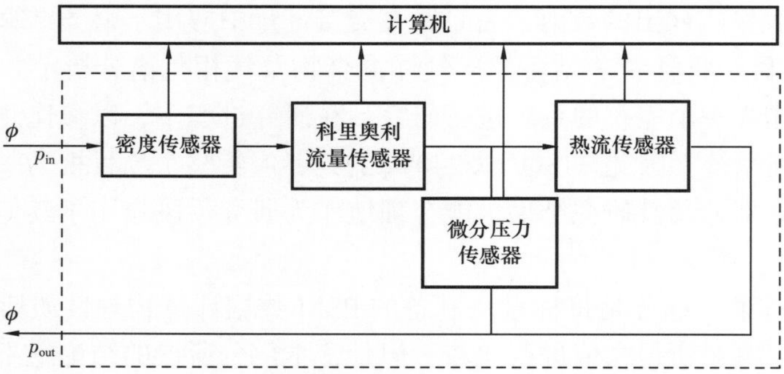

图 4–16　多参数气流测量系统的基本结构

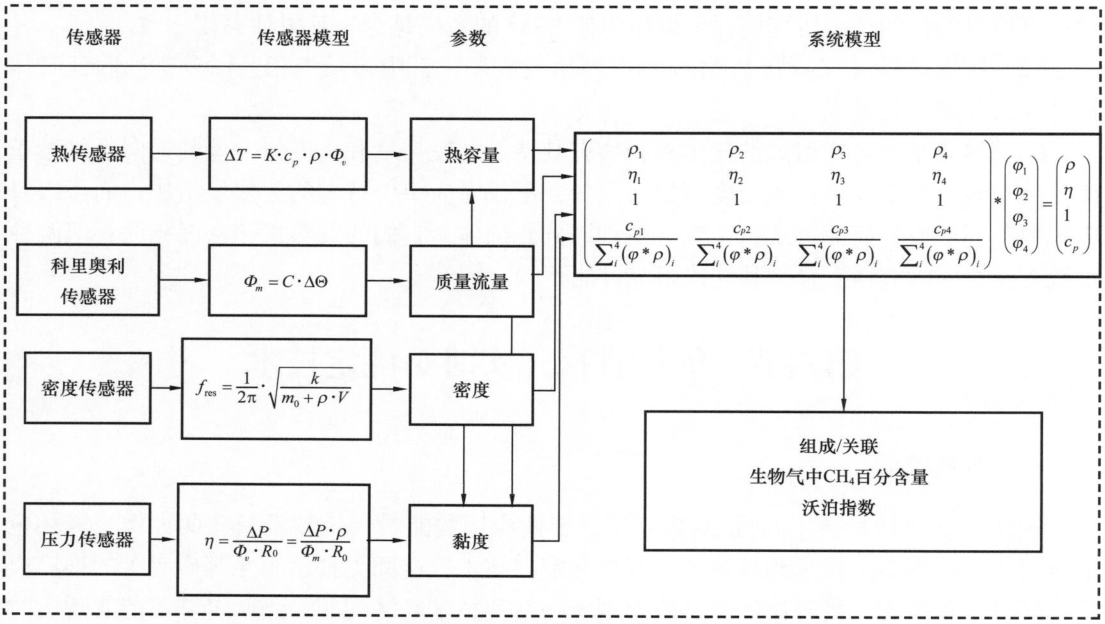

图 4–17　实时测量气体混合组成的分析计算模型

研制在管输天然气的高压下，直接测定天然气能量（发热量）的仪器是一项举世瞩目的科技难题；当前科研工作虽取得不少成果，但迄今仅有一例有关样机的报道[8]，与工业应用尚有相当距离。然而，开发此项技术及仪器的重要性绝非仅局限于降低能量计量的设备投资和操作成本，更有价值的是此类仪器的应用将有助于整体性地改善天然气输气网络的管理水平。其主要原因在于：

（1）此类仪器可以实时连续显示并记录不同时间周期中，输气管道内天然气的烃类（C_1～C_{6+} 组成摩尔分数）及其相应的体积基发热量，可以随时知道销售价格与实际气质的关系，从而为气质调配提供必要信息；

（2）仪器在提供发热量数据的同时，也显示并记录天然气的相对密度（ρ）的压缩因子（Z），从而为转换成作为计价基础的体积基发热量奠定基础；

（3）此类仪器的 Z 值计算仅与组分浓度（摩尔分数）的测定误差有关，且由于是在管输压力下进行测定，不存在气相色谱仪测定时必然产生的“压降效应”，故就取样体积等产生的误差的环节而论，其测量不确定度应优于气相色谱技术；

（4）仪器也能同时测定并记录（管输条件下的）水含量 / 水露点数据；

（5）在实现（1）的前提下，同时也为商品天然气的沃泊指数计算及其相应的互换性管理提供必要条件，这对我国正在大规模发展的输气网络很有意义；

（6）如果将上述一系列重要信息通过合适的通信系统与已经建立的 SCADA 系统相连接，则可以大大提高天然气气质控制与能量计量系统的管理水平。

尽管当前开发此类仪器的技术路线甚多，但从基本原理分析大致可以归纳为 3 种类型：光谱式、声学式和黏度式[9]。下文以美国能源部资助的、由光谱科学公司（Spectral Sciences Inc. SSI）开发并已经取得专利的吸收光谱式发热量测定仪为代表进行介绍[10]。该仪器在操作压力超过 6.8MPa 的条件下进行了全面的性能测试，并以高压管输商品天然气为样品气进行了现场（验证）试验。

二、原理与方法

分子吸收光谱是基于不同分子结构的物质对电磁辐射的选择性吸收而建立的分析方法。根据 Beer–Lambert 定律：当光线通过溶液时被测物质分子会吸收某一特定波长的单色光，而被吸收光的强度（A）与透射光通过的距离（l）及样品中吸光物质的浓度（c）成正比。公式为

$$A_i = \varepsilon_i \times l \times c_i \tag{4-40}$$

式中 A_i——样品中被测组分 i 的吸光度；

ε_i——被测组分 i 的（摩尔）消光系数；

l——样品（吸光）池长度；

c_i——被测组分 i 的摩尔浓度。

当样品中含有 N 种不同的吸光物质（组分）时，样品的总吸光度（A）为各个组分吸光度的总和，可以通过式（4–41）求得：

$$A = l \cdot \sum_{j=1}^{N} \varepsilon_j \cdot c_j \tag{4-41}$$

当测定天然气中有关组分（i）的摩尔浓度后，根据国家标准《天然气发热量、密度、相对密度和沃泊指数的计算方法》（GB/T 11062）的规定，天然气的体积基（标况）发热量（H）可以通过式（4–42）求得：

$$H \cdot L = \sum_i \rho_i H_i \tag{4-42}$$

式中 H——天然气的体积基（标况）发热量，MJ/m^3；

L——样品池长度，m；

ρ_i——被测组分 i 的相对密度；

H_i——被测组分 i（在燃烧参比条件下）的理想气体（标况）发热量，MJ/m³。

如图 4-18 所示，发热量测定仪安装在邻近孔板流量计和流量计算机附近。通过一根细小的取样管线，分流少量输气管道中的天然气至样品池，气体通过样品池后再返回输气管道。保持样品池的温度和压力与输气管道几乎相等。样品气在取样管线中压力降约为 0.7kPa，气体在样品池中的停留时间为 10s。

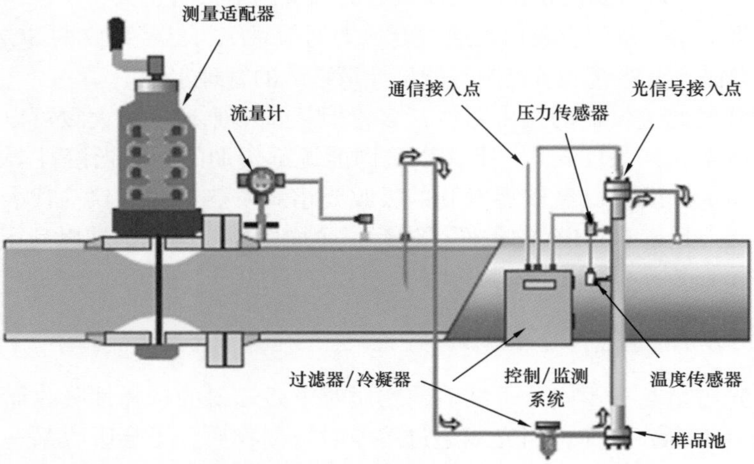

图 4-18　吸收光谱型发热量测定仪的结构与安装示意图

样品气在样品池中的温度、压力及其吸收光谱均由合适的传感器发送至仪器的控制/监测（分析）系统。通常测得的发热量和压缩因子数据都发送至流量计算机，后者在同时接收天然气的体积流量信息后计算出并显示实时能量流量[5]。

图 4-19 示出了发热量测定仪的组成元件及其功能。通过样品池后返回的透射光用光纤传输，形成的全息吸收光谱（图）用标准硅 CCD 检测器记录。通过样品池的气体样品中的 CO_2 浓度用另一个辅助检测器测定。仪器内置的信号处理器记录 CCD 图像、温度、压力和 CO_2 浓度等数据，并将 CCD 图像转换为吸收光谱图。然后，再将吸收光谱图解析为组分谱图，并根据各组分的拟合因子（fit coefficient）、测得的温度和压力，计算和显示各组分浓度、总（体积基）发热量和压缩因子。上述测量程序以 20s 为一个周期重复进行。获得的“20 秒数据”输入数据临时储存器，并以 2min 为时间间隔进行记录。“小时平均”“日平均”数据也同时进行内部储存。

三、试验数据

试验用的标准气混合物（RGM）组成为：甲烷 88.5%，乙烷 5%，丙烷 1%，正丁烷 0.5%，异丁烷 0.5%，二氧化碳 2% 和氮气 2.5%。试验用样品池的长度为 1.2m，工况压力范围为 0.85～6.7MPa。以 20h 为一个试验周期，测定了在不同操作压力下 RGM 的 ρ_i（以标准状况下理想气体计）、工况条件下的体积基发热量和 Z 值，参见式（4-42）。为了区别标况发热量和工况发热量，后者的单位以 Btu/ft³ 表示，1Btu/ft³ = 37.3kJ/m³。

获得的原始数据可以通过拟合而计算出标况条件下体积基发热量（Btu/ft³）和各组分

的浓度 X_i（摩尔分数）。图 4–20 所示即为上述组成 RGM 典型的吸收光谱图，以及据此拟合而得一系列组分的拟合波长。图中的示例为在 2.6MPa 压力下 20s 周期的记录数据。为了更清楚地显示被测定的 6 种分子化合物的吸收峰，在图谱顶部的放大 10 倍的拟合数据基础上，再分别按 5 倍、20 倍、40 倍或 80 倍等倍数对图谱进行了放大。放大后的数据清楚地反映出样品气中 5 种烃类组分和水分等 6 个组分的定量差别。

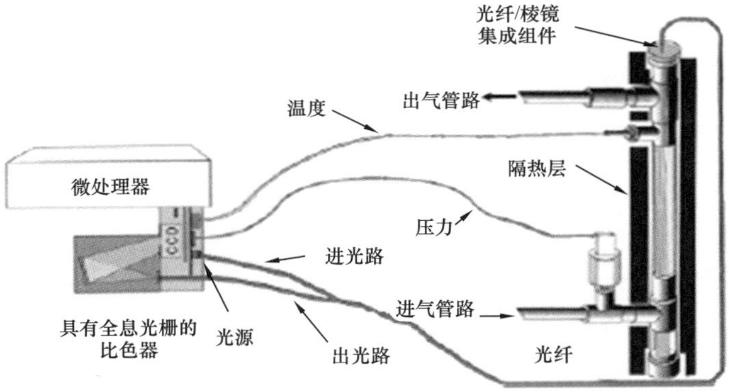

图 4–19　控制 / 监测系统剖面图

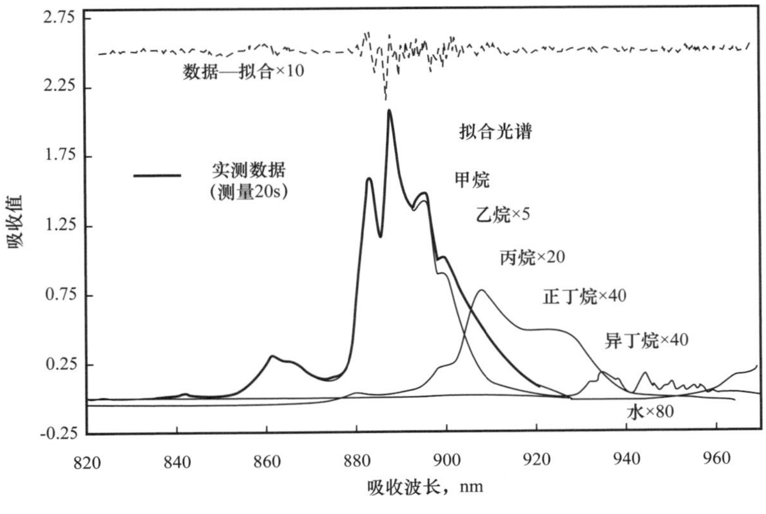

图 4–20　典型的 20s 测量周期吸收谱图

图 4–20 中作为参比物（气体）的基础组分（组）由 13 种 C_1～C_6 同分异构体、水分和仪器的基线项构成。表 4–33 列出了所有拟合而得的组分（相对）密度，同时列出了按 RGM 组成计算而得的最佳估计值。确定最佳估计值时使用的 Z 值则按 AGA8 方程规定方法计算。比较拟合值与计算值可以看出，所有被测组分的仪器测定数据与（理论）计算数据之间的相对误差不超过 0.2%。

图 4–21 示出了以 2min 为时间间隔的 6h 实时测定记录谱图，每个数据点对应于一个 20s 测定周期（图 4–22）。由于受样品池存在缓慢泄漏的影响，在 6h 时间周期中图示

数据的线性有所变差。将记录数据拟合为直线后，与按 RGM 组成计算值的相对误差为 0.04%。

表 4–33 以标况理想气体计的各组分相对密度 ρ_i

ρ_i	甲烷	乙烷	丙烷	正丁烷	异丁烷	异戊烷	总烃，ρ_H	水分
拟合值	22.85	1.30	0.28	0.11	0.11	0.01	24.64	0.044
计算值	22.80	1.29	0.25	0.13	0.13	0	24.60	0
$\Delta\rho_i/\rho$	0.20%	0.05%	0.11%	−0.08%	−0.08%	0.04%	0.20%	1.0×10^{-6}

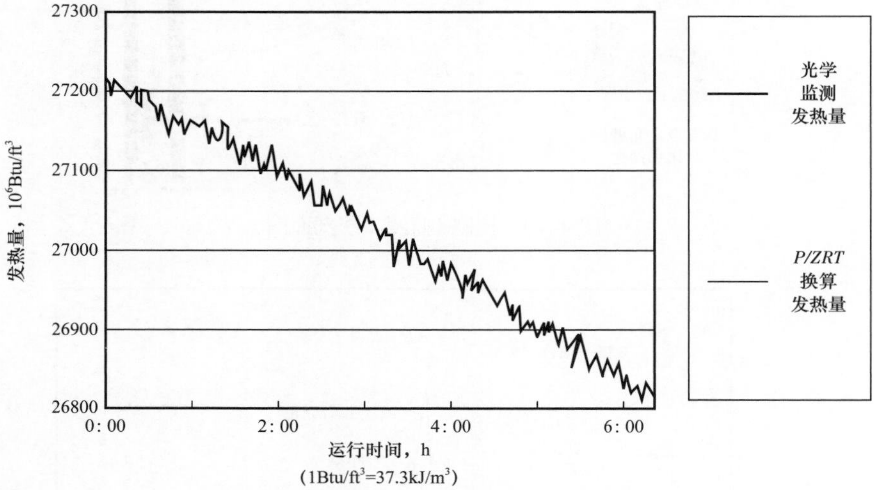

图 4–21 发热量仪器测定值随时间变化情况

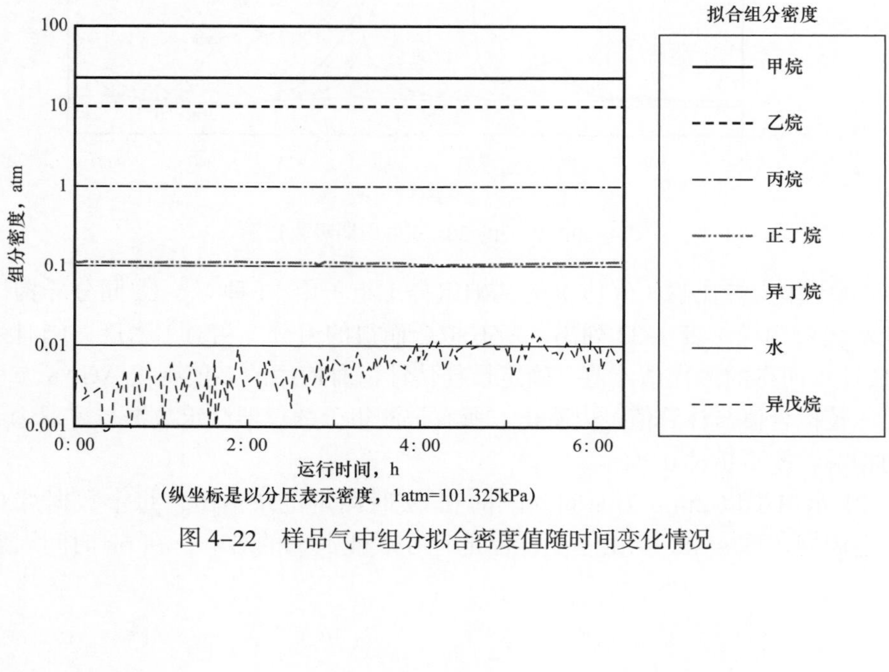

图 4–22 样品气中组分拟合密度值随时间变化情况

图 4–22 示出了与图 4–21 同一时间周期内拟合组分密度随时间的变化情况。图 4–22 和表 4–33 所示数据表明，两次测量之间拟合组分密度的波动范围小于总烃类密度（ρ_H）的 0.1%。RGM 组成中不存在的异戊烷组分在谱图上也有所显示，但对总烃类密度拟合值产生的相对误差仅为 0.04%。

由于水分的吸光强度比烃类更强，因而水分测量的灵敏也比烃类高得多。图 4–22 所示的水分测定数据相当于样品气中水分的浓度为（0.017 ± 0.02）%（摩尔分数），或样品气的水含量为（128 ± 16）mg/m^3。

四、Z 值计算与转换

为了将测得的烃类组分密度转换为相应的浓度（摩尔分数），必须根据式（4–43）通过求解非理想气体状态方程以确定样品气中各组分的密度（ρ_i），然后进行加和而求得其在工况条件下的总密度（ρ）。

$$\rho_i = p / ZRT \tag{4–43}$$

式中　ρ_i——样品气中组分 i 的密度；

p——工况压力；

T——工况温度；

Z——工况条件下的压缩因子。

样品气总密度（ρ）是烃类气体密度（ρ_H）、水密度和惰性化合物密度之和。总密度和压缩因子（Z）可以根据详细的物料平衡数据用迭代法同时求得。对天然气混合物而言，Z 值在 1～0.85 的范围随压力升高而下降的情况几乎与其组成无关。因此，状态方程的迭代过程很快收敛而解出 Z 值和惰性气体密度。根据分压定律，总密度可以根据各组分的浓度（摩尔分数）由式（4–44）确定：

$$X_i = \rho_i / \rho \tag{4–44}$$

式中　X_i——样品气中组分 i 的浓度（摩尔分数）；

ρ_i——样品气中组分 i 的密度。

求得天然气中各组分的浓度（摩尔分数）后，其标况条件下的理想气体发热量（H）可以由式（4–45）计算：

$$H = \sum_i X_i \cdot \frac{H_i}{Z_0} = H \cdot \left[\frac{Tp}{Z}\right] \cdot \left[\frac{p_0}{T_0}\right] \tag{4–45}$$

式中　H——样品气（标况条件下）体积基发热量（Btu/ft^3 或 MJ/m^3）；

H_i——组分 i（标况条件下）体积基发热量；

X_i——组分 i 的浓度（摩尔分数）；

T_0——标况温度；

p_0——标况压力；

Z_0——标况压缩因子。

当天然气的压力低于 5.4MPa 且其中惰性气体含量不大于 5% 时，即使没有天然气中 CO_2 含量的信息，Z 值计算结果的不确定度仍可达到优于 0.05% 的水平。在 SSI 公司研制的发热量测定仪中同时设置了 CO_2 辅助传感器单独测定其在天然气中的含量，因而 Z 值计算结果的准确性有所改善。

图 4–23 所示为根据图 4–21 和图 4–22 中数据计算而得的 Z 值，每个数据点代表一个 20s 测定周期。图中的直线表示：将测得的温度和压力（波动）数据拟合为最佳结果后计算出的 RGM 的 Z 值。图 4–23 中 Z 值数据的分散（性）是由于温度测量数据的波动所致。按图示数据估计，Z 值的测量误差约为 0.02%，从而导致重烃组分浓度（摩尔分数）的测量误差则达到 0.2%。

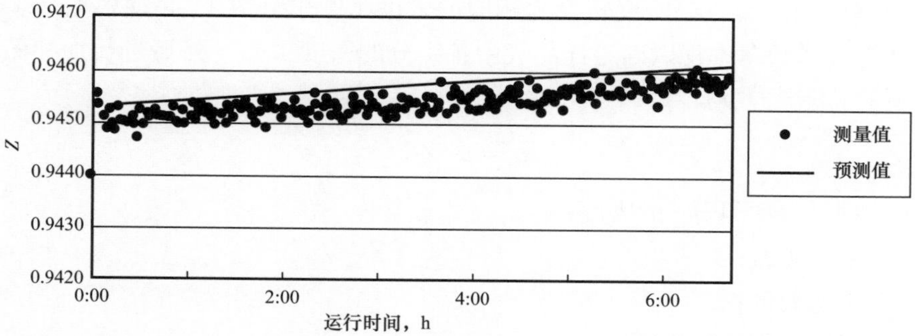

图 4–23　样品气的 Z 值随时间变化情况

图 4–24 所示为以标况条件（Btu/ft^3）表示测得的体积基发热量。仪器测得发热量的平均值为 1040.6Btu/ft^3（38.81MJ/m^3），比按 RGM 组成计算出的发热量高 0.02% 或 0.2Btu/ft^3（0.008MJ/m^3）。在 20s 测定周期数据点中，RGM 样品气的测量误差为 0.5% 或 0.5Btu/ft^3（0.02MJ/m^3），此值略高于其计算值，原因在于温度和压力测量过程中进一步引入了误差。

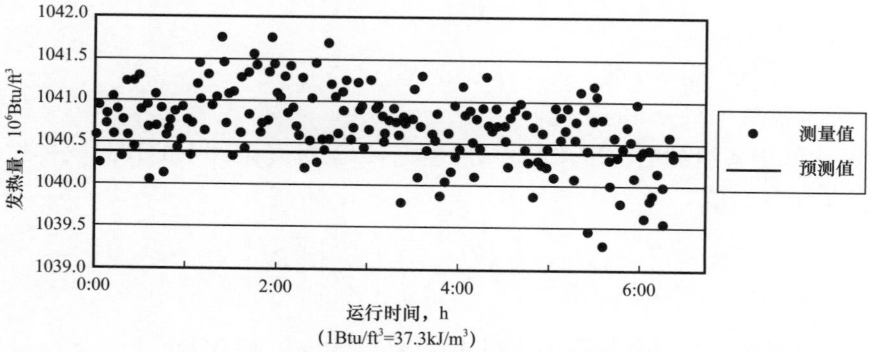

图 4–24　样品气标况发热量随时间变化情况

五、测量不确定度分析

图 4–25 和图 4–26 分别示出了发热量测定仪的操作压力对样品气浓度 X_i（摩尔分数）和体积基发热量测量不确定度的影响。

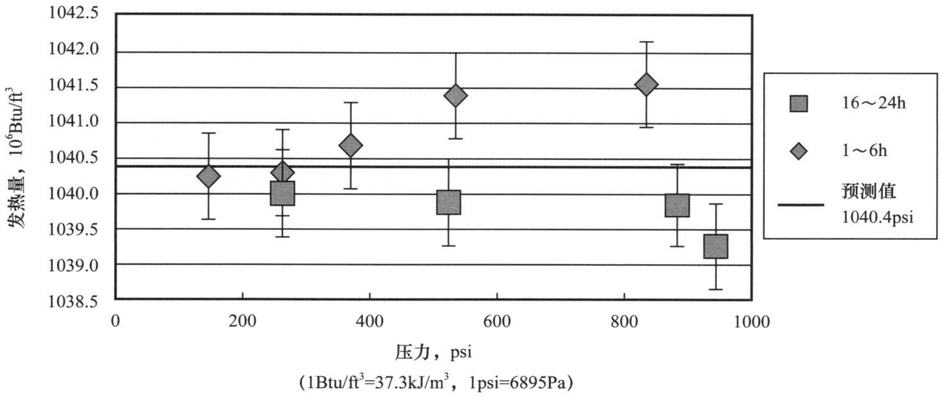

图 4–25 标况发热量平均值随测定压力的变化

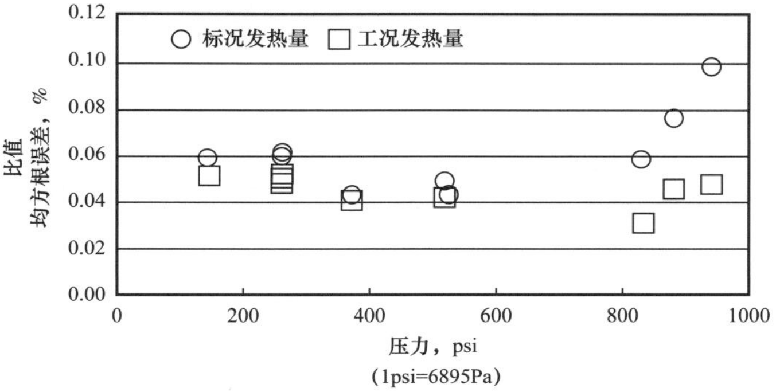

图 4–26 工况发热量和标况发热量随压力的变化

图 4–25 中标出了对应于每组测量数据的工况和标况发热量平均值随操作压力的变化情况，并与作为基准的（按 RGM 组成的）计算值（1040.4Btu/ft^3 或 38.81MJ/m^3）进行了比较。图 4–25 中的误差（柱）表示基于（测量仪表的）温度及压力读数的不确定度而导致的测量误差估计值。图 4–25 所示数据表明：16～24h（较长）测定周期和 1～6h（较短）测定周期中全部测得的发热量平均值与相应的按 RGM 组成计算值之间的差值均不超过 1Btu/ft^3（37.3kJ/m^3）。RGM 中组分浓度 X_i（摩尔分数）计算的误差导致工况发热量计算产生的误差小于 0.05%；但在压力低于 5.8MPa（850psi）时，此项误差导致标况发热量计算产生的误差将达到 0.6%（相当于 0.6Btu/ft^3 或 22.4kJ/m^3）。

从图 4–26 可以看出，标况发热量与工况发热量之间测量误差的差值随操作压力升高而增加，其原因在于 RGM 样品气中各组分含量（X_i）的测量误差随压力升高而增加。当操作压力达到 1000psi（6.8MPa）时，两者之间的差值达到 1Btu/ft^3（37.3kJ/m^3），其原因在于在高压工况下，Z 值计算对重烃组分浓度（摩尔分数）的测量误差较敏感。例如在工况压力为 1000psi（6.8MPa）时，若正戊烷的测量误差为 0.1%，将导致 Z 值计算的误差达到 0.13%。但 Z 值计算的误差并不影响管输条件下天然气工况发热量的测定，仅影响标况发热量的测定。因此，仅需要测定管输条件下的天然气能量流率，就不必将工况发热量转换为标况发热量。

应该指出：Z 值计算的误差仅与样品气中组分含量的测量误差有关，且此测量误差是包括了取样、测定等测量过程中的全部误差。与本文介绍的方法不同，目前工业上常用的气相色谱法是在常压或低压下测定的，由于“降压效应”将产生一系列系统误差，因而就 Z 值测定而言，在高压下取样和测定的吸收光谱法很可能比气相色谱法更准确，且方法的重复性也将能得到改善。

参考文献

[1] 王强，杨培培，乔亚芬．基于 Top–down 法评估天然气中组分测量不确定度［J］. 石油与天然气化工，2019，48（3）：98.

[2] 阎文灿，王池，裴全斌，等．气相色谱法测量天然气热值的不确定度评定［J］. 计量学报，2018，39（2）：280.

[3] C J Cowper. 天然气在线分析的准确性与一致性［J］. 石油与天然气化工，2012，41（1）：1.

[4] R C Wilhoit. Ideal Gas Thermodynamic Functions［J］. TRC Current Data News，3（2），1975：2.

[5] A，Harmens，Proc NPL Conf. Chemical Thermodynamic Data on Fluids and Fluid Mixtures：Their Estimation，Correlation and Use（Sep. 1978）［M］. IPC Sci. Technol. Press，1979：112.

[6] 李克，罗勤，王文华，等．天然气在线分析系统性能评价标准现场应用［J］. 石油与天然气化工，2018，47（4）：94.

[7] 陈赓良．在线气相色谱分析偏差的不确定度评定［J］. 石油与天然气化工，2012，41（2）：140.

[8] Asivaraman，et al. Development and deployment of an acoustic resonance technology for energy content measurements，23rd World Gas Conference，Amsterdam，2006.

[9] 陈赓良．天然气发热量直接测定及其标准化［J］. 石油工业技术监督，2014，30（2）：20.

[10] 陈赓良，唐飞．管输压力下实时记录式天然气发热量测定设备的开发［J］. 石油与天然气化工，2013，42（2）：91.

第五章　含硫化合物测定

根据我国天然气组成特点，含硫化合物分析包括两部分内容：硫化氢（H_2S）含量分析和总硫含量分析。总硫含量是指硫化氢含量加上有机硫化合物含量。我国天然气中含有的主要有机硫化合物是硫醇（RSH）和硫氧碳（COS）。

H_2S 是一种可燃性无色有毒、有臭鸡蛋味的气体，也是酸性天然气中最常见的杂质组分，其在空气中的爆炸极限为4.3%～45.5%。H_2S 在有氧气存在的工况下会严重腐蚀金属设备和管道，除常见的电化学腐蚀外，还可能诱发硫化物应力开裂（SSC）等严重的设备事故。H_2S 在燃烧过程中产生的二氧化硫会造成大气污染，甚至形成酸雨。因此，天然气脱硫和硫黄回收是含硫油气田开发中不可或缺的生产环节。无论是在天然气净化工业、有色金属冶炼工业，还是在环境保护和大气污染与防治工程中，准确测定天然气与大气中的 H_2S 含量皆具有重要意义。至于有机硫的测定，大多是将它们还原为 H_2S 后再进行测定。

当前工业上使用的气体中 H_2S 含量测定方法甚多。我国油气加工工业应用的主要有碘量法、亚甲蓝比色法、乙酸铅反应速率双光路检测法、氧化微库仑法和荧光光度法。

第一节　常用硫化氢测定方法

一、碘量法

碘量法属于绝对分析法，测定结果可直接溯源至SI制单位，故也是测定气体中 H_2S 含量的基准方法。该方法的含量分析范围为0～100%。

GB/T 11060.1《天然气　含硫化合物的测定　第1部分：用碘量法测定硫化氢含量》规定了用碘量法测定天然气中 H_2S 含量的试验方法。

1. 方法原理

用过量乙酸锌沉淀吸收样品气中的 H_2S，生成硫化锌沉淀。加入过量的碘溶液以氧化生成碘化锌，剩余的碘溶液用硫代硫酸钠标准溶液滴定。

$$H_2S+ZnAc_2=ZnS\downarrow+2HAc \tag{5-1}$$

$$ZnS+I_2=ZnI_2+S \tag{5-2}$$

$$I_2+2Na_2S_2O_3=Na_2S_4O_6+2NaI \tag{5-3}$$

2. 取样

（1）取样按 GB/T 13609《天然气取样导则》的规定执行。H_2S 是剧毒气体，取样时的安全应按 SY/T 6277《硫化氢环境人身防护规范》的规定执行。

（2）H_2S 的吸收应在取样现场完成，取样量与 H_2S 浓度的关系见表 5-1。

表 5-1　参考取样量

预计的硫化氢浓度		试样参考用量，mL
体积分数，%	质量浓度，mg/m^3	
＜0.0005	＜7.2	150000
0.0005～0.001	7.2～14.3	100000
0.001～0.002	14.3～28.7	50000
0.002～0.005	28.7～71.7	30000
0.005～0.01	71.7～143	15000
0.01～0.02	143～287	8000
0.02～0.1	287～1430	5000
0.1～0.2		2500
0.2～0.5		1000
0.5～1		500
1～2		250
2～5		100
5～10		50
10～20		25
20～50		10
50～100		5

（3）对 H_2S 含量高于 0.5% 的气体，取样时用短节胶管依次将取样阀、定量管、转子流量计和碱洗瓶连接。打开定量管活塞。缓缓打开取样阀，使样品气以 1～2L/min 的流速通过定量管。待通气量达到 15～20 倍定量管容积后，依次关闭取样阀和定量管活塞。记录取样点环境温度和大气压力。

（4）对 H_2S 含量低于 0.5% 的气体，取样和吸收在现场同时进行。

3. 吸收

H_2S 含量高于 0.5% 样品气的吸收装置应采用图 5-1 所示流程。在吸收器中加入 50mL 乙酸锌溶液后，用洗耳球在吸收器入口轻轻地鼓动使一部分溶液进入玻璃孔板下部空间。

用洗耳球吹出定量管两端可能存在的 H_2S。用短节胶管将图中各部分紧密对接。打开定量管活塞，缓缓打开针形阀，以 300～500mL/min 的流速通氮气 20min 后停止通气。

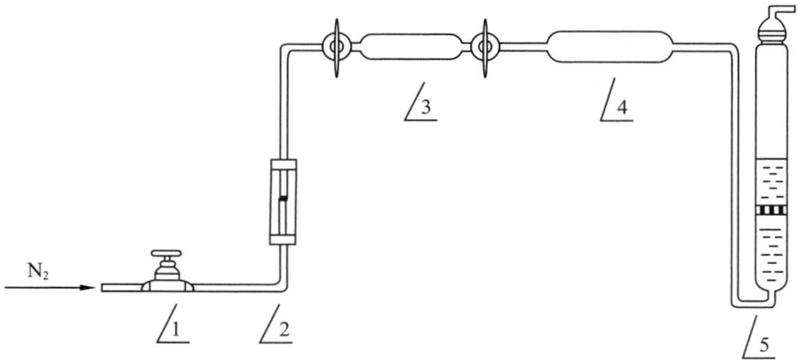

图 5-1　硫化氢含量高于 0.5% 的吸收装置示意图

1—针形阀；2—流量计；3—定量管；4—稀释器；5—吸收器

H_2S 含量低于 0.5% 的样品气吸收装置应采用图 5-2 所示流程。在吸收器中加入 50mL 乙酸锌溶液后，用洗耳球在吸收器入口轻轻地鼓动使一部分溶液进入玻璃孔板下部空间。用短节胶管将图中各部分紧密对接。全开螺旋夹，缓缓打开取样阀，用待分析样品气经排空管充分置换取样导管内的气体。吸收过程中分几次记录气体温度。待通过表 5-1 规定的样品气量后，关闭取样阀。记录取样体积、气体平均温度和大气压力。

在吸收过程中应避免日光直射。

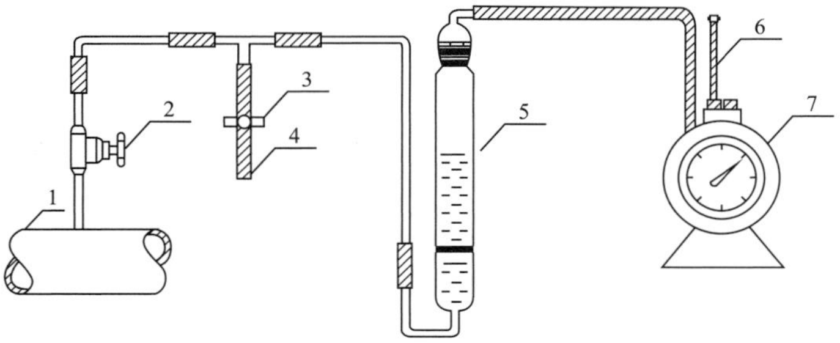

图 5-2　硫化氢含量低于 0.5% 的吸收装置示意图

1—气体管道；2—取样阀；3—螺旋夹；4—排空管；5—吸收器；6—温度计；7—流量计

4. 滴定

取下吸收器（图 5-3），用吸量管加入 10mL（或 20mL）碘溶液。硫化氢含量低于 0.5% 时应使用低浓度碘溶液。再加入盐酸溶液后装上吸收器头盖。用洗耳球在吸收器入口轻轻地鼓动溶液，使之混合均匀。为防止碘液挥发，不应吹空气进去搅拌。待反应 2～3min 后，将溶液转移至 250mL 碘量瓶中，用硫代硫酸钠标准溶液滴定，近终点时加 1～2mL 淀粉指示剂，继续滴定至蓝色消失。按同样步骤作空白试验。滴定操作应在无日光直射的环境中进行。

5. 计算

（1）定量管计量时的样品气校正体积按式（5-4）计算。

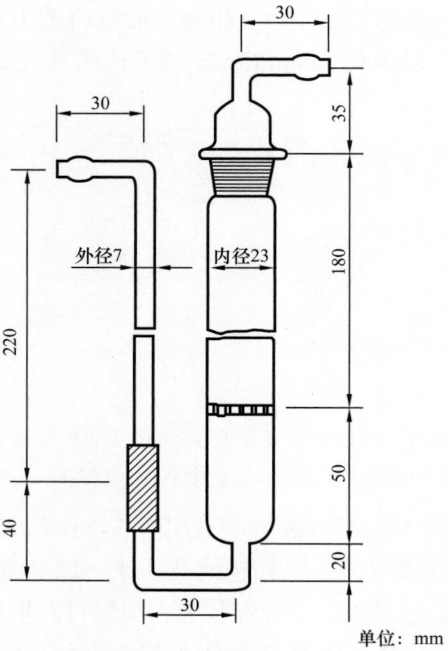

图 5-3　吸收器示意图

$$V_n = V\frac{p}{101.3}\times\frac{293.2}{273.2+t} \quad (5-4)$$

式中　V_n——定量管计量的气样校正体积，mL；

V——定量管容积，mL；

p——取样点的大气压力，kPa；

t——取样点的环境温度，℃。

（2）流量计计量时的样品气校正体积按式（5-5）计算。

$$V_n = V\frac{p-p_v}{101.3}\times\frac{293.2}{273.2+t} \quad (5-5)$$

式中　V_n——定量管计量的气样校正体积，mL；

V——取样体积，mL；

p——取样时的大气压力，kPa；

p_v——温度 t 时水的饱和蒸气压，kPa；

t——气样平均温度，℃。

（3）硫化氢质量浓度 ρ（g/m^3）按式（5-6）计算。

$$\rho = \frac{17.04c\left(V_1-V_2\right)}{V_n}\times10^3 \quad (5-6)$$

硫化氢浓度（体积分数）按式（5–7）计算。

$$\varphi = \frac{11.88c(V_1 - V_2)}{V_n} \times 100\% \qquad (5\text{–}7)$$

式中 ρ——硫化氢质量浓度，g/m^3；

φ——硫化氢体积分数；

c——硫代硫酸钠标准溶液的浓度，mol/L；

V_1——空白滴定时，硫代硫酸钠标准溶液耗量，mL；

V_2——样品滴定时，硫代硫酸钠标准溶液耗量，mL；

V_n——气样校正体积，mL；

17.04——M（$1/2H_2S$），g/mol；

11.88——在 20℃和 101.3kPa 下的 V_m（$1/2H_2S$），L/mol。

取两个平行测定结果的算术平均值作为分析结果，所得结果大于或等于 1% 时保留 3 位有效数值，小于 1% 时保留两位有效数字。

6. 精密度

表 5–2 和表 5–3 分别示出了碘量法的重复性和再现性。

表 5–2　重复性

硫化氢浓度		重复性限（较小测得值的）%
体积分数，%	质量浓度，mg/m^3	
≤0.0005	≤7.2	20
0.0005～0.005	7.2～72	10
0.005～0.01	72～143	8
0.01～0.1	143～1434	6
0.1～0.5		4
0.5～50		3
≥50		2

表 5–3　再现性

硫化氢浓度，mg/m^3	再现性限（较小测得值的）%
≤7.2	30
7.2～72	15
72～720	10

二、亚甲蓝法

GB/T 11060.2《天然气　含硫化合物的测定　第 2 部分：用亚甲蓝法测定硫化氢含量》

规定了用亚甲蓝法测定天然气中 H_2S 含量的试验方法。该方法合适的测定范围为 H_2S 质量浓度 $0\sim23mg/m^3$，适用于脱硫装置的净化气分析。

SY/T 6537—2002《天然气净化厂气体及溶液分析方法》5.2 节规定了钼蓝法测定净化气中 H_2S 含量的试验方法。其方法原理、操作步骤与方法精密度及准确度等均与亚甲蓝法基本类似。但亚甲蓝法的标准曲线受环境温度影响甚大，而钼蓝法则受影响较小；故天然气净化厂也经常采用钼蓝法作为净化气控制分析方法[1]。

1. 方法原理

用乙酸锌溶液/吸收气样中的硫化氢，生成硫化锌。在酸性介质中和三价铁离子存在下，硫化锌同 N，$N-$ 二甲基对苯二胺反应，生成亚甲蓝。通过用分光光度计测量溶液吸光度的方法测定生成的亚甲蓝。

亚甲蓝（比色）法的主要反应是：

$$H_2S+ZnAc_2=ZnS\downarrow+2HAc$$

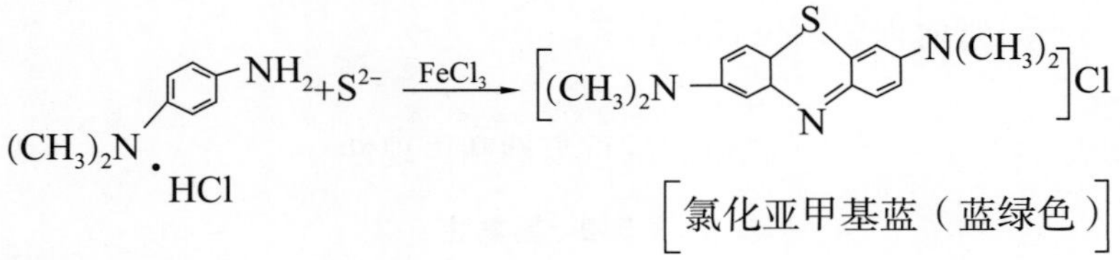

$$\underset{(CH_3)_2N\cdot HCl}{NH_2+S^{2-}} \xrightarrow{FeCl_3} \left[(CH_3)_2N-\underset{N}{\overset{S}{\bigcirc}}-N(CH_3)_2\right]Cl \qquad (5-8)$$

$$\left[氯化亚甲基蓝（蓝绿色）\right]$$

2. 主要仪器

（1）吸收器由比色管、胶塞和鼓泡管组成（参见图 5-3）。

（2）可测定 670nm 处吸光度的任意型号分光光度计。

（3）容量为 50mL 的比色管。

3. 标准曲线绘制

（1）H_2S 标准溶液（甲液）。

甲液的 H_2S 含量为 20～30mg/L。选下列两种溶液之一配制。

① 硫化锌悬浊液：在一个 500mL 锥形瓶中加入 400mL 水，塞上胶塞，用注射器取 10mL 硫化氢气体，经胶塞注入瓶内，强烈摇动后加入 100mL 乙酸锌溶液，混匀。当无硫化氢气体时，可将含硫化氢较低的天然气通入用 100mL 乙酸锌溶液加 400mL 水配制成的吸收液中，直至溶液明显变浑浊为止。

② 硫化钠溶液：取一粒或数粒硫化钠晶体，用少量水洗去表面的变质产物，用滤纸吸干后，称取 0.5g 无色透明的晶体，加入 1g 氢氧化钠，于棕色试剂瓶中用新煮沸并冷却的水溶解后稀释至 500mL。硫化钠溶液不稳定，需立即标定和使用。

（2）标定。

在一个 250mL 碘量瓶中，用吸量管加入 10.00mL 碘溶液和 10mL 盐酸溶液，再用吸量管加入 50.00mL 新配制的甲液，放置 2～3min 后，用硫代硫酸钠标准溶液滴定。近终点时，加入 2～3mL 淀粉指示剂，继续滴定至溶液蓝色消失。另取 50mL 蒸馏水按同样步骤做空白试验。

甲液中 H_2S 质量浓度 ρ_1（mg/L）按式（5–9）计算。

$$\rho_1 = \frac{17.04c\left(V_2 - V_3\right)}{V_4} \times 10^3 \tag{5–9}$$

式中 ρ_1——甲液中硫化氢的含量，mg/L；

V_2——空白滴定时硫代硫酸钠标准溶液耗量，mL；

V_3——甲液滴定时硫代硫酸钠标准溶液耗量，mL；

V_4——甲液体积，mL；

c——硫代硫酸钠标准溶液浓度，mol/L；

17.04——M（$1/2H_2S$），g/mol。

（3）H_2S 标准溶液（乙液）。

乙液的 H_2S 含量为 3～4mg/L。选下列两种溶液之一配制。

① 硫化锌悬浊液：将甲液（硫化锌悬浊液）强烈摇匀后，用吸量管吸取适量液体，于 500mL 棕色容量瓶中用乙酸锌溶液精确稀释而成。

② 硫化钠溶液：在一个 500mL 的棕色容量瓶中，用吸量管加入适量甲液，加入 1g 氢氧化钠，摇动，使之溶解，加入新煮沸并冷却的水至刻度，摇匀。

硫化钠溶液的有效期为 2h。

（4）标准色阶的配制。

取 6 支比色管，用吸量管向 1 号至 6 号比色管依次加入 0mL、1mL、2mL、3mL、4mL、6mL 乙液，再向各管加入乙酸锌溶液至总体积 40mL，塞上管塞。

按以下步骤显色，将比色管放入 20℃的恒温水溶（或 0℃的冰水器）中。10min 后，用吸量管加入 5mL 二胺溶液，立即塞上管塞，并轻轻地来回倒置两次。加入 1mL 三氯化铁溶液，塞上管塞，来回倒置两次后，放回原水浴中。20min（若在 0℃显色，应放置 30min）后，将其从水浴中取出，用自来水冲淋比色管 2～3min，用乙酸锌溶液稀释至 50mL 并摇匀。

（5）测定吸光度。

用 20mm 比色皿，以 1 号比色管溶液作参比，用分光光度计在波长 670mm 处测定吸光度。

（6）绘制标准曲线。

在直角坐标纸上，以硫化氢含量（μg）为横坐标，对应的吸光度值为纵坐标，绘制标准曲线。

当分光光度计或 *N*，*N*– 二甲基对苯二胺盐酸盐试剂有变化时，应重新绘制标准曲线。

4. 取样

（1）取样按 GB/T 13609《天然气取样导则》的规定执行。

（2）H_2S 的吸收应在取样现场完成，取样量与 H_2S 浓度的关系见表 5–4。

表 5-4　参考取样量

预计的硫化氢浓度，mg/m^3	试样用量，L
＜0.5	20
0.5～2	10
2～5	4
5～10	2
10～23	1

5. 分析步骤

（1）吸收。

按图 5-4 安装仪器。在吸收器 5 中加入 35mL 乙酸锌溶液，用短节胶管将仪器各部分紧密对接。全开螺旋夹 3，缓缓打开取样阀 2，用待分析气经排空管 4 充分转换取样管线内的气体。记录流量读数作为取样时的初始读数。打开螺旋夹 3，使样品气以 0.5～1L/min 流量通过吸收器 5。吸收过程中分几次记录气体温度。待通过表 5-4 规定的气量后，关闭阀 2。记录取样体积，气体平均温度和大气压力。

在吸收过程中应避免日光直射。

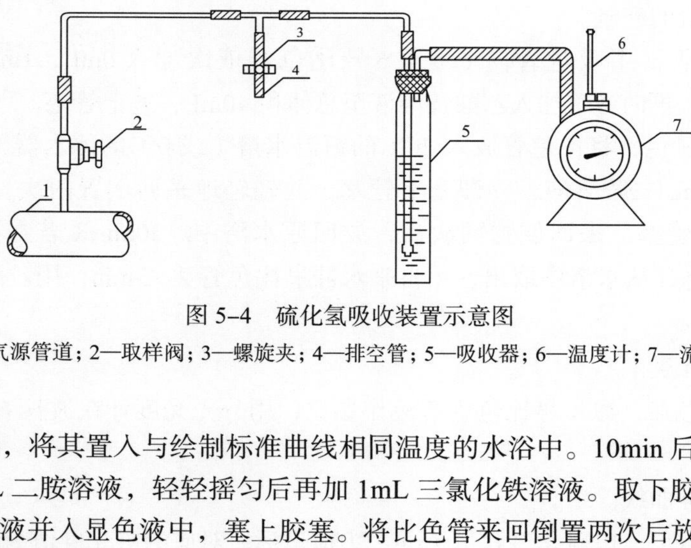

图 5-4　硫化氢吸收装置示意图

1—气源管道；2—取样阀；3—螺旋夹；4—排空管；5—吸收器；6—温度计；7—流量计

（2）显色。

取下吸收器，将其置入与绘制标准曲线相同温度的水浴中。10min 后用吸量管经鼓泡管入口加入 5mL 二胺溶液，轻轻摇匀后再加 1mL 三氯化铁溶液。取下胶塞，用水小心淋洗鼓泡管，淋洗液并入显色液中，塞上胶塞。将比色管来回倒置两次后放回水浴中。以下操作同标准色阶配制。

（3）参比溶液的配制。

取一支比色管，加入 40mL 乙酸锌溶液，塞上胶塞。按配制标准色阶的步骤显色。参比溶液的显色应与试验溶液同步进行。

（4）吸光度测定。

将试验溶液和参比溶液分别注入 20mm 的比色皿中，用分光光度计在波长 670nm 处，测定吸光度。测定时应通过比色皿厚度的选择将吸光度调至 0.2～0.7 之间。

6. 计算

（1）样品气校正体积按式（5-4）计算。

（2）样品气中硫化氢含量计算。

用测得的试验溶液吸光度值，从标准曲线上查出吸收溶液中的 H_2S 含量。样品气中 H_2S 含量以质量浓度 ρ（mg/m^3）表示，按式（5-10）计算：

$$\rho = \frac{m}{V_n} \tag{5-10}$$

式中 ρ——硫化氢质量浓度，mg/m^3；

m——吸收液中硫化氢的含量，μg；

V_n——气样的校正体积，L。

7. 精密度

在重复性条件下获得的两次独立测量结果的差值不超过表 5-5 给出的重复性限；超过重复性限的概率不超过 5%。

表 5-5　重复性限　　单位：mg/m^3

浓度范围	重复性限
＜ 1.1	0.21
1.1～4.5	0.41
4.6～23	结果平均值的 10%

第二节　常用总硫测定方法

一、氧化微库仑法

氧化微库仑法属于绝对分析法，测定结果可直接溯源至 SI 制单位，故也是测定气体中总硫含量的基准方法。该方法合适的总硫含量测定范围为 1～200mg/m^3，也可通过稀释将测定范围扩展至较高浓度的样品气。

GB/T 11060.4《天然气　含硫化合物的测定　第 4 部分：用氧化微库仑法测定总硫含量》规定了用氧化微库仑法测定天然气中总硫含量的试验方法。

1. 方法原理

含硫天然气在石英转化管中与氧气混合燃烧，硫转化成二氧化硫，随氮气进入滴定池与碘发生反应，消耗的碘由电解碘化钾得到补充。根据法拉第电解定律，由电解所消耗的电量计算出样品中硫的含量，并用气体标准物质进行校正。

2. 主要仪器

（1）转化炉：带有 3 个独立加热段（燃烧段、预热段和出口段）或 1 个加热段（燃烧段）。

（2）滴定池：池中插入一对电解电极和一对指示电极。

（3）微库仑计：当二氧化硫进入滴定池使池中碘浓度降低时，仪器能自动（或手动）接触电解，使碘浓度恢复到原来浓度水平，并自动记录电解时间和电流，最后直接显示出硫含量。微库仑计对 1ng 硫应有明显反应。

3. 试验准备

（1）配制电解液：称取 0.5g 碘化钾溶解于 500mL 去离子水中，加入 5mL 冰乙酸，加去离子水稀释至 1L，储存于棕色试剂瓶中。电解液有效期为 3 个月。

（2）按说明书安装仪器，并接好氮气和氧气管线（图 5–5）。

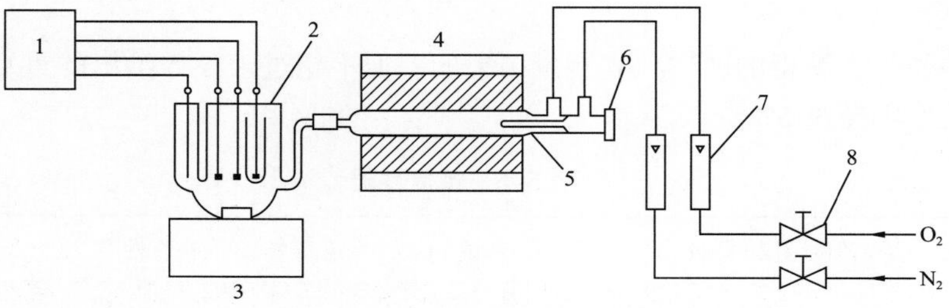

图 5–5　微库仑计安装图

1—微库仑计；2—滴定池；3—电磁搅拌器；4—转化炉；5—石英转化管；6—进样口；7—流量控制器；8—针形阀

（3）按仪器说明书要求控制转化炉燃烧段、预热段和出口段的温度；如果转化炉只有一个加热段，则只控制燃烧段的温度。推荐燃烧段、预热段和出口段的温度分别不低于 800℃、600℃和 700℃，使硫的转化率不低于 75%。

（4）加电解液。

每天试验前应向滴定池加入新鲜电解液，使液面高出电极 5～10mm。连续测定 4h 后更换一次，也可根据试验情况随时更换。

（5）开机准备。

更换进样口上的硅橡胶垫，并将氮气和氧气流量分别调至仪器规定值。然后开启电磁搅拌器，调节搅拌速度，使电解液中产生轻微的旋涡。

按仪器说明书要求对所有操作参数进行检查，并调节偏压、积分电阻和放大倍数。

4. 测定硫的转化率

（1）取样与进样。

用气体标准物质冲洗注射器 3～5 次后正式取样。取样时应让瓶内的气体压力将注射器芯子推至所需刻度，然后插入仪器进样口，使气体标准物质在 3～5s 内进完。进样量宜控制在 0.25～5mL 之间。

（2）测定转化率。

将测定方法转换至校正系数状态，输入标准物质（甲烷或氮气中硫化氢标准物质）进行测定，仪器便显示出用标准物质测得的转化率。当连续5次转化谐振相对偏差不大于2%时，可取5次连续测量的平均值作为仪器测量用的转化率。

转化率应不低于75%，否则应查明原因，重新测定。

5. 取样

（1）从天然气管线取样时，按GB/T 13609执行。

（2）从气瓶取样。

用样品冲洗注射器3～5次后正式取样。取样时应让瓶内的气体压力将注射器芯子推到所需刻度，然后插入仪器进样口，使样品在3～5s内进完。进样量宜控制在0.25～5mL之间。

（3）从气袋取样。

用样品冲洗注射器3～5次后正式取样。取样时压气袋使气袋内的气体压力将注射器芯子推到所需刻度，然后插入仪器进样口，使样品在3～5s内进完。进样量宜控制在0.25～5mL之间。

6. 进样与测定

将测定方式转换至测定状态，输入样品气进样体积（校正体积）。按上述取样方法取得样品气后插入仪器进样口，并在3～5s内完成进样。样品气量宜控制在0.25～5mL之间。

当样品气中总硫含量高于仪器测量范围时，可将样品气稀释后测定。试验报告中应说明稀释方法。

7. 计算

（1）湿基样品气体积。

湿基样品气体积按式（5–11）计算：

$$V_n = V\frac{p-p_V}{101.3}\times\frac{293.2}{273.2+t} \tag{5–11}$$

式中　V_n——气样计算体积，mL；

V——进样体积，mL；

p——测定进样时的大气压力，kPa；

p_V——温度t时水的饱和蒸汽压，kPa；

t——测定进样时的室温，℃。

（2）干基样品气体积。

干基样品气体积按式（5–12）计算：

$$V_n = V\frac{p}{101.3}\times\frac{293.2}{273.2+t} \tag{5–12}$$

式中　V_n——气样计算体积，mL；

V——进样体积，mL；

p——测定进样时的大气压力，kPa；

t——测定进样时的室温，℃。

（3）样品气中总硫含量。

样品气中总硫含量按式（5-13）计算：

$$S=\frac{W}{V_n \times F} \tag{5-13}$$

式中 S——气样中总硫含量，mg/m³；

W——测定值，ng；

V_n——气样计算体积，mL；

F——硫的转化率，%。

取两个平行测定结果的算术平均值作为测定结果。测定结果按 GB/T 8170《数值修约规则与极限数值的表示和判定》给出的数值修约规则进行修约，总硫含量小于或等于 10mg/m³ 时，测定结果有效数字保留 2 位；总硫含量大于 10mg/m³ 时，测定结果有效数字保留 3 位。

8. 精密度

（1）重复性。

在重复性条件下获得的两次独立测量结果的差值不超过表 5-6 给出的重复性限，超过重复性限的概率不超过 95%。

表 5-6 重复性限 单位：mg/m³

浓度范围	重复性限
$1 \leqslant S \leqslant 10$	0.44
$10 < S \leqslant 20$	0.71
$20 < S \leqslant 60$	2.7
$60 < S \leqslant 100$	2.9
$100 < S \leqslant 200$	4.1

（2）再现性。

在再现性条件下获得的两次独立测量结果的差值不超过表 5-7 给出的再现性限，超过再现性限的概率不超过 95%。

二、紫外荧光光度法

GB/T 11060.8《天然气 含硫化合物的测定 第 8 部分：用紫外荧光光度法测定总硫含量》规定了用紫外荧光光度法测定天然气中总硫含量的试验方法。该方法合适的总硫含量测定范围为 1～150mg/m³，也可通过稀释将测定范围扩展至较高浓度的样品气。

表 5-7　再现性限　　单位：mg/m^3

浓度范围	再现性限
$1 \leqslant S \leqslant 10$	1.3
$10 < S \leqslant 20$	2.7
$20 < S \leqslant 60$	5.9
$60 < S \leqslant 100$	9.1
$100 < S \leqslant 200$	14.2

1. 方法原理

具有代表性的气样通过进样系统进入到一个高温燃烧管中，在富氧的条件下，样品中的硫被氧化成二氧化硫（SO_2）。将样品燃烧过程中产生的水除去，然后将样品燃烧产生的气体暴露于紫外线中，其中的 SO_2 吸收紫外线中的能量后被转化为激发态的 SO_2。当 SO_2 分子从激发态回到基态时释放出荧光，所释放的荧光被光电倍增管所检测，根据获得的信号可检测出样品中的硫含量。

2. 主要仪器

（1）燃烧炉：温度可保持在 1075℃ ±25℃的电炉，能将样品气中所有含硫化合物均氧化成 SO_2。

（2）燃烧管：石英燃烧管的结构应保证能将样品气直接注入燃烧炉的高温氧化区内。燃烧管应带有侧管以便注入氧气和载气。氧化区应足够大以确保样品气完全燃烧。图 5-6 所示为典型的石英燃烧管，只要不影响测量精密度，也可以使用其他形状的燃烧管。

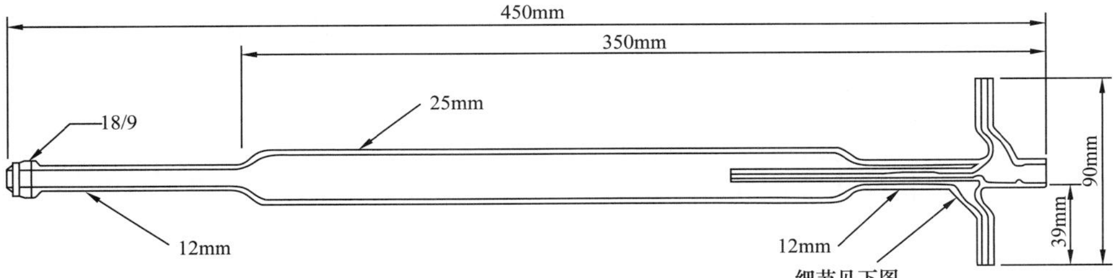

(a) 石英燃烧管结构

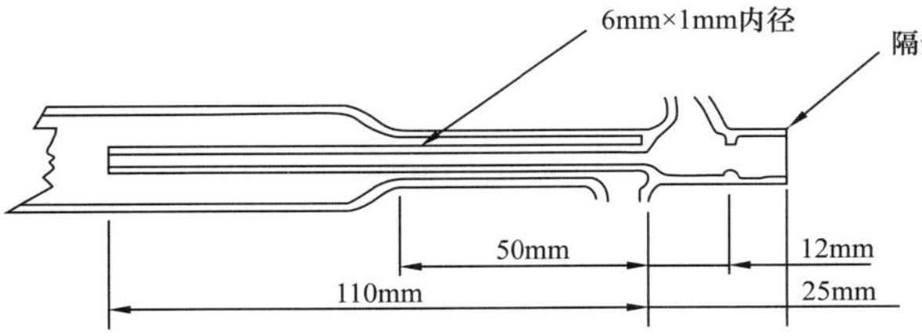

(b) 燃烧管顶部细节

图 5-6　典型的石英燃烧管

（3）紫外荧光检测器：一种可定量测量在紫外光作用下 SO_2 所释放荧光的检测器。

（4）进样系统：该系统设置有一个与氧化区入口相连接的样品气进样阀（图 5–7）。用惰性载气清洗进样系统，并在控制载气流量为约 30mL/min 的条件下向燃烧炉氧化区输入样品气。也可以用微量注射器进样（图 5–8）。

（5）记录仪或与之相当的电子数据记录装置。

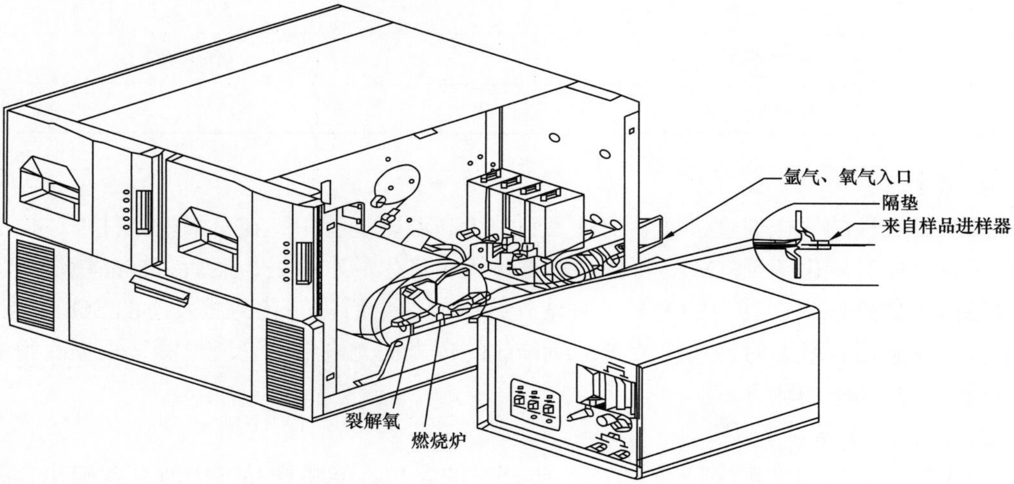

图 5–7　总硫分析仪和样品气进样阀位置示意图

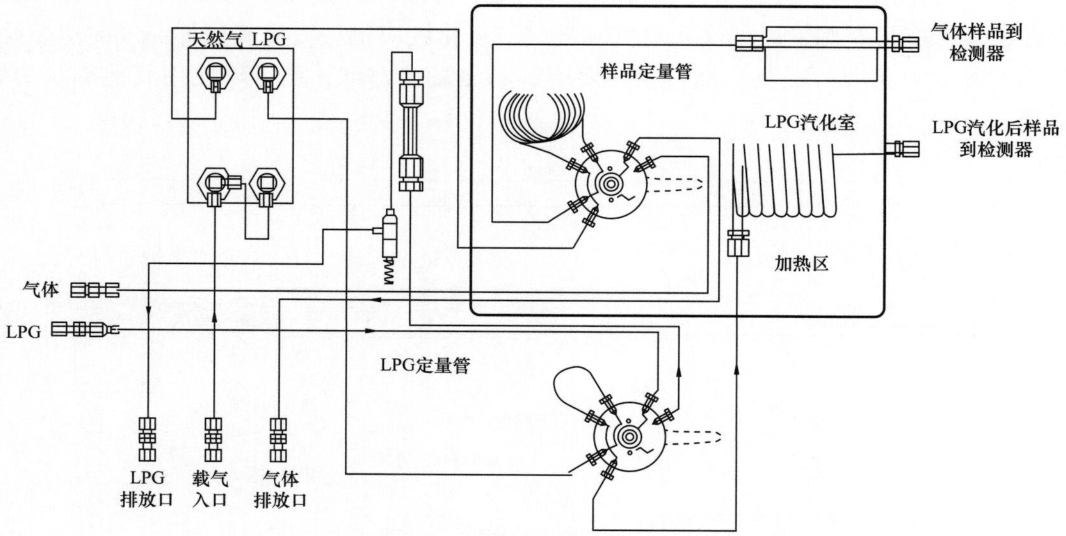

图 5–8　进样系统中的流动通道

3. 标准物质

应使用经认证的气体标准样品。

质量控制样品应选择稳定且具有代表性的一种或数种气体样品。

4. 取样

（1）按 GB/T 13609 的规定取样。取样容器应具有抗硫能力。

（2）样品气如不立即使用，进样前应在容器中充分混合样品气。

（3）使用单独的或经特殊处理的样品容器有助于减少交叉污染，并可提高样品气的稳定性。

5. 仪器的准备

（1）根据说明书安装仪器设备，并检查气密性。

（2）表 5–8 所示为仪器典型的操作条件。

表 5–8 典型操作条件

样品注入系统载气，mL/min	25～30
燃烧炉温度，℃	1075±25
炉内氧气流量设定，mL/min	375～450
氧气入口流量计设定，mL/min	10～30
载气入口流量计设定，mL/min	136～160
气样进样量，mL	10～20
液体进样量，μL	15

6. 校准步骤

（1）根据预期的被分析样品中的硫浓度，从表 5–9 中选择一个含硫量校准范围，最好使用能代表被分析样品中的含硫化合物和稀释类型。表 5–9 为典型代表，如有需要也可以使用比表中更小的范围。必须确保用于校准的标准物质硫浓度包括被分析样品气的硫浓度。

（2）使用标准气时，应先充分吹扫进样管路，确保样品的代表性。

（3）启动分析仪，按仪器操作手册检查所有参数。

表 5–9 典型的硫含量校准范围 单位：mg/kg

硫（曲线Ⅰ）	硫（曲线Ⅱ）
空白	空白
5.00	10.00
10.00	50.00
—	100.00

注：（1）每条曲线使用的标准样品数量可能不尽相同。

（2）在选定的操作范围内，所有被分析的材料均注入恒定的或相似样品量，有助于维持稳定的燃烧状态，并且可以简化结果的计算。

（3）可使用自动样品输送和进样装置。

（4）取样阀置于进样位置，将带压的样品容器连接到仪器进样系统的取样阀上。通过取样阀的进样环管定量注入气体样品（表 5-9）。

（5）按操作手册规定注入标准气样品。

7. 单点校准

（1）选择一个总硫含量接近被测气体样品的标准气样品，其总硫含量的最大偏差为 ±25%。

（2）按操作手册规定建立仪器零点（空白）。

（3）计算校准系数 K。

8. 多点校准

（1）如果仪器具有自动校准功能，按上述校准步骤进标准样进行自动校准。

（2）按操作手册规定校准仪器，并绘制校准曲线。该曲线一般为线性，分析系统通常至少每天检查一次。

注：如果不会降低精密度和准确度，也可以使用其他校准曲线技术。校准的频率可通过使用质量控制图或其他质量保证 / 质量控制技术进行确定。

9. 试验步骤

（1）按上述取样方法获取试验用样品。通常样品中硫浓度应比校准过程中使用标准样品中的最高浓度低，比最低浓度高。

（2）按校准步骤同样的操作对样品进行测量。

（3）检查燃烧管和其他流动通道以确认样品气完全被氧化。一旦观察到焦油或烟灰，则应降低进入燃烧炉的样品流量或减少进样量，或同时采用两者。

（4）清洗和重新校准：对出现焦油或烟灰的部件按操作手册规定进行清洗。完成清洗和 / 或调整后，需要重新安装并检查仪器的泄漏情况。在重新测定样品前需要再次对仪器进行校准。

（5）每个样品应连续测定 3 次，如测定结果符合重复性要求，则可据此计算出检测器的平均响应值。

（6）用 GB/T 11062 规定的方法计算样品的密度。

10. 计算

（1）对具有自动校准功能的分析仪，可使用式（5-14）计算样品中的总硫含量（以 mg/kg 计）：

$$S_m = \frac{G \times d_0}{d_1} \tag{5-14}$$

式中 S_m——样品中的总硫含量，mg/kg；

G——被测样品中检测出的硫含量，mg/kg；

d_0——标准混合物的密度，g/mL；

d_1——样品的密度，g/mL。

（2）对采用单点校准的分析仪，按以下步骤计算。

① 校准系数计算。

按式（5–15）或式（5–16）计算校准系数：

$$K_{\mathrm{m}} = \frac{A_{0,\mathrm{m}}}{m_0 \times S_{0,\mathrm{m}}} \tag{5–15}$$

或者

$$K_{\mathrm{v}} = \frac{A_{0,\mathrm{v}}}{V_0 \times S_{0,\mathrm{v}}} \tag{5–16}$$

式中　K_{m}——质量校准系数；

$A_{0,\mathrm{m}}$——按质量注入标准物质的响应值，以响应值读数为单位；

m_0——注入的标准物质的质量，mg；

$S_{0,\mathrm{m}}$——注入的标准物质的总硫含量，mg/kg；

K_{v}——体积校准系数；

$A_{0,\mathrm{v}}$——按体积注入标准物质的响应值，以响应值读数为单位；

V_0——注入的标准物质的体积，mL 或 μL（液体）；

$S_{0,\mathrm{v}}$——注入的标准物质的总硫含量，$\mathrm{mg/m^3}$ 或 ng/μL（液体）。

校准系数应是按每日的校准来确定的，计算校准系数的平均值，并检查标准物质的偏差是否在允许的范围内。

② 进样体积换算。

样品气在 101.325kPa 和 20℃下的体积 V_{n} 以式（5–17）计算：

$$V_{\mathrm{n}} = \frac{293.15 \times V \times p}{\text{üüü} \qquad \times T} \tag{5–17}$$

式中　V_{n}——样品气的体积，mL；

V——注入样品的体积，mL；

p——注入样品的压力，kPa；

T——注入样品的温度，K。

③ 样品中总硫浓度计算。

用式（5–18）和式（5–19）计算样品中总硫浓度：

$$S_{\mathrm{m}} = \frac{A_{\mathrm{m}}}{m \times K_{\mathrm{m}}} \tag{5–18}$$

或者

$$S_{\mathrm{v}} = \frac{A_{\mathrm{v}}}{V_{\mathrm{n}} \times K_{\mathrm{v}}} \tag{5–19}$$

式中　S_{m}——样品中以质量分数表示的总硫含量，mg/kg；

A_{m}——按质量注入样品时样品的响应，以响应值读数为单位；

m——注入样品的质量，mg；

K_{m}——质量校准系数；

S_{v}——样品中以体积分数表示的总硫含量，$\mathrm{mg/m^3}$；

A_v——按体积注入样品时样品的响应，以响应值读数为单位；

V_n——样品气的体积，mL；

K_v——体积校准系数。

11. 精密度

下列精密度数据是通过一项室间循环比对试验获得的，其中包括正丁烷、异丁烷和丙烷 / 丙烯混合物中总硫含量等多个样品。

（1）重复性：在重复性条件对同一个样品进行测定时，在 95% 置信水平下，两个独立测量结果之差不应超过式（5–20）的计算结果。

$$r=0.1152X \tag{5–20}$$

式中 r——重复性；

X——为两次测定结果的平均值。

（2）再现性：在再现性条件对同一个样品进行测定时，在 95% 置信水平下，两个独立测量结果之差不应超过式（5–21）的计算结果。

$$R=0.313X \tag{5–21}$$

式中 R——再现性；

X——为两次测定结果的平均值。

表 5–10 和表 5–11 分别示出了以质量分数和质量浓度表示的重复性 r 和再现性 R。

表 5–10 以质量分数表示的重复性 r 和再现性 R

总硫浓度，mg/kg	重复性 r，mg/kg	再现性 R，mg/kg
1	0.1	0.3
5	0.6	1.6
10	1.2	3.1
25	2.9	7.8
50	5.8	15.6
100	11.5	31.3

表 5–11 以质量浓度表示的重复性 r 和再现性 R

总硫浓度，mg/m^2	重复性 r，mg/m^3	再现性 R，mg/m^3
5	0.6	1.6
10	1.2	3.1
25	2.9	7.8
50	5.8	15.7
100	11.5	31.3
150	17.3	47.0

注：天然气在 101.325kPa、20℃标准参比条件下的密度按 0.69kg/m^3 进行估算。

三、氢解—速率计比色法

GB/T 11060.5《天然气　含硫化合物的测定　第5部分：用氢解—速率计比色法测定总硫含量》规定了用氢解—速率计比色法测定天然气中总硫含量的试验方法。该方法合适的总硫含量测定范围为体积分数 0.1×10^{-6}～20×10^{-6}，约相当于质量浓度 0.1～$26mg/m^3$，也可通过稀释将测定范围扩展至较高浓度的样品气。

1. 方法原理

试样以恒定的速率进入氢解仪内的氢气流中，在1000℃或更高的温度下试样和氢气被热解，含硫化合物转化为硫化氢。硫化氢与乙酸铅的反应结果由比色反应速率计检测读出，单位为 10^{-6}（体积分数）。

2. 仪器和设备

（1）热解炉：一台能在900～1300℃范围调控温度的炉子，炉内装有一根内径5mm或更大的石英或陶瓷管以热解样品气。流动系统采用硫氟化合物或对 H_2S 及含硫化合物惰性的其他材料。

（2）H_2S 速率计：氢解产物所含 H_2S 量与样品气中总硫含量成正比。当生成硫化铅时，浸有乙酸铅的纸带会变暗，通过测定其反射比的变化速率来测定 H_2S 的浓度。可提供一阶导数输出的 H_2S 速率计电子仪的灵敏度应达到 0.001×10^{-6}（体积分数）。氢解流程与 H_2S 测定比色速率计结构分别示于图5-9和图5-10。

（3）记录仪：满标为 0.1×10^{-6}（体积分数）及 1.0×10^{-6}（体积分数）的记录仪。

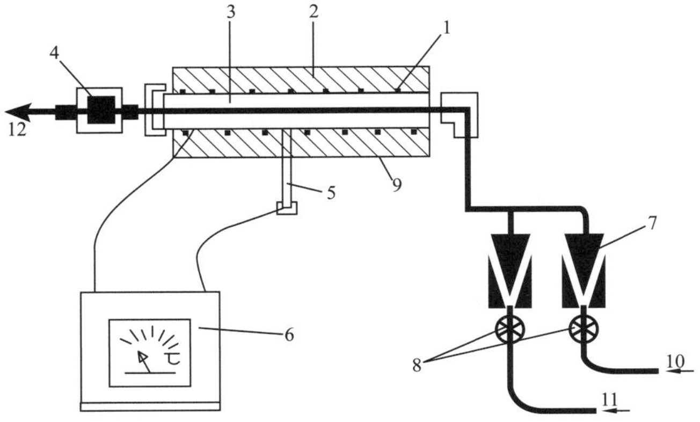

图5-9　氢解流程图

1—加热器；2—绝缘体；3—易装卸的陶瓷或石英反应管；4—过滤器；5—热电偶；6—温控器；7—转子流量计；8—阀；9—热解炉；10—试样；11—氢气；12—气样进入硫化氢速率计

3. 参比标样的配制

（1）参比标样：参比标样是用标准物质通过气体体积计量即时配制的（图5-11）。一般在15min内参比标样的浓度下降不足1%。体积计量法配制的、浓度，以体积分数表示的气体样品，在同一试验条件下其温度和压力无须校正；但若换算为质量浓度，则必须进行温度和压力校正。

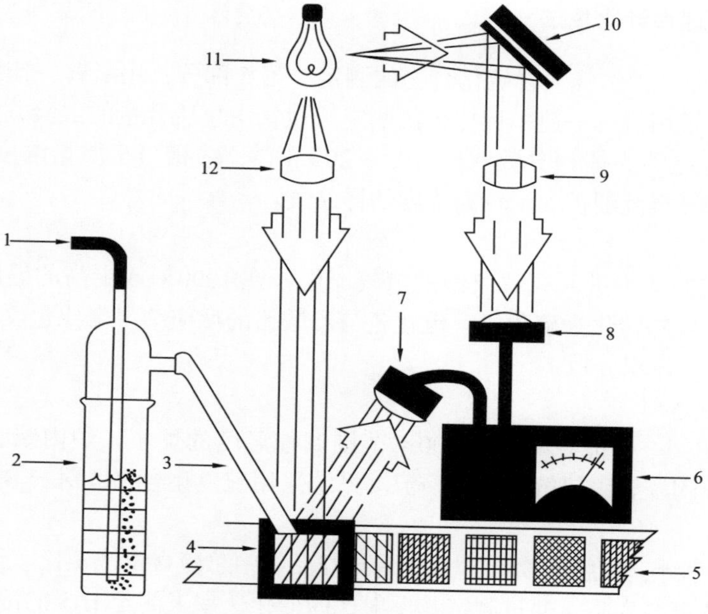

图 5-10　硫化氢测定比色速率计

1—来自热解炉的试样；2—润湿器；3—润湿后的 H_2S 试样；4—样品室；5—响应纸带；6—变化速率指示计；7—测量光电池；8—参比光电池；9、12—透镜；10—反射镜；11—钨丝灯

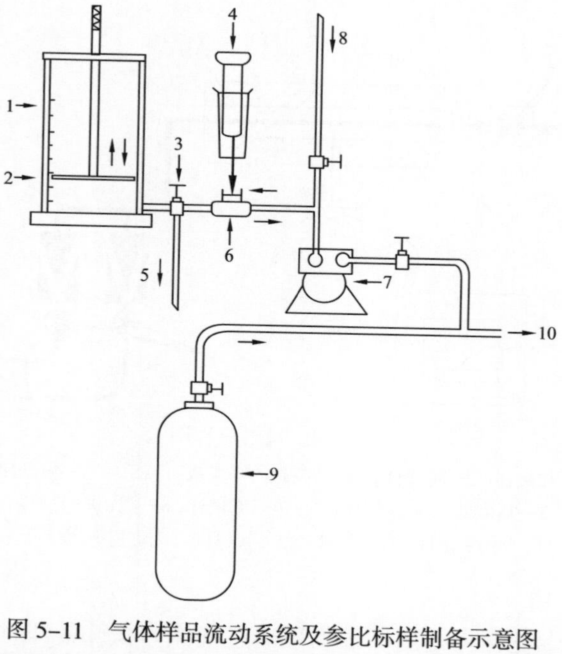

图 5-11　气体样品流动系统及参比标样制备示意图

1—校准用配气筒；2—活塞；3—三通阀；4—微量气体注射器；5—废气排放口；6—隔膜；7—泵；8—无硫载气源；9—试样；10—至热解炉流量计

（2）准备 1×10^{-6}（体积分数）气体样品：用隔膜注射器加 0.01mL COS 至一个充有载气的 10L 配气筒中，混合均匀后用式（5–22）计算 COS 的浓度（体积分数）。

$$V=\varphi_s\times10^{-2} \tag{5–22}$$

式中　V—— 含硫化合物的体积，mL；

φ_s—— 参比标样中含硫化合物的体积分数，10^{-6}。

注：式（5-22）只适用于气体物质。

4. 仪器的准备

（1）打开炉子开关，升温并恒定在 1000℃。若样品气中有噻吩存在，则炉温应升至 1300℃。

注：降低炉温可延长炉子的寿命，含噻吩的化合物在 1000℃时转化率为 60%，在 1300℃时为 100%。

（2）在润湿器中加 30mL 5% 乙酸溶液，连接所有流动系统管线。用惰性气体吹扫流动系统后关闭其阀门。用检漏液检查所有管线连接处。通入氢气，设定其流量为 200mL/min 或更多。将炉温调至（1000±15）℃并恒温。样品气流量必须为氢气流量的 1/3 或更少，总流量可达到 500mL/min。若样品气中含有噻吩，为使其完全转化，在氢气流量为 200mL/min 的条件下，将炉温升至 1300℃。

（3）安装检测纸带并开启 H_2S 分析仪。

（4）在无气体流动工况下调整分析仪或记录仪零点，调零时灵敏度应置于最高档。

（5）打开氢气流阀门，5min 后注意零点位置变化以检验氢气纯度。若读数超过零点位置 4% 以上，应怀疑氢气中含硫并更换气源。

（6）若零点读数变化不超过 4%，应在氢气流动的状态下重新调零。调零时灵敏度应置于最高档。

5. 校准与标定

（1）在氢气流量达到 200mL/min 时，推进纸带至未曝光区域并注意基线是否有变化。

（2）准备好参比标样，并将后者与泵及分析仪相连接。当仪器读数稳定时记录此数值（此数值即为环境温度和压力下参比标样的读数）。推动纸带并通入含硫浓度与样品气相近的参比标样。调整样品气流量为 65mL/min，约 4min 后调整记录仪量程以便显示响应值。响应值呈线性。准备好一个校准用气样，例如浓度为 0.8×10^{-6}（体积分数），将记录仪量程调整为满刻度的 80%，此时满标刻度即为 1×10^{-6}（体积分数）。任何浓度低于 1×10^{-6}（体积分数）的数值均能在分割为 100 等分的刻度盘上直接读出。

6. 样品气测定

将样品气连接到分析仪，调整其流量约为 65mL/min，并保持稳定。在响应值稳定后，记录读数。应经常用参比标样校正分析仪量程，以补偿温度和大气压力变化引起的波动。当样品气中硫浓度不超过参比标样浓度的 25% 时，每天应进行 2 次校准。

7. 计算

（1）样品气中含硫化合物浓度（体积分数）φ_x 按式（5–23）计算：

$$\varphi_x = \frac{(A-B)}{(C-B)} \times \varphi_s \tag{5-23}$$

式中 φ_x——未知试样中含硫化合物的体积分数；

A——在环境温度和压力下未知试样的读数；

B——空白样的读数；

C——在环境温度和压力下参比标样的读数；

φ_s——参比标样中含硫化合物的浓度，10^{-6}（体积分数）。

（2）含硫化合物的浓度（体积分数）换算为20℃、101.3kPa下的质量浓度ρ（mg/m^3）时，按式（5-24）计算：

$$\rho=2.49\varphi_x \tag{5-24}$$

（3）样品气中总硫的浓度（体积分数）换算为20℃、101.3kPa下的质量浓度ρ_s（mg/m^3）时，按式（5-25）计算：

$$\rho_s=1.33\varphi_x \tag{5-25}$$

在其他温度和压力时也应做适当的校正。

8. 精密度

（1）含硫化合物中包括H_2S时的精密度。

① 重复性。

在重复性条件下两次独立测定结果的差值不超过表5-12给出的重复性限，超过重复性限的概率不超过5%。

② 再现性。

在再现性条件下两次独立测定结果的差值不超过表5-12给出的再现性限，超过再现性限的概率不超过5%。

表5-12 含硫化合物中包括H_2S时的精密度

满标度范围 φ 10^{-6}（体积分数）	重复性限 10^{-6}（体积分数）		再现性限 10^{-6}（体积分数）	
	手动	自动	手动	自动
1.0	0.014	0.017	0.050	0.141
0.1	0.002	0.002	0.006	0.008

（2）含硫化合物中不包括H_2S时的精密度。

① 重复性。

在重复性条件下两次独立测定结果的差值不超过表5-13给出的重复性限，超过重复性限的概率不超过5%。

② 再现性。

在再现性条件下两次独立测定结果的差值不超过表 5–13 给出的再现性限，超过再现性限的概率不超过 5%。

表 5–13　含硫化合物中不包括 H_2S 时的精密度

满标度范围 φ 10^{-6}（体积分数）	重复性限 10^{-6}（体积分数）	再现性限 10^{-6}（体积分数）
1.0	0.16	0.26
0.1	0.051	0.082

第三节　含硫化合物在线测定方法

一、乙酸铅反应速率（纸带）法

GB/T 11060.3《天然气　含硫化合物的测定　第 3 部分：用乙酸铅反应速率双光路检测法测定硫化氢含量》规定了用乙酸铅反应速率法测定天然气中（微量）硫化氢的试验方法。该方法合适的硫化氢含量测定范围为 0.1×10^{-6}～20×10^{-6}（体积分数），约相当于质量浓度 0.1～26mg/m^3。该方法适用于实验室和 / 或在线测定。

1. 方法原理

气体样品以一恒定流量加湿后，流经乙酸铅纸带，硫化氢与乙酸铅反应生成硫化铅，纸带上产生棕黑色色斑。反应速率及产生的颜色变化速率与样品中硫化氢浓度成正比。采用光电检测器检测反应生成的硫化铅黑斑，产生的电压信号经采集和一阶导数处理后得到响应值，通过与已知硫化氢标准气的响应值相比较来测定样品中硫化氢含量。

2. 仪器和设备

（1）样品泵：一台可提供 8mL/s 以上流量、压力为 70kPa 的泵。

（2）带传感器的比色速率计：一种能测定最小速率变化相当于样品气中硫化氢浓度变化为 0.1×10^{-6}（体积分数）的装置（图 5–12）。

（3）数据处理系统。

3. 标定

（1）标准气浓度。

根据预期的天然气样品硫化氢浓度，选择合适的 3～4 个不同浓度的硫化氢标准气。

（2）时间间隔。

仪器首次或维修后运行，需进行仪器标定。仪器正常运行过程中，每 2 个月标定 1 次或用户根据测试目的和要求规定标定时间间隔。

（3）标定步骤。

将测定方式转换至标定状态，依次将氮气和不同浓度的 H_2S 标准气连接到仪器，按仪器说明书规定进行标定。仪器可以自动或手动绘制浓度曲线，曲线通常为线性。在仪器正常使用过程中，每天至少用一种有证 H_2S 标准气校验 1 次。

4. 取样和测定

（1）取样。

用铝制、聚四氟乙烯或不锈钢取样导管将样品源直接与仪器的入口相连接，或者用铝制、聚四氟乙烯或不锈钢取样瓶按 GB/T 13609 取样，然后再连接到仪器的入口。

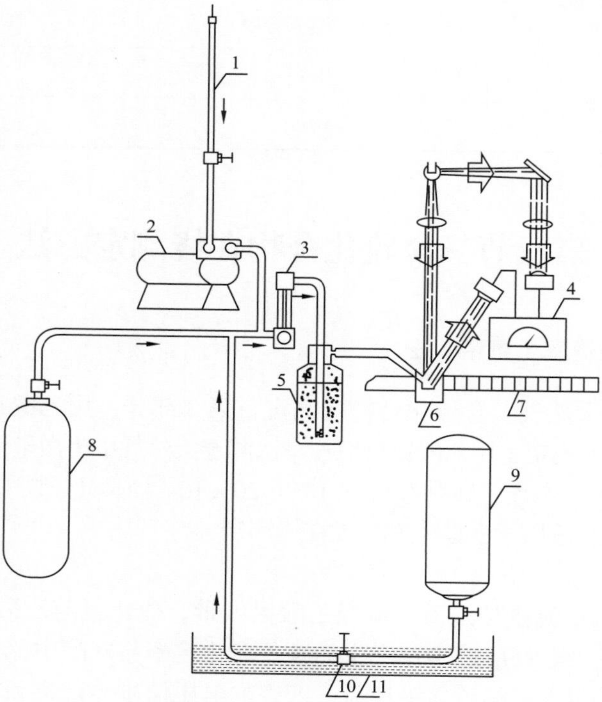

图 5-12　硫化氢测定系统示意图

1—不带压气体样品；2—样品泵；3—流量控制装置；4—比色速率计；5—润湿器；6—样品室；7—乙酸铅纸带；8—带压气体样品；9—带压液体样品（LPG）；10—汽化泵；11—热水浴

（2）测定。

将测定方式转换到样品测定状态，带压样品按仪器说明书调节压力和流量，不带压样品按仪器说明书开启样品泵和调节流量，仪器自动显示样品中硫化氢含量（φ 或 ρ）。测定不同的样品前，可分别用氮气及样品对仪器气路进行吹扫，以消除样品相互间的影响。当样品中硫化氢浓度高于仪器的测量范围，将样品稀释后进行测定。测试报告中应说明稀释方法。

5. 结果表示

（1）取两次测定平均值为测定结果。样品气中 H_2S 浓度以体积分数（φ）表示，或以质量浓度表示。

（2）H_2S 体积分数换算为 20℃、101.3kPa 下的质量浓度（ρ）mg/m^3，按式（5-26）计算：

$$\rho=1.417\varphi \tag{5-26}$$

式中　ρ——未知样品中硫化氢的质量浓度，mg/m^3；

　　　φ——未知样品中硫化氢的浓度，10^{-6}（体积分数）。

在其他温度和压力时应做适当的校正。

6. 精密度

（1）重复性。

在重复性条件下两次独立测定结果的差值不超过图 5–13 给出的重复性限，超过重复性限的概率不超过 5%。

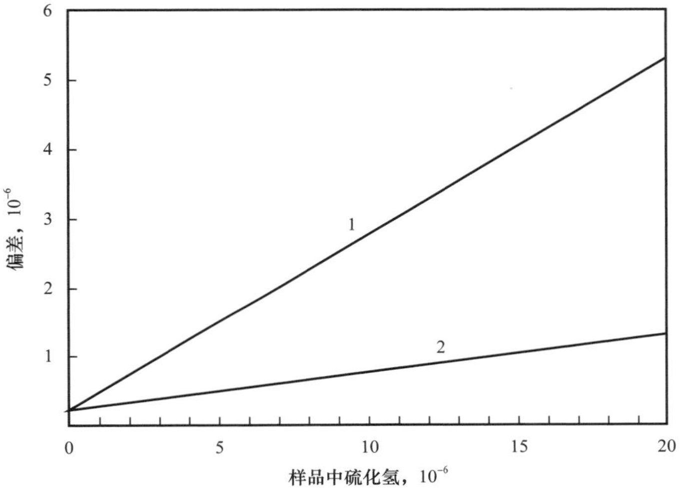

图 5–13　重复性和再现性

1—再现性限；2—重复性限

（2）再现性。

在再现性条件下两次独立测定结果的差值不超过图 5–13 给出的再现性限，超过再现性限的概率不超过 5%。

二、纸带式 H_2S 在线测定仪

1. 主要技术性能

加拿大 Galvanic 公司出品的 903W 型纸带式 H_2S/ 总硫在线测定仪（图 5–14）采用专利的运算法则，不仅提高了仪器操作的重复性和线性度，同时也提高了仪器的动态测定浓度范围。在不添加稀释剂的工况下，仪器的样品气浓度测定范围为 0～2000 × 10^{-6}（体积分数），远大于传统的纸带式在线测定仪。

主要技术性能见表 5–14。

图 5–14　903 W 型 H_2S/ 总硫在线测定仪

表 5-14　主要技术性能

线性	±1% 全量程	重复性	±2% 总硫含量全量程
	±1% 全量程（$>1\times10^{-6}$）	反应时间	报警时间 $<$ 20s
	±2.5% 全量程（$<1\times10^{-6}$）		T90 为 3min
	±2.5% 全量程（$>1\times10^{-6}$）	循环周期	可调，典型时间 4min

2. 设备结构特点

光带计数器确保了着色的精确距离，并能记录纸带的消耗量。纸带寿命取决于应用工况，通常为 5～14 周。高级数字转换器位于传感器上，通过消除与传输模拟有关的噪声以进一步发送准确度。独特的加湿器采用渗透膜降低静容量，并加快响应时间。

基于 Windows 的便捷 PC 操作软件与带有图形的用户界面，可以监测和分析配置。当笔记本电脑连接至仪器前端或通过串行接口与互联网远程连接时，也可以使用此软件。专利的 Galvanic 纸带系统与机械和光电系统可保障仪器稳定运行。增强版数据记录系统可提供 10 个月的数据记录与保存，方便用户进行审查、跟踪。安装在传感器模块上的微处理器能反馈详尽的诊断信息。现场可编程存储器可利用笔记本电脑通过 SB 端口或与互联网连接而使仪器升级。SB 端口与笔记本电脑兼容，无须串行适配器。特定的 H_2S 测定系统可排除底气中其他组分的干扰。

3. 可增加的其他选项

（1）提供全套分析仪保护设施；

（2）根据用户要求设计采样系统；

（3）与互联网连接的通信系统；

（4）总硫选项。

三、H_2S 在线测定仪的现场应用

1. 933 型 H_2S 在线测定仪

传统的纸带式 H_2S 在线测定仪已有 70 多年的工业应用历史，但此类仪器存在纸带寿命较短、更换成本较高、仪器灵敏度受现场环境影响较大等缺陷。美国 AMETEK 公司与加拿大西方研究公司联合开发的 933 型 H_2S 在线测定仪，采用高效气相色谱分离与多波长紫外分光光度检测相结合的先进技术，可以对低浓度的 H_2S、COS、MeSH 精确地实现在线测定。其缺陷是对样品气的组成有一定要求。

933 型 H_2S 在线测定仪主要由压力调节阀、样品气过滤器、流量计、电磁阀、色谱柱、热交换模块、测量池、高位箱、低位箱等部件组成（图 5-15）[2]。

该仪器分析 H_2S、COS、MeSH 含量的波长分别为 214nm、228nm 和 249nm。对被测样品气组成的要求为：甲烷和乙烷含量之和大于 85%，丙烷含量小于 3%，丁烷含量之和小于 1.25%，C_{5+} 含量小于 0.5%。

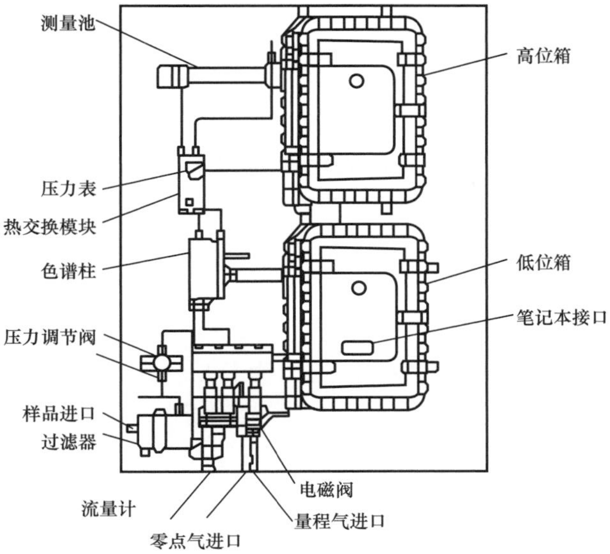

图 5-15　933 型 H_2S 在线测定仪结构示意图

2. 现场分析流程

样品气从管线上引出后接入分析仪的气体预处理系统，以过滤后将其压力调节至约 0.6MPa。样品气进入色谱分离系统后，首先分离出硫化氢组分；分离出的硫化氢组分经热交换模块降温后进入测量池，在 214nm 波长光照射下进行浓度测定。测定结果通过转换为 4～20mA 的电信号传输至中控制室。

为了保证 H_2S 组分能完全地从样品气中分离出来，采用两个单独的色谱柱进行分离。当一个色谱柱进行 H_2S 组分分离时，另一个色谱柱则以较低的压力进行吹扫以清除残留组分。由电磁阀模块自动控制两个色谱柱之间的来回切换，从而实现样品气的在线连续测定。同时，接入高纯氮气作为零点气对分析仪进行标定；每隔 24h 自动进行零点标定一次。

3. 在线分析数据与化验室数据的比较

从图 5-16 所示数据可以看出，现场在线测定数据与实验室碘量法测定数据相当一致，两者之间的误差约为 3%，相当于 FS 误差为 ±1.5%。

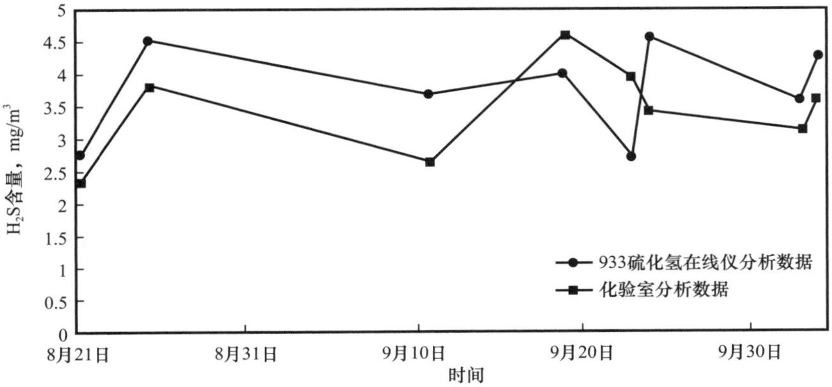

图 5-16　在线分析数据与化验室数据的比较示意图

四、总硫含量的在线测定

1. 发展概况

GB 17820—2018《天然气》规定：总硫含量和硫化氢含量的瞬时值应分别不大于 $30mg/m^3$ 和 $10mg/m^3$；并且总硫含量和硫化氢含量任意 24h 测定平均值应分别不大于 $20mg/m^3$ 和 $60mg/m^3$。但目前国内天然气总硫含量测定基本上都采用现场取样、实验室离线检测的方法获取数据。因此，开发总硫含量在线检测技术及其标准化是亟待解决的研究课题。

从当前比较成熟的总硫测定实验室离线方法来看，主要可以分为两大类：一类是将样品气中所有的含硫化合物都氧化为 SO_2 或还原为 H_2S 后进行检测；前者如 GB/T 11060.4 规定的氧化微库仑法和 GB/T 11060.8 规定的紫外荧光光度法，后者如 GB/T 11060.3 规定的乙酸铅反应速率法和 GB/T 11060.5 规定的氢解速率计法。另一类则是 GB/T 11060.10《天然气　含硫化合物的判定　第 10 部分：用气相色谱法测定硫化合物》规定的气相色谱法，此方法标准中虽未说明可以将测得的各个硫化合物含量进行加和而提到总硫含量，但无论理论和实践均已经证明加和的方法是可行的。

迄今为止，ISO/TC 193 尚未发布过有关总硫在线测定的标准；美国的 ASTM 标准则发布过 3 项有关总硫在线测定的标准（表 5–15）[3]。其中，《气相色谱法在线测定气态燃料中的硫含量》（ASTM D7165）比较适合我国天然气净化厂的工况，而且该标准的附录中示出了由单个含硫化合物含量测定值加和为总硫含量值的计算公式。下文扼要介绍该标准的主要技术内容。

表 5–15　有关总硫含量在线测定的 ASTM 标准

序号	标准编号	标准名称	可检测物质	检测范围（以硫计）mg/m^3
1	ASTM D7165–10（2015）	气相色谱法在线测定气态燃料中的硫含量	总挥发性硫化合物	0.1～1000
2	ASTM D7166–10（2015）	用总硫分析仪在线测定气态燃料中的硫含量	总挥发性硫化合物	未规定
3	ASTM D7493–14	气相色谱和电化学检测法在线测定天然气和气体燃料中硫化合物	硫化氢，C_1 到 C_4 硫醇，硫化合物，四氢噻吩	0.1～100

2. 方法原理

ASTM D7165 测定总硫含量的方法原理为：采用填充柱或毛细管色谱柱高效地分离天然气中的硫化合物，随后采用硫化学发光检测器（SCD）、火焰光度检测器（FPD）或电化学检测器（EC）在线检测挥发性硫化合物的含量。FPD 检测器适用于天然气中可能含有的所有挥发性硫化合物的含量检测（表 5–16），适宜的总硫含量测定范围为 $0.5～600mg/m^3$。

表 5-16　检测器及其性能

检测器	特性	检测限	线性	干扰情况	主要用途	备注
AED①	+++++②	++++	+++++	未知	特殊元素	多用途
ED①	++++	+++	++++	未知	特殊电极	—
ECD	可变的③	可变的③	++++	可能存在	卤素	放射性的
FPD①	++++ 至 +++++	++ 至 ++++	++ 至 ++++	烃类	硫、磷	广泛使用
HELCD 或 ELCD	++++	+++	+++ 至 ++++	可能存在	卤素	—
MSD①	非专用的	+++	++ 至 ++++	未知	所有有机物	多用途
PID	+	++++	++++	可能存在	芳香化合物，无机物	—
TID	—	—	—	可能存在	—	—
SCD①	+++++	+++++	++++	未知	含硫化合物	低检测限
TCD	非专用的	++	+++	有	—	非选择性
H_2S 醋酸铅	+++++	—	—	—	—	—

注：（1）+ 非专用。
（2）++++ 专用，但可检测其他非含硫化合物，灵敏度较低。
（3）+++++ 非常专用，只检测含硫化合物。
① 用在精确测量中的检测器。
② 最好。
③ 取决于应用（仅硫化氢或所有化合物）。

选择 FPD 检测器时，具有代表性的气样和已知硫化合物含量的标准气体混合物（RGM），在同样的操作条件下用气相色谱法对含硫化合物进行分离。流出物在特定比例的氢气 / 空气的火焰中燃烧。当被测化合物燃烧时，包含在样品气中的硫将产生荧光（激发态的分子）。这些分子返回基态时，将发射特殊的光子，光子通过光学过滤器分离并被检测。由标准气的硫化合物含量值，通过对比峰高、峰面积或者两者，可以计算出样品气相应的总硫含量。

3. 仪器安装与取样系统

ASTM D7165 规定在线色谱仪在选择安装地址时需考虑的因素包括校准、维修或维护的便利性、取样点样品的均匀性、从取样位置获取样品的适宜性以及安全问题。该标准规定取样系统应能在不超过 5 min 的时间内将样品导入检测系统，且取样系统应具备必要的过滤、减压和调温功能。为了能向气相色谱仪提供 1 个有代表性的样品，必须仔细选择采样点。

4. 性能试验

ASTM D7165 规定应根据需要，至少在每年或更短的间隔时间内对在线色谱仪进行全部必要的性能试验，包括系统空白试验、日常校准检查、连续 7 天校准误差试验、线性检查、漂移测试载体流量检查、核查测试、验证试验以及在线气相色谱仪与实验室分析仪的对比试验。该标准为确保在线气相色谱仪的性能可以满足现场在线检测的要求方面提供了必要的操作方法和程序。

5. 标准气体混合物（RGM）协议书

由于含硫标准气的制备、稳定与保存均比较困难，故 ASTM D7165 的附录 X1 中规定：应用于总硫含量测定的（硫化氢）RGM 必须具备能溯源至美国国家标准化技术研究院（NIST）或荷兰国家计量研究院（NMI）保存的基准级标准物质（PSM）的完善溯源链。附录 X1 同时规定：供应商在具备上述溯源性后才能使用“NIST 溯源性参比材料（NTRM）”的标记[4]，并向用户提供相应的协议书。

ASTM D5504 推荐硫化氢、COS 和甲硫醇作为测定天然气中挥发性含硫化合物的标准物质，也可以使用乙硫醇和二甲基硫醚作为标准物质，但不推荐分子中含有两个硫原子的 CS_2 和二甲基二硫化合物作为标准物质。所有推荐使用的含硫标准物质（制备完成后）必须重新授证以保证其准确度。

表 5–17 列出了上述挥发性硫化合物的有关信息。

表 5–17　常见挥发性硫标准物质的有关信息

标准物质	相对分子质量	相对密度	沸点，0℃	含硫量，%	质量浓度，mg/m^3
硫化氢	34.08	1.1857		94.08	1.39
COS	60.08	1.24		53.37	2.46
甲硫醇	48.11	0.8665	6.2	66.65	1.97
乙硫醇	62.13	0.8391	35.0	51.61	2.54
CS_2	76.14			84.23	3.11

6. 计算公式

挥发性硫化合物的浓度（体积分数）按式（5–27）计算：

$$C = 9p_{k1}/p_{k2} \tag{5–27}$$

式中　C——单个硫化合物浓度；

p_{k1}——样品气中硫化合物的峰面积（或峰高）；

p_{k2}——标准气中硫化合物的峰面积（或峰高）；

std——标准气中硫化合物的浓度（与 C 对应），10^{-6}（体积分数）。

标准气中硫化合物的浓度（std）在分析仪标定过程中获得；样品气的总硫含量则由所有被检出和未被检出的硫化合物峰面积（或峰高）加和而获得。

第四节　紫外荧光法测定总硫含量的精密度评价

一、实验总体方案

文献［5］报道了一项有关紫外荧光法测定天然气中总硫含量的精密度评价研究。该项研究是在8个实验室中用不同的紫外荧光总硫分析仪对同一批制备的22个样品气进行重复测定，然后按ISO 4259：2006的规定对测定数据进行处理，从而得到总硫含量1～200mg/m^{3}范围内的重复性限和再现性限。

1. 标准气

硫化氢标准气和硫氧碳标准气均以氮气为底气，容器容积为8 L，气体配制最高压力为10MPa，容器内壁经过涂氟惰化处理，由中国石油西南油气田公司天然气研究院配制提供。

2. 校准曲线

建立校准曲线的浓度点见表5–18（单位以硫计）。

表5–18　校准曲线的浓度点　　单位：mg/m^3

序号	硫化氢	硫氧碳
1	0	0
2	9.57	10.8
3	28.10	32.4
4	57.20	65.2
5	115	108
6	224	217

3. 样品气

在校准曲线范围内配制了22瓶不同浓度的标准气作为样品气，后者的配制要求同标准气。

二、实验数据处理规则

1. 符号说明

*S*表示样品个数（*n*）；*L*表示实验室个数；下标*i*表示实验室号码；下标*j*表示样品号码；*m*表示同一个样品的平均值；*a*表示重复两个结果的和；*e*表示重复两个结果的差；*SS*表示每个单元值偏差的平方和（a_{ij}/n_{ij}）。

2. 重复性测定数据的界外值检验

对全部样品在各实验室的重复结果，先计算两个重复结果之差，然后将最大差值的平方除以全部差值的平方和，即按式（5–28）计算比值（C）：

$$C=\frac{e_{\max}^{2}}{\sum_{i=1}^{L} e_{i}^{2}} \qquad (5\text{–}28)$$

将计算的 C 值与 1% 显著水平的科克伦（Cochran）规则的相应值进行比较，如果 C 大于相应值，则舍去这一对结果，将 n 减 1，重复这一检验过程，直到没有舍弃值为止。但是这种舍弃数据不得超过 10%。

3. 再现性测定数据的界外值检验

采用霍金斯（Hawkins）规则对某个实验室的某一样品是否存在界外值进行检验。先计算该样品在各个实验室重复结果的平均值，然后计算该样品的总平均值，再计算该样品在各个实验室构成的最大绝对偏差值以及该样品构成的平方和的平方根。按照式（5–29）计算比值（B^*）：

$$B^{*}=\frac{|m_{j}-a_{ij}/n_{ij}|}{\sqrt{SS}} \qquad (5\text{–}29)$$

将计算的 B^* 值与 1% 显著水平的 Hawkins 临界值比较，若 B^* 大于临界值，则舍去该样品在某一实验室的平均值，重复这一检验过程，直到没有舍弃值为止。但是这种舍弃数据不得超过 10%。

4. 标准偏差计算

当实验测定结果经过各个样品的界外值检验后，就要计算出每一个样品的重复性和再现性标准偏差。

1 个样品的重复性标准偏差（d_j）按照式（5–30）计算：

$$d_{j}=\sqrt{\sum_{i=1}^{L} e_{\mathrm{i}}^{2}/(2L)} \qquad (5\text{–}30)$$

1 个样品的再现性标准偏差（D_j）按照式（5–31）计算：

$$D_{j}=\sqrt{\frac{\sum_{i=1}^{L}\left(\frac{a_{i}}{2}\right)^{2}-\left[\sum_{i=1}^{L}\left(\frac{a_{i}}{2}\right)\right]^{2}/L}{L-1}+\frac{d_{j}^{2}}{2}} \qquad (5\text{–}31)$$

5. 用标准偏差表示精密度

稳定性方差可归纳成总的标准偏差，然后再求其精密度；非稳定性方差，可采用分段合成其标准偏差，对合成的总的标准偏差（d_{t} 或 D_{T}）按照式（5–32）和式（5–33）计算：

$$d_{\mathrm{t}}=\sqrt{\sum_{j=1}^{S} d_{j}^{2}/S} \qquad (5\text{–}32)$$

$$D_{\mathrm{T}} = \sqrt{\sum_{j=1}^{S} D_j^2 / S} \tag{5-33}$$

最后计算得到重复性限（$r = 2.8d_{\mathrm{t}}$）和再现性限（$R = 2.8D_{\mathrm{T}}$）。

三、实验数据处理结果

按照 ISO 4259：2006 规定，选取两次连续测定结果进行计算，测定原始数据见表 5–19 和表 5–20。按上述实验数据处理规则对这两个表中的数据进行界外值检验，并计算每个样品的重复性和再现性的标准偏差，计算结果见表 5–21 和表 5–22。分析表 5–21 和表 5–22 所示数据可以看出，本项研究制备的 11 个硫化氢样品和 10 个硫氧碳样品，在 8 个实验室中进行测定的结果，其重复性检验临界值 C 等于 0.7945，再现性检验临界值 B^* 等于 0.8596；上述两个表中对应的 C 值和 B^* 值均小于其临界值，故可以认为所得的测定结果均为有效。

表 5–19　硫化氢精密度评价测定数据　　单位：mg/m^3

实验室	样品										
	1	2	3	4	5	6	7	8	9	10	11
A	0.94	6.34	19.02	20.72	39.98	58.69	78.49	100.18	155.69	193.16	194.27
	1.73	5.28	15.33	18.34	42.78	56.99	82.12	103.85	153.13	197.56	198.80
B	2.08	6.50	15.50	22.01	37.54	57.27	81.08	102.33	153.55	187.46	192.79
	1.95	6.29	16.29	20.10	40.82	58.02	79.19	99.64	155.12	191.04	191.30
C	1.59	6.00	15.08	19.61	40.83	60.07	80.27	100.37	151.32	188.54	192.17
	1.76	5.74	15.75	20.21	41.52	59.15	80.97	101.36	152.32	191.12	187.45
D	1.43	5.80	14.50	18.70	38.80	57.10	81.80	102.00	160.00	200.00	198.00
	1.35	5.69	13.80	18.90	36.00	57.80	80.30	97.40	158.00	195.00	193.00
E	1.67	5.89	14.93	20.15	40.70	57.97	88.67	102.10	158.70	190.30	189.97
	1.39	5.79	15.13	19.97	40.41	57.18	83.34	103.46	152.73	188.78	186.86
F	2.37	6.62	15.00	19.71	40.77	61.25	83.12	103.75	154.03	194.79	194.62
	2.55	6.36	15.12	19.21	41.49	61.63	84.31	105.50	150.70	197.31	195.66
G	1.54	5.84	14.80	20.00	39.80	56.00	81.50	100.20	150.50	187.10	190.70
	1.44	5.62	15.10	19.80	37.00	54.90	83.40	103.50	152.20	189.80	188.70
H	1.48	4.32	11.60	18.40	39.80	61.10	80.10	98.20	148.40	184.20	191.80
	1.95	5.65	13.70	20.80	42.20	57.20	83.90	102.40	153.40	192.40	195.70

表 5-20　硫氧碳精密度评价测定数据　　单位：mg/m^3

实验室	样品									
	1	2	3	4	5	6	7	8	9	10
A	1.06	5.24	14.68	19.16	38.20	60.92	79.50	100.44	157.01	208.12
	1.68	6.21	12.93	18.42	36.59	62.81	83.47	104.99	150.91	200.24
B	1.26	5.61	14.72	20.44	40.39	65.16	80.87	104.71	153.23	203.53
	1.39	5.91	15.29	20.84	41.05	64.08	80.17	101.00	153.66	204.76
C	1.72	6.08	15.38	20.41	40.60	64.59	78.42	98.73	144.96	198.07
	1.56	5.92	15.14	20.61	40.78	64.95	79.46	98.37	146.94	196.63
D	1.43	5.62	14.50	19.40	39.10	63.70	80.50	99.50	144.00	200.00
	1.46	5.72	14.80	19.80	38.60	63.00	81.40	101.00	150.00	201.00
E	1.68	5.96	15.34	20.82	40.63	66.13	87.92	111.16	156.60	216.93
	1.39	5.81	15.69	20.58	44.57	66.99	85.38	105.72	163.43	210.63
F	2.21	5.95	14.65	20.09	40.57	64.08	83.04	100.95	154.18	206.97
	2.02	5.75	14.81	19.73	38.30	64.79	81.97	101.61	154.76	209.86
G	1.51	6.03	15.40	20.40	41.00	65.00	79.80	101.00	150.00	197.60
	1.58	5.85	15.00	20.60	40.60	65.80	82.90	99.90	152.00	201.60
H	1.98	6.10	14.90	20.40	40.30	64.10	80.90	101.20	152.90	209.50
	1.91	6.28	15.50	21.00	39.80	66.30	82.50	106.10	155.00	213.20

表 5-21　硫化氢测定数据处理结果

样品编号	单个样品的平均值，mg/m^3	重复性检验值	再现性结果检验值	单个样品的重复性标准偏差，mg/m^3	单个样品的再现性标准偏差，mg/m^3
1	1.70	0.6118	0.7650	0.2511	0.4144
2	5.86	0.5643	0.7176	0.4426	0.5561
3	15.04	0.6887	0.6919	1.1098	1.5236
4	19.79	0.3579	0.1541	0.9935	0.9522
5	40.03	0.2614	0.6600	1.6033	1.8840
6	58.27	0.6928	0.6716	1.1714	1.9688
7	82.03	0.4214	0.7461	2.0526	2.4807

续表

样品编号	单个样品的平均值，mg/m³	重复性检验值	再现性结果检验值	单个样品的重复性标准偏差，mg/m³	单个样品的再现性标准偏差，mg/m³
8	101.70	0.2590	0.7482	2.0630	2.0756
9	153.74	0.4021	0.7318	2.3537	3.1873
10	191.78	0.4574	0.5656	3.0311	4.3802
11	192.61	0.2502	0.4840	2.4989	3.5363

表 5–22　硫氧碳测定数据处理结果

样品编号	单个样品的平均值，mg/m³	重复性检验值	再现性结果检验值	单个样品的重复性标准偏差，mg/m³	单个样品的再现性标准偏差，mg/m³
1	1.61	0.6908	0.6751	0.1882	0.3086
2	5.88	0.7855	0.7055	0.2718	0.2550
3	14.92	0.7286	0.7922	0.5123	0.6452
4	20.17	0.3700	0.7583	0.3066	0.7206
5	40.07	0.6369	0.6525	1.2342	1.7776
6	64.52	0.4013	0.7134	0.8682	1.5367
7	81.76	0.4159	0.0472	1.5389	2.4833
8	102.27	0.3212	0.0557	2.3998	3.4405
9	152.47	0.3515	0.1250	2.8802	4.9266
10	204.91	0.4297	0.0475	3.0030	6.2099

对表 5–21 和表 5–22 中所示的重复性标准偏差（d）和再现性标准偏差（D）按照数据接近的原则进行分段，再按照上述式（5–32）和式（5–33）计算得到重复性限和再现性限（表 5–23）。表 5–23 所示数据表明，在重复性条件 / 再现性条件下，在 95% 的置信区间里，获得的连续两次独立测试结果的差值不应超过表中给出的重复性限和再现性限，超过重复性限和再现性限的概率不超过 5%。

表 5–23　不同浓度范围的精密度　　单位：mg/m³

浓度范围	重复性标准偏差	再现性标准偏差	重复性限	再现性限
1～6	0.3034	0.4004	0.8	1.1
6～20	0.7279	0.9196	2.0	2.6
20～100	1.4642	1.9395	4.1	5.4
100～200	2.6268	4.1547	7.4	11.6

第五节　碘量法测定硫化氢的不确定度评定

一、方法原理

碘量法测定天然气中 H_2S 含量是经典的容量分析方法，可以通过高纯度重铬酸钾制备的标准溶液直接溯源至 SI 制基本单位质量（kg），属于绝对分析方法范畴，故也是 GB 17820 规定的测定天然气中 H_2S 含量的仲裁方法。

用过量的乙酸锌溶液吸收样品气中的 H_2S，生成硫化锌沉淀。加入过量的碘溶液以氧化生成的硫化锌，剩余的碘用硫代硫酸钠标准溶液滴定。根据消耗掉的硫代硫酸钠量可以反推出被测天然气中 H_2S 的含量。

准确称量高纯度的 $K_2Cr_2O_7$ 制备标准溶液，用以标定 $Na_2S_2O_3$ 标准储备液。用过量的乙酸锌溶液吸收天然气样品中的 H_2S 生成硫化锌。吸收完成后，加入过量的碘溶液将吸收液中的硫化锌氧化成元素硫。剩余的碘用 $Na_2S_2O_3$ 标准储备液滴定，根据 $Na_2S_2O_3$ 溶液的用量计算样品中 H_2S 含量。具体测定流程如图 5–17 所示[6]。

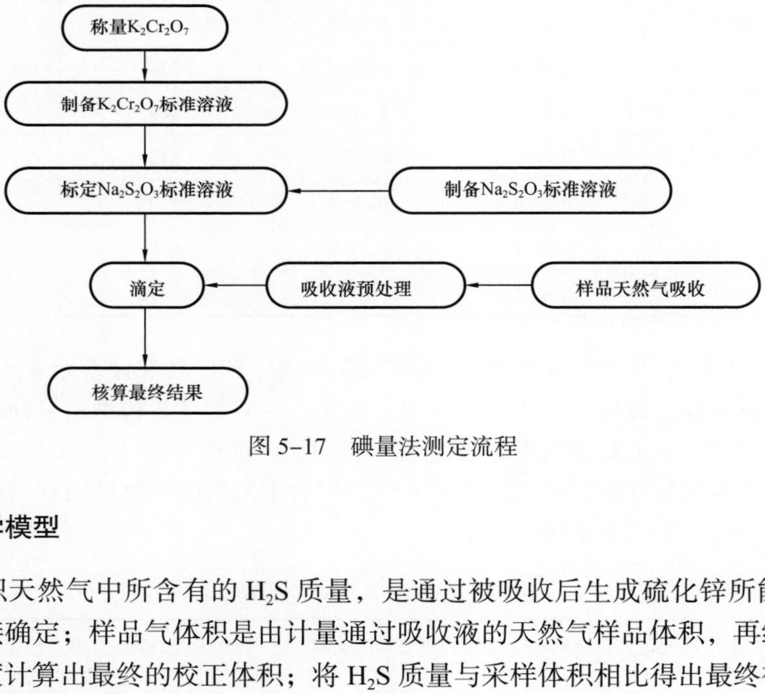

图 5–17　碘量法测定流程

二、数学模型

一定体积天然气中所含有的 H_2S 质量，是通过被吸收后生成硫化锌所能还原的碘单质摩尔量间接确定；样品气体积是由计量通过吸收液的天然气样品体积，再结合现场的大气压力和温度计算出最终的校正体积；将 H_2S 质量与采样体积相比得出最终被测样品气的 H_2S 浓度。其计算式如下：

$$m=17.04c\left(V_1-V_2\right) \tag{5-34}$$

$$c=\frac{m_0}{49.03\left(V_3-V_4\right)}\times 100\% \tag{5-35}$$

$$V_n = V \times \frac{p - p_v}{101.3} \times \frac{293.2}{273.2 + t} \quad (5\text{-}36)$$

$$\begin{aligned}\rho &= \frac{m}{V_n} \times 1000 \\ &= \frac{17.04 m_0 (V_1 - V_2)}{49.03 (V_3 - V_4)} \times \frac{101.3(273.2 + t)}{293.2 V (p - p_v)} \times 10^6 \\ &= 12.01 \times \frac{m_0 (V_1 - V_2)(273.2 + t)}{V (V_3 - V_4)(p - p_v)} \times 10^4\end{aligned} \quad (5\text{-}37)$$

式中　m——被吸收天然气样品中 H_2S 的质量，mg；

17.04——0.5mol H_2S 的摩尔质量，g/mol；

V_1——空白滴定时消耗的硫代硫酸钠标准溶液体积，mL；

V_2——样品气滴定时消耗的硫代硫酸钠标准溶液体积，mL；

c——硫代硫酸钠标准溶液度，mol/L；

m_0——$K_2Cr_2O_7$ 的质量，g；

V_3——试液滴定时消耗的硫代硫酸钠溶液体积，mL；

V_4——空白滴定时消耗的硫代硫酸钠溶液体积，mL；

49.03——1/6 mol $K_2Cr_2O_7$ 的摩尔质量，g/mol；

V_n——样品气的校正体积，mL；

V——取样体积，mL；

p——取样时的大气压，kPa；

p_v——温度 t 时水的饱和蒸汽压，kPa；

t——样品气的平均温度，℃；

ρ——天然气中 H_2S 的质量浓度，g/m^3。

三、不确定度来源分析

根据计算天然气中 H_2S 浓度的数学模型及测量过程中所涉及的影响因素，碘量法测定天然气中 H_2S 浓度的不确定度来源主要为：（1）标准储备液 $Na_2S_2O_3$ 的标定；（2）采样体积校正；（3）吸收液滴定；（4）样品的重复测量。前 3 项皆为 B 类不确定度，最后一项为 A 类不确定度。其中，标准储备液标定不确定度来源主要有重复滴定、称量样品、酸式滴定管、重铬酸钾样品纯度等；采样体积不确定度来源主要有湿式流量计、大气压力、温度等；吸收液滴定引入的不确定度主要有重复滴定和酸式滴定管。此外，本实验还多次引入摩尔质量的计算。根据文献［7］的报道，由元素相对原子质量和化合物摩尔质量产生的不确定度与其他因素相比很小，一般忽略不计。不确定度来源分析如图 5-18 所示。

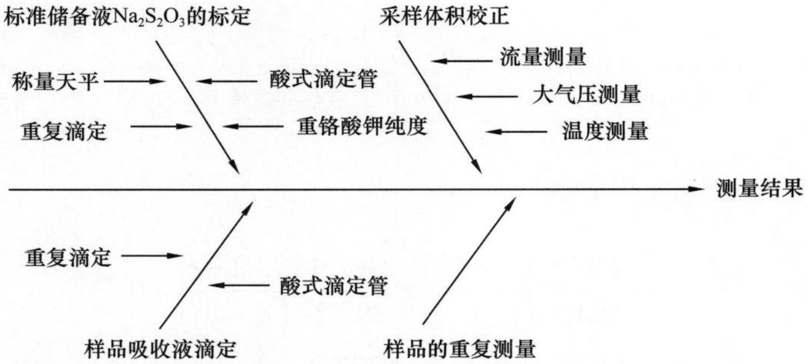

图 5-18　不确定度来源分析示意图

四、不确定度评定

1. $Na_2S_2O_3$ 标准储备液标定产生的不确定度

（1）称量过程产生的不确定度。

$Na_2S_2O_3$ 标准储备液标定产生的不确定度主要涉及标准物质 $K_2Cr_2O_7$ 的纯度、称量过程，以及对 $K_2Cr_2O_7$ 溶液滴定过程产生的不确定度。

称量过程不确定度来自两个方面：天平校准和重复称量产生的不确定度。天平计量证书显示的示值误差为 ±0.1mg，均匀分布的标准偏差为 $0.1\sqrt{3}$ =0.058mg。本实验采用两次独立称量（一次毛重、一次空盘），故天平校准的产生的标准不确定度为 $\sqrt{0.058^2\times 2}$ = 0.082mg。称量的重复性包含在此后整体的重复滴定中，此处不予计算。由此可得到称量过程产生的相对不确定度 u_{11}=0.082×100%/150=0.054%，其中的 150 表示本次实验过程中标准物质 $K_2Cr_2O_7$ 称量值为 150mg。

（2）滴定过程产生的不确定度。

容量瓶、移液管、滴定管、量筒等容器的真实容积并不完全与其标称容积一致，常用容量器皿的允许误差可认为是其极限误差[7]。容积误差可按三角形分布计算，本次实验采用的 25mL 酸式滴定管其标准不确定度为 $0.1\sqrt{6}$ =0.0041mL。本次实验完成一次标准溶液标定需使用 3 次滴定管，故最终产生的标准不确定度为 $\sqrt{\text{üüü}\quad{}^2\times\quad}$ =0.0071mL，相对不确定度为 u_{12}=0.0071×100%/25 =0.028%。实验过程中每次滴定完成后，所消耗的溶液体积均需作温度影响校正，故由温度波动所产生的不确定度可不予考虑。

（3）$K_2Cr_2O_7$ 纯度产生的不确定度。

供应商提供的 $K_2Cr_2O_7$ 纯度信息为 99.95%～100.05% 之间。根据均匀分布规律，由标准物质纯度产生的相对不确定度 u_{13}=0.05%/$\sqrt{3}$ =0.029%。

（4）重复标定产生的不确定度。

将烘干恒重的 $K_2Cr_2O_7$ 标准物质分 8 次独立称量并配置成溶液，用 $Na_2S_2O_3$ 标准储备液重复标定，据此考察 $Na_2S_2O_3$ 标准储备液标定过程中产生的不确定度（A 类不确定度），8 次实验的测定数据见表 5-24。

表 5-24 $Na_2S_2O_3$ 标准储备液标定数据

序号	$K_2Cr_2O_7$ 用量 g	基准物消耗溶液量 mL	体积补正值 mL	空白试验消耗量 mL	标定的溶液浓度 mol/L	浓度的标准偏差 mol/L
1	0.14950	27.95	27.87	0.05	0.10939	0.00014
2	0.14982	28.00	27.92	0.05	0.10902	
3	0.15065	28.15	28.07	0.05	0.10944	
4	0.14873	27.80	27.73	0.05	0.10941	
5	0.15010	28.05	27.97	0.05	0.10943	
6	0.15091	28.20	28.12	0.05	0.10944	
7	0.15000	28.05	27.97	0.05	0.10936	
8	0.15040	28.10	28.02	0.05	0.10946	

注：溶液的标定温度为 23℃。

8 次重复标定实验得出的浓度标准偏差为 0.00014mol/L，由测量重复性产生的不确定度为 $0.00014/\sqrt{8}=5.1\times10^{-5}$mol/L，由此可以计算出相应的相对标准不确定度为 $u_{14}=5.0\times10^{-5}\times100\%/0.10937=0.047\%$。

（5）$Na_2S_2O_3$ 标准储备液标定过程的合成不确定度。

标定过程产生的合成不确定度为 $u_1=\sqrt{u_{11}^2+u_{12}^2+u_{13}^2+u_{14}^2}=0.082\%$。

2. 取样过程产生的不确定度

本实验采用湿式气体流量计计量样品气取样体积，故取样过程中涉及的不确定度主要为流量计计量与样品气体积校正。

（1）流量计计量产生的不确定度。

由省级计量部门出具的湿式流量计的校准证书显示的示值相对不确定度为 0.3%（$k=2$），故标准相对不确定度为 $u_{21}=0.3\%/2=0.15\%$。

（2）取样时大气压力产生的不确定度。

实验使用的大气压力表在 101.3kPa 的扩展不确定度为 0.06kPa，包含因子 $k=2$。相对标准不确定度 $u_{22}=(0.06\div2)/101.325\times100\%=0.03\%$。

（3）取样温度产生的不确定度。

实验用温度计的扩展不确定度为 0.3℃，$k=2$。由采样温度引起的相对标准不确定度为 $u_{23}=(0.3\div2)/(25+273.15)\times100\%=0.05\%$，所使用温度计最大量程为 25℃。

（4）取样体积校正产生的不确定度。

样品气取样过程中各步骤相互独立，因此可得出体积校正过程产生的合成相对不确定度 $u_2=\sqrt{u_{21}^2+u_{22}^2+u_{23}^2}=0.16\%$。

3. 滴定过程产生的不确定度

本实验需将 $Na_2S_2O_3$ 标准储备液稀释10倍以作为滴定用的标准工作液，实验过程中使用10mL移液管2次，移取20mL工作液至200mL容量瓶。吸收液滴定过程中使用25mL酸式滴定管2次（含1次空白试验）。制造商提供的10mL移液管允许差为±0.02mL，200mL容量瓶的允许差为±0.15mL，25mL酸式滴定管的允许差为±0.05mL。因此，由移液管体产生的相对不确定度为0.02/6×100%/10=0.08%，容量瓶引入的相对不确定度为 $0.15/\sqrt{6}\times100\%/200=0.03\%$，酸式滴定管引入的相对不确定度为 $0.02/\sqrt{6}\times100\%/10=0.08\%$。同样，滴定过程所消耗的标准工作液体积已作温度影响的校正，故不考虑温度产生的体积不确定度。因此，滴定过程中由标准工作液产生的不确定度为 $u_3=\sqrt{0.08^2\times2+0.03^2+0.08^2\times2}=0.17\%$。

4. 重复性试验产生的不确定度

碘量法测定天然气中的 H_2S 浓度，多数情况是在天然气外输管线上实时取样。由于输气管线处在一个动态过程，样品气很难保证高度一致性。根据国家标准GB/T 6379.2—2004的规定，测量方法的重复性限（r）与室内重复试验的标准偏差（S_r）之间存在如下关系：$r=2\sqrt{2}\times S_r$。当无法计算测量结果的标准偏差时，可以从方法的重复性限来估计A类不确定度（表5-25）[8]。

表5-25　不同 H_2S 浓度范围的A类不确定度

天然气中 H_2S 浓度	重复性限，%	A类相对不确定度，%
≤7.2mg/m^3	20	7.07
7.2～72mg/m^3	10	3.53
72～143mg/m^3	8	2.83
143～1434mg/m^3	6	2.12
0.1%～0.5%（质量分数）	4	1.41
0.5%～50%（质量分数）	3	1.06
≥50%（质量分数）	2	0.71

5. 测量的总不确定度

碘量法测量过程共包含4种彼此独立的不确定度影响因素，其中标准储备液制备、取样体积校正与溶液滴定均为B类不确定度，$u_B=\sqrt{u_1^2+u_2^2+u_3^2}=0.25\%$。由碘量法的重复性限可以推导出该方法的A类不确定度。因此，总的测量相对不确定度 $u_{rel}=\sqrt{u_A^2+u_B^2}$。据此公式，计算得到碘量法测定天然气中 H_2S 浓度的不确定度评定结果示于表5-26。

表 5-26　碘量法测定 H_2S 浓度不确定度评定结果

天然气中 H_2S 浓度	B 类相对标准不确定度，%	A 类相对标准不确定度，%	相对合成标准不确定度，%	相对扩展不确定度（k=2）%
≤7.2mg/m³	0.25	7.07	7.08	14.14
7.2～72mg/m³		3.53	3.54	7.08
72～143mg/m³		2.83	2.84	5.67
143～1434mg/m³		2.12	2.13	4.27
0.1%～0.5%（质量分数）		1.41	1.43	2.87
0.5%～50%（质量分数）		1.06	1.09	2.18
≥50%（质量分数）		0.71	0.75	1.50

注：取置信概率 95%；包含因子 k=2。

第六节　总硫含量测定的不确定度评定

一、发展概况

国内外（已标准化的）总硫含量测定方法甚多（表 5-27）[3]，按其测定原理大致可分为 3 类。第一类是将气样中的各种含硫化合物都氧化为 SO_2 后进行检测，目前国内常用的氧化微库仑法和紫外荧光法均属于此类。第二类是将各种含硫化合物都还原为 H_2S 后与乙酸铅反应而显色，测量结果用比色反应速率计检测；此类方法现在天然气工业应用不多。第三类是用气相色谱法将气样中所有待测组分进行物理分离，并通过与标准样的比较而定量；此类方法比较适合于在线检测。

表 5-27　工业上常用的天然气中总硫含量测定标准方法

序号	标准编号	标准名称	分析方法	备注
1	ISO 16960：2014	天然气　硫化物的测定　用氧化微库仑法测定总含硫量	氧化微库仑法	
2	GB/T 11060.4—2017	天然气　含硫化合物的测定　第 4 部分：用氧化微库仑法测定总硫含量	氧化微库仑法	修改采用 ISO 16960：2014
3	ASTM D7551-10	用紫外荧光法测定气态烃、液化石油气和天然气中总挥发硫含量的标准试验方法	紫外荧光法	
4	ISO 20729：2017	天然气　含硫化合物的测定 用紫外荧光法测定总硫含量	紫外荧光法	
5	GB/T 11060.8—2012	天然气　含硫化合物的测定　第 8 部分：用紫外荧光光度法测定总硫含量	紫外荧光法	参考 ASTM D6667：2004

续表

序号	标准编号	标准名称	分析方法	备注
6	ASTM D4468–11	氢解速率计比色法测定气态燃料中的总硫含量	氢解速率计比色法	
7	GB/T 11060.5—2010	天然气　含硫化合物的测定　第 5 部分：用氢解—速率计比色法测定总硫含量	氢解速率计比色法	修改采用 ASTM D4468–85（2006）
8	ISO 19739：2004	天然气　用气相色谱法测定含硫化合物	气相色谱法	修改采用 ISO 19739
9	GB/T 11060.10—2014	天然气　含硫化合物的测定　第 10 部分：用气相色谱法测定硫化合物	气相色谱法	
10	ASTM D7165–15	气相色谱法在线测定气态燃料的总硫含量	气相色谱法	适用于在线检测

二、氧化微库仑法测定总硫含量的不确定度评定

1. 测定原理

含硫天然气在石英转化管中与氧气混合燃烧时，气样中的含硫化合物皆转化为 SO_2 后，随氮气进入滴定池与碘发生反应，消耗掉的碘由电解碘化钾得到补充。根据法拉第定律，由电解所消耗的电量计算出样品中的硫含量。用标准样品校正。

2. 数学模型

首先测定标准样品转化率，并在相同条件下进行天然气样品测定，用标准样品转化率即可计算出待样品的总硫含量。计算公式如下：

$$S=\frac{W}{V_n \times F} \tag{5-38}$$

式中 S——气样中总硫含量，mg/m^3；

W——测定值，ng；

V_n——气样计算体积，mL；

F——硫的转化率，%；

3. 不确定度来源分析

根据测定原理与流程，不确定度来源的因果关系如图 5–19 所示。

从图 5–19 可以看出，测定结果的不确定度分量主要来源于以下 4 个方面：

（1）测量方法重复性的相对标准不确定度 u_1；

（2）采用的标准物质的相对标准不确定度 u_2；

（3）进样量的相对标准不确定度 u_3；

（4）标准物质转化率的相对标准不确定度 u_4。

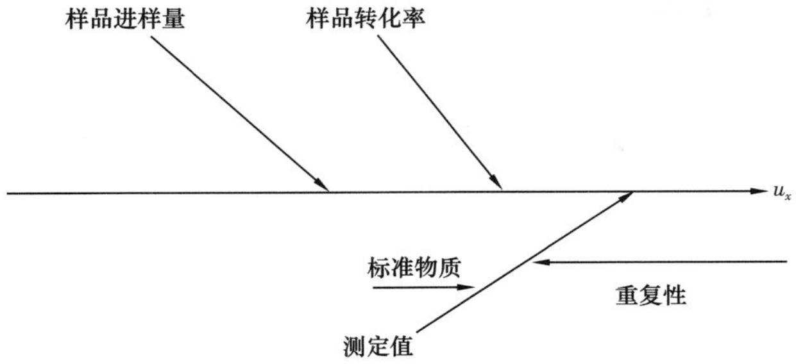

图 5–19 不确定度来源的因果关系

4. 评定结果示例

根据文献［9］的报道，总硫含量测定结果的不确定度主要由重复性和标准物质这两个分量所决定。在该文献报道的试验条件下，当天然气样品中平均总硫含量为 10.82mg/m^3 时，不确定度评定结果见表 5–28。

文献［9］至文献［12］报道的不确定度评定结果见表 5–29。

表 5–28 不确定度评定结果汇总

项目	mg/m^3	%	备注
u_1	0.375	2.0	计算式为 $RSD/\sqrt{3}$
u_2		1.5	H_2S 标准物质证书
u_3		0.12	进样量 5mL
u_4		0.98	转化率 91%
u_c（合成相对标准不确定度）		3.0	
U（扩展不确定度）		6.0	k=2，P=95%

表 5–29 氧化微库仑法测定总硫含量的不确定度

编号	样品	执行标准	总硫平均含量 mg/m^3	仪器型号	扩展不确定度 U（k=2，P=95%）	文献
1	天然气	GB/T 11060.4	10.82	LC–4B 总硫分析仪	±3.0%	［9］
2	天然气	GB/T 11060.4	26.52	EA5000 微库仑仪	±0.25%	［10］
3	天然气	GB/T 11061—1997	92.6	RPA200 库仑滴定仪	±1.30%	［11］
4	LPG	SH/T 0222—1992	141.85	WK–2D 微库仑仪	±0.20%	［12］

参考文献

[1] 杨艳，王艳玲，刘建文，等 . 钼蓝法测定天然气中硫化氢含量 [J]. 天然气与石油 .2014，32（6）：35.

[2] 刘晓琴，任骏，夏勇，等 . 硫化氢在线分析仪在天然气分析中的应用 [J]. 中国仪器仪表,2009（12）：89.

[3] 李晓红，沈琳，罗勤，等 . 天然气总硫含量在线检测标准方法及其相关技术 [J]. 天然气工业，2017，37（9）：97.

[4] W. D. Dorke，et al. The NIST Traceable Reference Material Program for Gas Standards [M]. NIST Special Publication，（Rev 2013）.

[5] 丁思家，周理，刘鸿，等 . 紫外荧光法测定天然气中总硫含量的精密度研究 [J]. 天然气工业，2017，37（9）：103.

[6] 王兴华，田英，宫兆波，等 . 碘量法分析天然气中 H_2S 浓度的不确定度评定 [J]. 石油与天然气化工，2016，45（4）：83.

[7] 但德忠 . 环境监测中仪器分析方法不确定度的评估 [J]. 四川环境，2007，26（2）：42.

[8] 曹宏燕 . 分析测试中测量不确定度及评定 [J]. 冶金分析，2005，25（3）：82.

[9] 范永华 . 紫外荧光法测定汽 / 柴油中总硫催化剂不确定度的评定 [J]. 广东化工，2019，46（5）：202.

[10] 沈琳，周理，丁思家，等 . 紫外荧光法和氧化微库仑法测定天然气中总硫含量的不确定度的评定 [C]. 2016 年天然气学术年会 . 2016 年 9 月 27—29 日（银川市），http：//www.qikan.com.cn.

[11] 夏宝丁，邹伟 . 紫外荧光法测定天然气中总硫 [J]. 化学分析计量，2017，26（1）：58.

[12] 沈琳，李晓红，周理，等 . 紫外荧光法和氧化微库仑法测定天然气中总硫含量的比对研究 [J]. 石油与天然气化工，2019，48（5）：93.

[13] 邵长杰 . 微库仑法及紫外荧光法测定石油产品中总硫含量的对比 [J]. 石化技术，2016，23（8）：15.

第六章　水（烃）含量/水（烃）露点测定

水（蒸气）是天然气从采出至消费的各个环节中最常见的杂质组分，且其含量经常达到饱和。基于以下原因，一般认为天然气中所含水分只有以液态存在时才是有害的[1]：

（1）冷凝水的局部积累将限制管道中天然气的流率，降低输气量，并增加不必要的动力消耗；

（2）液相水与天然气中所含的 CO_2 和/或 H_2S 接触后会生成腐蚀性的酸，天然气中酸气含量愈高则腐蚀性愈强；

（3）湿天然气中所含的液态水与小分子烃类气体及其混合物可能在较高的压力和温度高于 0℃的工况下形成外观类似冰的水合物而堵塞管道和设备。

因此，天然气中的水含量/水露点是一项重要的气质指标。

第一节　基础知识

一、水露点

图 6–1 所示为以温度和压力为函数的天然气组成系统典型相图。图中的水露点曲线是表示在给定压力下开始形成第一滴液态水的温度，此温度即称为该天然气组成系统（在某给定压力下的）水露点。

从图 6–1 中可以清楚地看出，当系统温度下降（箭头 A 向左移动）至低于露点时即开始出现液态水而进入气、液两相区。当压力下降（箭头 B 向下移动）时则由于 Joule–Thomson 效应的影响而导致系统温度也相应降低；虽然该直线穿越气/液两相区，但最终（在压力降至很低时）又进入气相区。因此，测定天然气水含量时取样探头及管线必须保持一定温度，以防止样品气中出现液态水。

二、烃露点

烃露点是指在一定压力下天然气中开始凝结出第一滴液烃时的温度。烃露点与水露点的本质区别在于：给定的烃露点温度下可能存在一个出现反凝析现象（retrograde condensation）的压力范围[2]。如图 6–2 所示：曲线 4 是某种组成天然气在不同压力下的烃露点所构成的烃露点曲线；编号 3 的包络区域范围内气、液两相共存；上方左侧编号 1

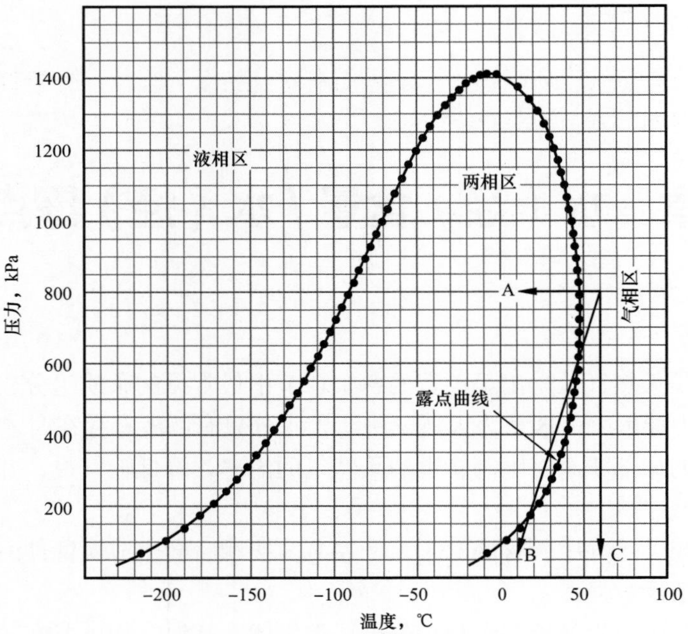

图 6–1　天然气组成系统的典型相图

的区域为密相区（凝析相区）；右侧上方编号 2 的区域为气相区；曲线上编号 5 的点是临界点，由此点沿横坐标向右侧移动（升温）就不再有烃类凝液产生，因而在给定压力下该组成天然气的烃露点就在温度略高于点 5 处；点 6 的温度称为临界冷凝温度，即上述组成天然气的温度低于此点温度时系统中就有烃类凝液产生；点 7 的压力称为临界冷凝压力，即压力低于此点压力时系统中也就会有烃类凝液产生。

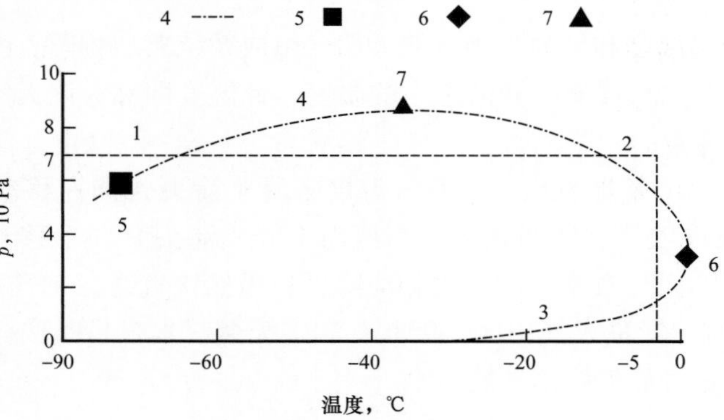

图 6–2　反凝析现象示意图

大量工业经验表明：若天然气的烃露点高于或接近水露点，以冷却镜面凝析湿度计法（冷镜法）测定水露点时，烃露点的存在会不同程度地干扰水露点的观测。在此情况下，工业上常用的冷镜法测定天然气水露点是不适用的；宜考虑采用合适的方法测定水含量再换算为水露点。

三、水含量及其表示

当前在国内外天然气气质指标中广泛采用水露点指标，其特点是能直观地反映出输气系统内水蒸气的饱和程度与冷凝情况。但由于水露点测定可能受到烃露点温度的影响，且当天然气中含有乙二醇、甲醇等防冻剂和/或产生两相流的工况下水露点很难准确测定，此时宜采用水含量作为气质指标（表6–1）。

表6–1 国内外气质标准对水含量/水露点的规定

	水露点	水含量	发布年份
我国 GB/T 37124	应比输送条件下最低环境温度低5℃	—	2018
德国 DVGM G260	—	压力≤1MPa（绝）时，≤200mg/m³ 压力>1MPa（绝）时，≤50mg/m³	2013
美国 AGA 4号报告	—	最大水含量64～112mg/m³	2009
欧洲标准 EN–16726	–8℃	—	2016

目前工业上用以表示水含量的单位主要有以下4种：

（1）经常采用摩尔分数（10^{-6}）为单位表示商品天然气的水含量，进口仪器则将此单位表示为ppm；此单位与环境温度和压力无关。

（2）石化和化工行业中也有将气体中水含量表示为体积分数浓度（ppmv），此单位也与环境温度和压力无关。但天然气中水蒸气的相态行为与理想气体并不一致，只有在其含量很低的情况下才能视为理想气体。

（3）另一种常用的单位是把天然气中的水含量表示为质量浓度（mg/m^3）。此单位中的体积与气体温度和压力有关，故必须给出参比条件。

（4）天然气工业有时也采用相对湿度（*RH*）表示水含量。*RH*是指某一温度下（大多为环境温度）天然气中水含量达到饱和程度的百分数；即实际水蒸气分压除以饱和蒸气压，再乘以100。

四、水含量/水露点测定方法

从计量学原理来看，为数众多的测定方法可分为绝对方法和相对方法两大类；而从测定方式来看主要分为化学分析法和仪器分析法两种。适用于在线测定的一系列电子分析法及相关的新型仪器近年来发展颇为迅速，已成为当前的发展方向。

1. 水露点测定方法

冷镜法是目前唯一直接测定水露点的方法。此法本质上是一种物性测定方法，必须在检定（或校准）过程中与标准湿度发生器和/或标准湿度计的测定数据相关联，才能建立起溯源关系而确定其示值的最大允许误差（*MPE*）。根据国家计量检定规程JJG 499《精密露点仪》的规定，使用标准动态湿度发生器作为检定标准时，其扩展不确定度与被检露点仪的 *MPE* 之比值应小于 1/3；使用高准确度标准湿度计作为检定标准时，其扩展不确定度与被检露点仪的 *MPE* 之比值应小于 1/3（图 6–3）。

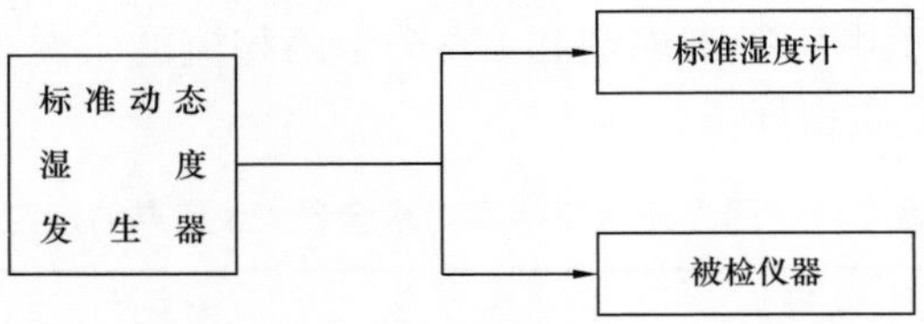

图 6–3　高准确度湿度计作为检定标准的检定方法

2. 水含量测定方法

当前应用于天然气工业的水含量测定方法主要有 3 个：GB/T 18619.1《天然气中水含量的测定　卡尔费休—库仑法》规定的卡尔费休—库仑法、GB/T 21069《天然气　高压下水含量的测定》规定的称量法和 SY/T 7507《天然气中水含量的测定　电解法》规定的电解法。这 3 个化学分析法均可完善地溯源至 SI 单位，都属绝对分析法，经常应用于冷镜法露点仪的检定和校准，也是利用状态方程关联水含量 / 水露点时，测定水含量的基准方法。

3. 电子分析法

GB/T 27896《天然气中水含量的测定　电子分析法》规定了以电子分析法测定天然气中的水含量。此类测定方法及其仪器的基本原理均为基于某种物理 / 化学原理的传感器，故此类仪器广泛应用于水含量 / 水露点的在线测定。目前工业上广泛应用的主要有电容式传感器、电解式传感器、压电式传感器、激光式传感器和光纤式传感器 5 种。

第二节　水含量测定方法

一、卡尔费休—库仑法

1. 范围

本方法适用于水含量范围为 5～5000mg/m^3，硫化氢和硫醇总含量低于水含量的 20% 的天然气和其他不与卡尔费休试剂反应的气体。

体积计量的标准参比条件是 20℃、101.325kPa。

2. 方法原理

一定体积的气体通过一个装有已预先滴定过的卡尔费休试剂的滴定池，气体中的水分被溶液吸收并与卡尔费休试剂反应。测定溶解的水所需要的碘通过电解溶液中的碘化物而产生，消耗的电量与 产生的碘的质量成正比，因此也与被测水分的质量成正比。反应如下：

$$CH_3OH+SO_2+R_3N \longrightarrow [R_3NH]SO_3CH_3 \tag{6–1}$$

$$H_2O+I_2+[R_3NH]SO_3CH_3+2R_3N \longrightarrow [R_3NH]SO_4CH_3+2[R_3NH]I \tag{6–2}$$

$$2I^- \longrightarrow I_2+2e \tag{6-3}$$

注：甲醇可用 2- 甲氧基乙醇（乙二醇单甲基醚）替代，吡啶（R_3N）可用其他合适的碱性含氮化合物替代。

气体中有多种组分可与卡尔费休试剂发生反应，并使结果产生误差。这些组分分别为氧化剂和还原剂，如：硫化氢、硫醇和某些碱性含氮物质。

当天然气中所含的硫化氢和硫醇的浓度低于水含量的 20% 时，由此引起的干扰可用式（6-4）修正：

$$\rho_{H_2O}^{O} = \rho_{H_2O} - \frac{9\rho_{H_2S(S)}}{16} - \frac{9\rho_{RSH(S)}}{32} \tag{6-4}$$

式中　$\rho_{H_2O}^{O}$——实际水含量，mg/m^3；

ρ_{H_2O}——已知或测得的水含量，mg/m^3；

$\rho_{H_2S(S)}$——气体中以硫计的硫化氢含量，mg/m^3；

$\rho_{RSH(S)}$——气体中以硫计的硫醇含量，mg/m^3。

当 H_2S 或 RSH 含量较高时，此校正方法不适用。

3. 仪器

卡尔费休—库仑仪滴定池的结构如图 6-4 所示；仪器的装配图如图 6-5 所示。带三通阀的样品气入口和出口干燥管如图 6-6 和图 6-7 所示。

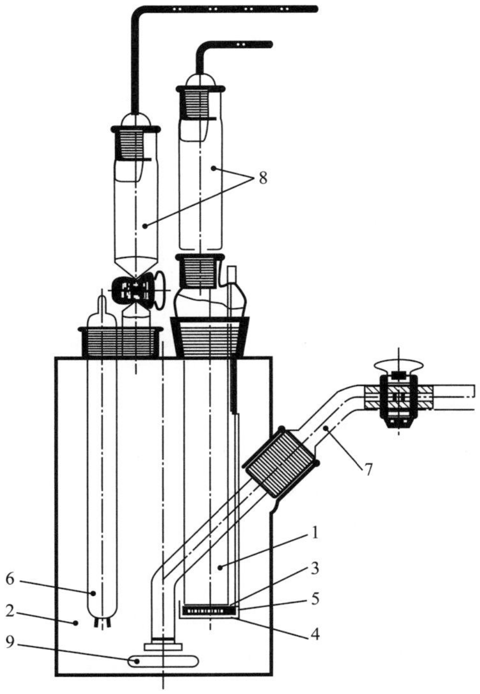

图 6-4　滴定池

1—阴极池；2—阳极池；3—阴极；4—阳极；5—隔膜；6—铂电极对；7—气体入口；8—干燥管；9—磁性搅拌子

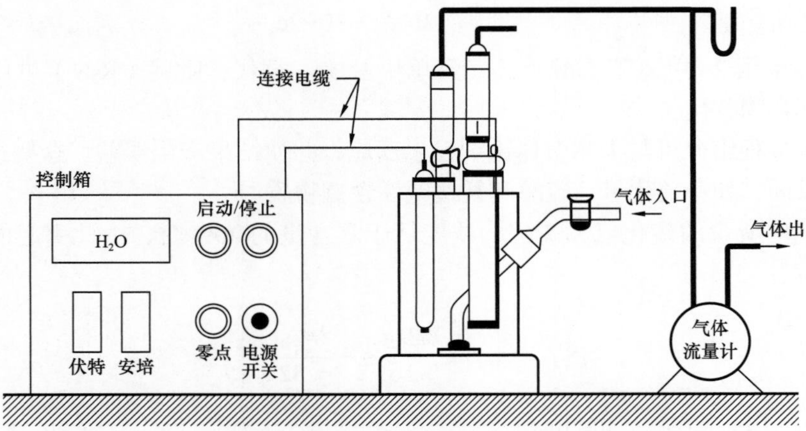

图 6–5　卡尔费休—库仑仪装配图

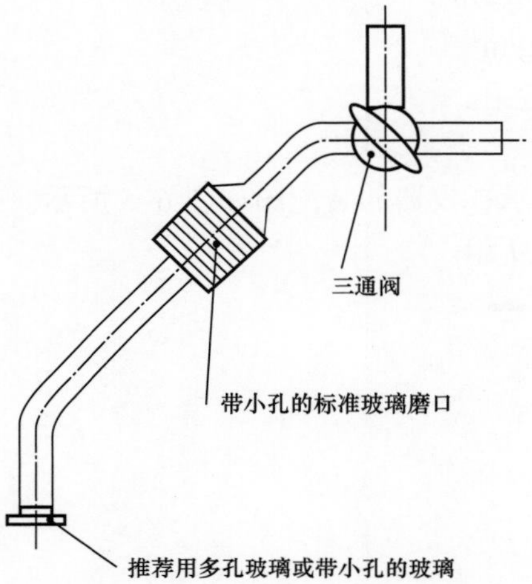

图 6–6　样品气入口干燥管

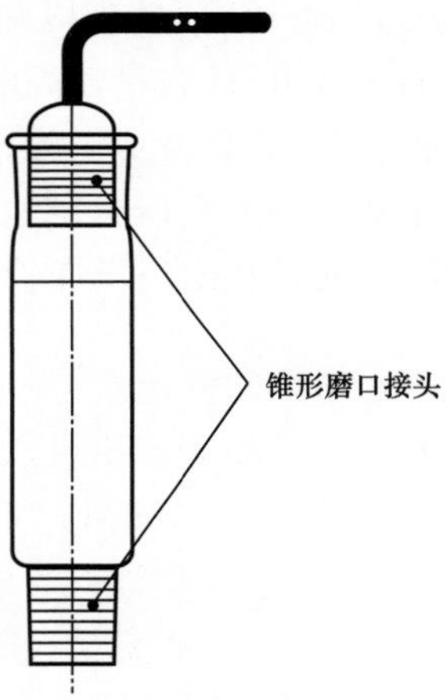

图 6–7　样品气出口干燥管

4. 操作步骤

（1）响应检验。

用参比溶液冲洗 10μL 注射器两次后，将注射器针尖插入液面以下，向阳极池中加入一定量的参比溶液（约 10μL）。打开搅拌器，开始测定。

在预期的重复性范围之内，以毫克表示的结果应与加入参比溶液中水的质量相符合。如果符合程度不够好，应查找仪器的技术缺陷，并在使用以前加以解决。

（2）测量。

打开电磁搅拌器。通过三通阀吹扫样品管线，并放空至大气。转动三通阀使气体直接进入滴定池，并将气体流速调节到 30～40L/h 之间。用湿式气体流量计在滴定池出口测量气体流速，气体的进样体积取决于其水含量。当预定体积的气体通过滴定池后，将三通阀转向先前的位置。

注：最佳流速取决于装置的几何结构。可在不同流速下，通入相同体积的气体来验证是否所有的水分都被吸收，并且获得相同的结果。

当水含量较低时，以延迟到通入所需的气体体积后再测定或许更好。只有当卡尔费休—库仑仪具有程序设定的功能时，才可以采用延迟测定。延迟测定时，在设定时间内仪器连续对本底进行补偿。如果使用延迟测定，操作者应确保零点漂移自动校正功能正常。

（3）空白测定。

当水含量低于 100mg/m^3 时，应进行空白测定以校正气体样品通入过程中碘的挥发损失。为此，在尽可能靠近滴定池的入口处，安装一个五氧化二磷吸收管。在与实际样品测定相同的条件（流速、时间、压力和温度）下，通入一定量的干燥气体进行空白测定，重复空白测定，直至达到一个稳定水平。

注：与五氧化二磷相平衡时的水蒸气含量可达 0.2mg/m^3。在环境条件下，碘挥发造成的损失相当于 1～4mg/m^3 的水含量。

当吸收管的变色段超过其长度的一半时，应更换其中的五氧化二磷。

5. 结果表示

（1）计算方法。

用式（6–5）计算在本标准参比条件下的水含量 ρ_{H_2O}，单位为 mg/m^3。

$$\rho_{H_2O}=\frac{(m_1-m_0)(273.15+t)\times101.325}{V(p-p_w)\times293.15} \tag{6-5}$$

式中　m_0——空白测定所得水的质量，mg；

m_1——样品测定所得水的质量，mg；

t——湿式气体流量计所计量的气体温度，℃；

V——通过滴定池的气体体积，L；

p——湿式气体流量计所计量的气体的绝对压力，kPa；

p_w——在温度 t 下水的蒸气压，kPa。

（2）重复性（r）和再现性（R）。

同一操作者在重复性条件下测得的两个结果，只要其差值不超过图 6–8 所示 r 值，这两个结果都应被认为是可以接受的。

不同实验室在可比条件下所测定的结果，只要其差值不超过图 6–8 所示 R 值，这两个结果都应被认为是可以接受的。

二、称量法

1. 范围

GB/T 21069 规定了在压力高于 1MPa 时天然气水含量的测定方法，其压力上限取决于试验装置所能承受的最大压力。本标准方法适用于水含量不小于 10mg/m^3 的无硫天然气和含有硫化氢的酸性天然气。

本方法获得的测定数据可能受样品气中所含有的醇类、硫醇类、硫化氢和乙二醇等化合物的影响，因为这些化合物也会与吸收样品气中水分的五氧化二磷（P_2O_5）发生反应。

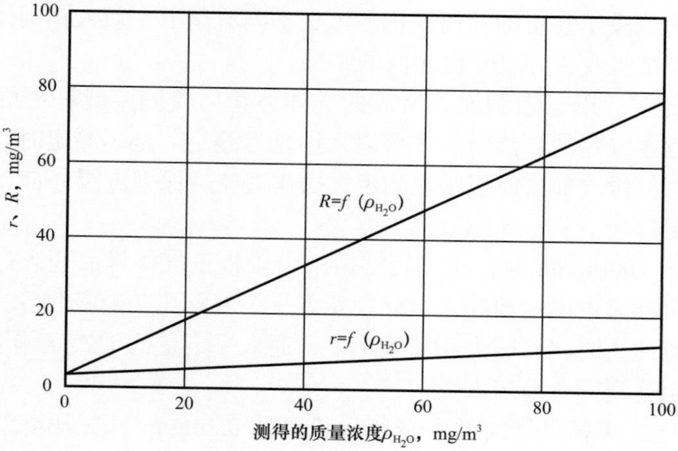

图 6-8　重复性（r）和再现性（R）

2. 方法原理

经体积计量的天然气通过填满 P_2O_5 的吸收管，天然气中的水分被 P_2O_5 吸收而生成磷酸。吸收管增加的质量即为天然气中所含水分的质量。由于以下两个原因，管线压力下水蒸气的吸收状况优于大气压力下水蒸气的吸收：一是水蒸气分压高；二是可以在较短时间内通过足量的天然气。

3. 测定装置

测定装置主要由图 6-9 至图 6-11 所示的 3 个部分组成。

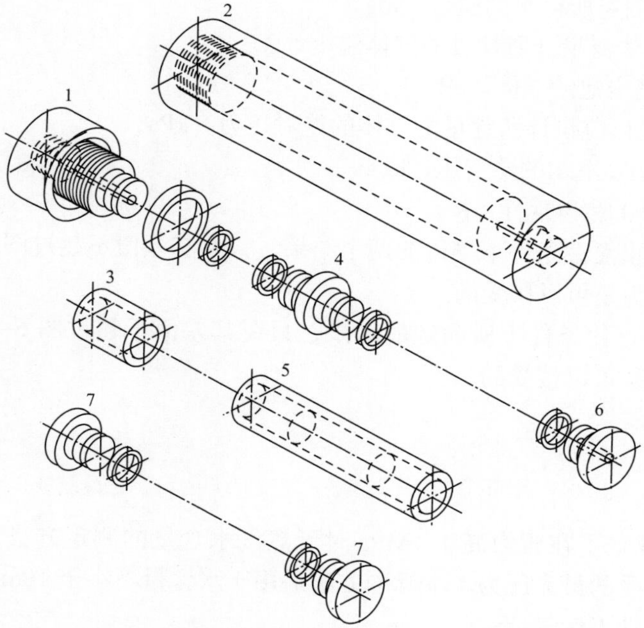

图 6-9　带有过滤管和吸收管的压力室

1—压力室端件；2—压力室本体；3—过滤管；4—过滤管和吸收管接头；5—吸收管；6—吸收管尾端件；7—吸收管堵头（不锈钢或丙烯酸类塑料，用于称量过程）

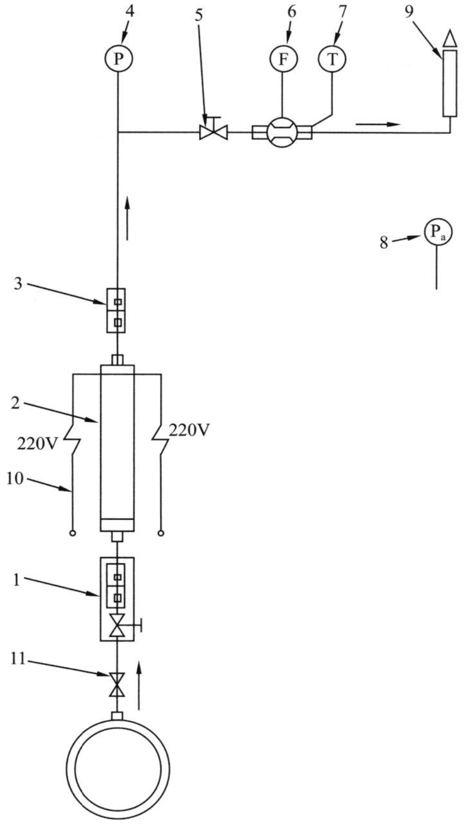

图 6-10　测定装置示意图

1—入口针型阀、止回阀和接头；2—容纳过滤管和吸收管的压力室；3—压力室出口接头；4—压力表；5—出口针型阀；6—气体流量计；7—温度计（安装于流量计出口）；8—气压计；9—排空管线；10—加热器；11—取样探头阀门

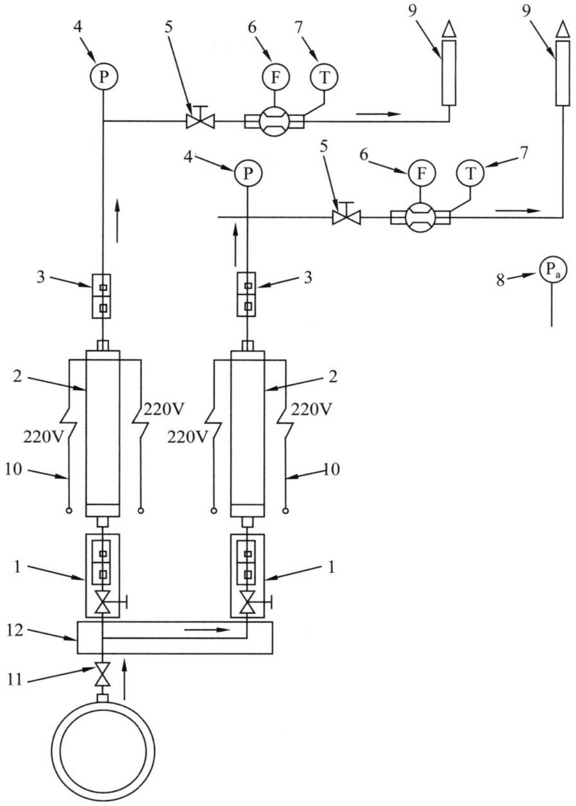

图 6-11　平行取样装置示意图

1—入口针型阀、止回阀和接头；2—容纳过滤管和吸收管的压力室；3—压力室出口接头；4—压力表；5—出口针型阀；6—气体流量计；7—温度计（安装于流量计出口）；8—气压计；9—排空管线；10—加热器；11—取样探头阀门；12—三通（不对称流路）

4. 取样和测定

取样的一般准则可参见 GB/T 13609。

用颗粒状 P_2O_5 填充吸收管，并在管子两端用石英棉充填约 2cm，使其不留空隙。用已编号的堵头封闭吸收管。在测定装置的压力室装配前立即（第一次）称量吸收管及已编号堵头的质量 m_1，以及过滤管和接头的质量。

关闭入口针形阀和出口针形阀，打开取样探头阀门。小心开启入口针形阀，使试验装置增压，并对试验装置进行试漏。小心开启出口针形阀，调节流量为 2～3m^3/h。取样过程中，记录大气压及气体温度，并监测气体流量。当装置中通过 1.5～3m^3 的样品气体后，关闭入口针形阀，使试验装置减压。记录流量计所测量的通过仪器的气体体积 V_0。样品气取样体积中的水含量不宜超过吸收剂容量的一半，否则测定可能无效。

当在潮湿的环境取样时，应特别注意避免在管子上凝露。

样品气中的水含量取决于气体的实际压力和温度。取样设备和测定装置的温度需高于取样压力下的水露点。如果发生凝析则测定数据无效，再次测量之前应加热测定装置，使其温度高于烃露点。

从测定装置拆下压力室并拆开。拆开后立即用已称量并已编号的两个堵头密封吸收管，再一次称量吸收管 m_2，并称量过滤管和接头。

推荐采用平行取样，特别是当原料气中有杂质存在的工况下。采用平行取样时，在取样探头上安装一个三通，形成非对称流路，并连接两套测定装置（参见图 6–11）。由于凝析水和其他杂质不会等同地分配在两套测定装置中，所以两个测定结果的一致性将会验证测定结果的准确性。如果由两套装置计算所得的水分含量之差大于测量不确定度（测量值的 ±5%）的两倍，则有必要重新测定。

5. 结果表示

（1）计算方法。

用式（6–6）计算气体中的水含量：

$$\rho_{(H_2O)} = \frac{m_2 - m_1}{V_1} \times 10^3 \tag{6–6}$$

式中 $\rho_{(H_2O)}$——水含量，mg/m^3；

m_2——取样后吸收管的质量，g；

m_1——取样前吸收管的质量，g；

V_1——气体样品在标准参比条件下的体积，m^3。

（2）测量不确定度和检测限。

在流量为 2～5m^3/h，气体通过总量为 1.5～3.0m^3 的条件下，测量不确定度估计为测定值的 ±5%，但不优于 5 mg/m^3；检测限为 10 mg/m^3。

不提高流量而增加取样体积可以改善测量不确定度的检测限。

如果降低流量，本方法也适用于压力低于 1MPa 的天然气中水含量的测定。

三、电解法

1. 范围

石油行业标准 SY/T 7507《天然气中水含量的测定》规定了电解法测定天然气中水含量的方法。

电解法适用于水体积分数（ϕ）小于 4000×10^{-6}，且不含有与 P_2O_5 可能发生吸湿反应的甲醇、乙二醇、氨等化合物的天然气。天然气中应无凝液存在，总硫含量小于 500mg/m^3 时不干扰测定。

2. 方法原理

用涂敷了磷酸的两电极形成一个电解池，在两电极间施加一直流电压，气体中的水分被池内作为吸湿剂的五氧化二磷膜层连续吸收，生成磷酸，并被电解为氢和氧，同时五氧化二磷得以再生。当吸收和电解达到平衡后，进入电解池的水分全部被五氧化二磷膜层吸收，并全部被电解。若已知环境温度、环境压力和样品气流量，根据法拉第电解定律和气体定律可推导出水的电解电流与样品气湿度之间的关系式如式（6–7）所示：

$$I=\frac{QpT_{g}F\phi\times10^{-4}}{3p_{0}TV_{0}} \tag{6–7}$$

式中 T_0——参比温度，K，（T_0=273.15K）；

F——电量，C，（F=96485C）；

p_0——标准大气压，kPa（p_0=101.325kPa）；

I——水的电解电流，μA；

Q——样气流量，mL/min；

ϕ——样品气水含量的体积分数，10^{-5}；

p——环境压力，Pa；

T——环境的绝对温度，K；

V_0——标准状态下样品气的摩尔体积，L/mol。

3. 测定仪器

满足下列要求的任何电解式水含量分析仪均可使用：

（1）有调节测试流量和旁通流量的装置；

（2）仪器气路系统应无死体积，或死体积应尽量小；

（3）仪器气路系统应无泄漏；

（4）当样品气水含量（以体积分数表示）大于 5×10^{-6} 时，仪器指示值上升（或下降）达到已知气体湿度的 63%（或 37%）所需的时间不大于 5min；

（5）电解池的吸收效率应大于 98%；

（6）现场使用的水分仪，电源应满足现场防爆等级的要求。

4. 测定方法

（1）取样。

应按 GB/T 13609 的规定对管输天然气进行取样。取样管线应采用不锈钢管线，并尽量短。在高压取样时，应使用减压阀，使样品压力达到仪器的测量压力。应使样品温度高于水露点温度 2℃，以防止样品中的水分在取样管线和分析仪中凝析。在低温环境中建议加热和保温管线。

为防止天然气中的粉尘、液态烃等杂质污染仪器的电解池，应在仪器电解池之前配备过滤器，将杂质除去。

（2）测定。

测定方法和测定前的准备应按仪器说明书的要求进行。

仪器测量前本底值越低越好。必要时可采用高纯氮气吹扫仪器和管线，以降低本底值。

在测定时应把仪器的测量流量调节到仪器说明书规定的温度和压力下的流量。

5. 允许差

同一操作者两次连续测定结果之差不得超过表 6–2 规定的数值。

表 6-2 允许相对误差

水体积分数 ϕ，10^{-6}	允许相对误差（以较小测得值为基准），%
≤100	10
>100	5

6. 结果表示

由式（6-7）计算得到的是样品气中水含量的体积分数 ϕ。由表 6-3 可查得在 101.325kPa 和 20℃下相应的质量浓度和水露点值。

表 6-3 水含量与水露点对照表

露点温度，℃	体积分数 ϕ，10^{-6}	质量浓度，g/m³	露点温度，℃	体积分数 ϕ，10^{-6}	质量浓度，g/m³
−80	0.5409	0.0004052	−59	12.22	0.009154
−79	0.6370	0.0004772	−58	13.96	0.01046
−78	0.7489	0.0005610	−57	15.93	0.01193
−77	0.8792	0.0006586	−56	18.16	0.01360
−76	1.030	0.0007716	−55	20.68	0.01549
−75	1.206	0.0009034	−54	23.51	0.01761
−74	1.409	0.001055	−53	26.71	0.02001
−73	1.643	0.001231	−52	30.32	0.02271
−72	1.913	0.001433	−51	34.34	0.02572
−71	2.226	0.001667	−50	38.88	0.02913
−70	2.584	0.001936	−49	43.97	0.03294
−69	2.997	0.002245	−48	49.67	0.03721
−68	3.471	0.002600	−47	56.05	0.04199
−67	4.013	0.003006	−46	63.17	0.04732
−66	4.634	0.003471	−45	71.13	0.03528
−65	5.343	0.004002	−44	80.01	0.05994
−64	6.153	0.004609	−43	89.91	0.06735
−63	7.076	0.005301	−42	100.9	0.07558
−62	8.128	0.006089	−41	113.2	0.08480
−61	9.322	0.006983	−40	126.8	0.09499
−60	10.68	0.008000	−39	142.0	0.1064

续表

露点温度，℃	体积分数ϕ，10^{-6}	质量浓度，g/m^3	露点温度，℃	体积分数ϕ，10^{-6}	质量浓度，g/m^3
−38	158.7	0.1189	−18	1233	0.9236
−37	177.2	0.1327	−17	1355	1.015
−36	197.9	0.1482	−16	1487	1.114
−35	220.7	0.1653	−15	1632	1.223
−34	245.8	0.1841	−14	1788	1.339
−33	273.6	0.2050	−13	1959	1.467
−32	304.2	0.2279	−12	2145	1.607
−31	333.0	0.2532	−11	2346	1.757
−30	375.3	0.2811	−10	2566	1.922
−29	416.2	0.3118	−9	2803	2.100
−28	461.3	0.3456	−8	3059	2.291
−27	510.8	0.3826	−7	3333	2.500
−26	565.1	0.4233	−6	3639	2.726
−25	624.9	0.4681	−5	3966	2.971
−24	690.1	0.5170	−4	4317	3.234
−23	761.7	0.5706	−3	4699	3.520
−22	840.0	0.6292	−2	5109	3.827
−21	925.7	0.6934	−1	5553	4.160
−20	1019	0.7633	0	6032	4.519
−19	1121	0.8397			

第三节　水露点测定方法及其与水含量的关联

一、冷镜法测定水露点

1. 测量范围

GB/T 17283《天然气水露点的测定　冷却镜面凝析湿度计法》规定了用冷却镜面凝析湿度计测定天然气水露点的方法。此方法应用于经处理管输天然气时的水露点范围一般为 −25～5℃；在相应气体压力下，水含量的体积分数为 50×10^{-6}～200×10^{-6}（体积分数）。

2. 方法原理

如图 6–12 所示，气体通过露点测量室时流经露层（湿度）传感器。当露层传感器温度高于该气体露点时，传感器表面呈干燥状态；此时，通过露层传感器的发射信号和接收信号经控制回路比较、放大后，驱动热电制冷器（由一级或多级 Peltier 元件组成），对露层传感器制冷。当露层传感器温度降至样品气露点温度以下时，露层传感器上开始结露。此时，接收器采集的信号发生变化，此变化经控制回路比较、放大后调节热电制冷器的功率减小；最后，露层传感器的温度恰好保持在样品气露点温度上。

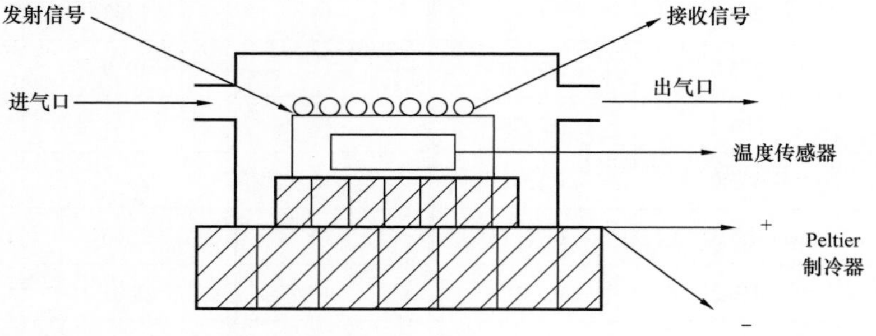

图 6–12　露点仪测量原理示意图

3. 手动和自动测定露点仪

露点测定仪要设计为既可在不同的时间分别对样品进行测定，也可进行连续测定。对于分别测定时，要求所选择的冷却镜面的方法能使操作人员对用肉眼观察到凝聚相的生成变化情况能够进行连续的观察，如果样品气中水含量很少，即露点很低，单位时间内流经仪器的水蒸气则很少，以至于露的形成很慢，很难辨别其是增加还是消失。若使用一个光电管或其他任何对光敏感的部件，则很容易对露的凝聚进行观察。当保持对制冷部件的人工控制时，还需要一个简单的显示器。

在有烃类凝析存在的情况下，使用手动操作的露点仪将很难观测到水露的形成。在此情况下，可用液烃起泡器来辅助观测，然而重要的是应了解所使用起泡器的原理及其使用局限性。

4. 测量误差的来源

（1）干扰物质。

除气体或水蒸气外，一些其他物质，如固体颗粒，灰尘等也可进入仪器，并能在镜面上沉积，影响仪器的操作性能。除水蒸气外的其他蒸气也可能在镜表面上冷凝。在测定露点时，自然或偶然带进样品测定室的可溶于水的气体，都会使所观察到的露点与实际水蒸气含量相对应的露点有所差异。

（2）冷壁效应。

除镜面外，管道和装置的其他部分的温度应高于凝析温度。否则，水蒸气将会在最冷点发生凝析，从而使样品气中水含量发生改变。

（3）平衡温度控制。

如果单位时间内镜面上凝析的水量很小，那么镜面应尽可能缓慢地冷却。因为如果冷却过快，会导致在还没有观察到初露时，就已超过了实际的凝析温度，从而产生误差。

能用肉眼正常观察到的结露量大约为 $10^{-5}g/cm^2$。如果自动装置灵敏度高的话，则能够检测到更低的结露量。

（4）烃凝析物。

如果烃的露点低于蒸气的露点，则不会有特别的问题。反之，在测量进行之前，应尽可能捕集并除去烃凝析物，然后假定所有的烃类已凝析并从镜面和测定室中除去。

5. 准确度

在 –25～5℃的测量范围，当使用自动测定仪时，水露点测量的准确度一般为 ±1℃。使用手动露点仪时，测量的准确度则取决于烃的含量，在多数情况下，可以获得 ±2℃的准确度。

二、露点仪测量结果的不确定度评定

露点仪是一种测量仪器，其本身并没有不确定度。其不确定度的产生实质上可以理解为露点仪提供的标准量值的不确定度，也可以认为是测定结果中由测量仪器引入的不确定度。在计量学术语中，表征测量仪器准确度的术语是示值误差或最大允许误差（*MPE*），它们与利用仪器得到的测量结果的不确定度有关。

以常用冷镜式露点仪为例，其测量结果不确定度主要来源于以下 5 个方面[3]。

（1）露点仪检定引入的不确定度分量。

使用双压法精密标准湿度发生器检定露点仪时，湿度发生器的扩展不确定度值为 0.08℃，包含因子 k=2，故由检定引入的标准不确定度（u_1）为：

$$u_1=0.08℃/2=0.04℃$$

（2）露点仪显示值分辨力引入的不确定度分量。

以目前国内使用较多的 M4 型精密露点仪为例，其分辨力为 0.1℃，对于测量湿度比较稳定的环境分辨力不够高，由此引入的标准不确定度分量（u_2）为矩形分布：

$$u_2=0.05℃/\sqrt{3}=0.029℃$$

对于分辨力达到 0.01℃的精密露点仪，可以记录 7～9 个测量数据，然后按照 Bessel 公式计算标准不确定度。

（3）大气压力波动引入的不确定度分量。

以露点仪的测量值为 –20℃为例，在测量过程中大气压力波动值为 200Pa，则所引起的露点波动值为 0.02℃，服从矩形分布，故标准不确定度（u_3）为：

$$u_3=0.02℃/\sqrt{3}=0.012℃$$

（4）露点仪的非线性引入的不确定度分量。

由露点仪非线性引入的不确定度分量（u_4）为 0.05℃，服从矩形分布：

$$u_4=0.05℃/\sqrt{3}=0.029℃$$

（5）镜面露层的温度梯度引入的不确定度分量。

露点仪镜面露层厚度为 5～10μm，温度梯度为 0.03℃，服从矩形分布，故其标准不确定度（u_5）为：

$$u_5=0.03℃/\sqrt{3}=0.020℃$$

根据方差合成定律，如果上述不确定度分量彼此之间独立则合成标准不确定度（u_c）可以下式计算：

$$u_c=(u_1^2+u_2^2+u_3^2+u_4^2+u_5^2)^{1/2}$$

$$=(0.04^2+0.029^2+0.012^2+0.029^2+0.020^2)^{1/2}$$

$$=0.062℃$$

因此，此类露点仪测量结果的扩展不确定度（U_c，$k=2$）为 0.13℃。

三、GB/T 22634 规定的水含量 / 水露点换算方法

1. 方法概述

随着天然气工业的迅速发展，商品天然气中水含量测定的方法和仪器也取得了长足的技术进步。但目前世界上大多数国家的商品天然气气质指标中，对水含量的规定皆采用水露点（温度）。鉴于此，欧洲天然气研究集团（GERG）制定了一项建立商品天然气中水含量与水露点之间精确换算关系的研究计划。该计划的第一阶段是，在温度 −15～+5℃和绝对压力 0.5～10MPa 范围内收集了若干组天然气样品可靠的水含量及其水露点数据，然后再对 7 组有代表性的天然气样品进行水含量 / 水露点测定，同时进行关键性的甲烷 / 水系统的二元相平衡数据测定。

在研究过程中，作为具备溯源性的水含量测定（输入）数据，以卡尔费休—库仑法水分测定仪的重复性限和再现性限对测定数据进行一致性检验时，仅检出很少几个不合格数据，它们大多是在水含量很低的范围（即高压、低温范围）。大部分不合格数据都被舍弃，只有少数作为权重很轻的数据被采用。

GERG 基于 *P*–*R* 状态方程原理，利用上述研究成果开发成功了一个具有可靠数学关系的水含量 / 水露点之间相互换算（关联）的方法，并研制了相应的计算软件。该关联式在露点温度 −15～+5℃和绝对压力 0.5～10MPa 范围内被确认。由于开发关联式的天然气样品技术上不含乙二醇、甲醇和液烃，且硫化氢浓度不超过 5mg/m^3，故这些污染物对换算结果准确度的影响未做研究。

从开发此关联式的热力学基础分析，关联式的应用范围有可能扩展至温度 −50～+40℃和绝对压力 0.1～30MPa 的范围，但在此范围内无法知道换算结果的准确度，因而应用范围不宜外推。

修改采用 ISO 18453：2004 的 GB/T 22634—2008《天然气水含量与水露点之间的换算》中，提供了上述水含量 / 水露点换算关联式。

2. GB/T 22634 的工作范围与准确度

（1）工作范围。

压力范围：0.5MPa≤p≤10MPa；

露点温度范围：−15℃≤t≤5℃；

组分浓度范围：关联式接受水含量和表 6–4 所示的组分浓度范围作为输入参数。标准的附录 A 中给出了组分浓度变化对换算结果准确度的影响（表 6–5）。

表 6–4　天然气中组分浓度范围

化合物	y，%	化合物	y，%
甲烷（CH_4）	≥40.0	正丁烷（C_4H_{10}）	≤1.5
氮气（N_2）	≤55.0	2，2– 二甲基丙烷（C_5H_{12}）	≤1.5
二氧化碳（CO_2）	≤30.0	2– 甲基丁烷（C_5H_{12}）	≤1.5
乙烷（C_2H_6）	≤20.0	正戊烷（C_5H_{12}）	≤1.5
丙烷（C_3H_8）	≤4.5	C_{6+}（己烷和更高烃类的总和）（C_5H_{14}）	≤1.5
2– 甲基丙烷（C_4H_{10}）	≤1.5		

注：把 C_{6+} 作为正己烷来处理。

表 6–5 所示数据的输入条件为水含量（β_w）60mg/m^3（即关联式计算结果值），其标准参比条件为 101.325kPa 和 0℃。从表 6–5 所示数据分析，在该表所示的压力和组成变化范围内，计算结果的准确度为 ±0.2℃。

表 6–5　不同天然气组成对水露点计算结果的影响

干气组成 y	p（绝）=2MPa T，℃	p（绝）=5MPa T，℃	p（绝）=8MPa T，℃
90% 甲烷，8% 乙烷，2% 丙烷	−16.3	−6.7	−2.0
80% 甲烷，13% 乙烷，4% 丙烷，3% 二氧化碳	−16.3	−6.8	−2.2
75% 甲烷，16% 乙烷，4.5% 丙烷，4.5% 二氧化碳	−16.4	−6.9	−2.2
70% 甲烷，20% 乙烷，4.5% 丙烷，5.5% 二氧化碳	−16.4	−6.9	−2.1

（2）工作范围内的准确度。

由水含量计算水露点的准确度为 ±2℃。

由水露点计算水含量的准确度：

① β_w＜580mg/m^3：0.14+0.021×β_w±20（mg/m^3）；

② β_w≥580mg/m^3：−18.84+0.0537×β_w±20（mg/m^3）。

3. 溯源性

（1）建立关联式的基础是使用合适的、ISO 规定的测定方法获得的水含量作为原始输入数据而计算出相应的水露点；但相应的水露点数据的溯源性则受诸多因素的限制而无法建立。

（2）此特殊关联式只有在输入参数能通过不间断的比较链溯源至国家或国际标准的情况下才具备溯源性；以卡尔费休—库仑法测定的水含量数据符合此条件。

（3）由于天然气中可能存在各种污染物，以及气体在压力下的非理想性行为，导致直接测定的水露点值不可能在不导入显著的、未经量化的不确定度的情况下，与相应的国际或国家标准进行比较。因此，以现场测定的水露点值作为关联式的输入数据时，不能给出具备溯源性的水含量计算结果。

（4）关联式主要应用于管输天然气气质管理和交接计量的场合，所处理的天然气均属“技术上”清洁。在此情况下，当输入具备溯源性的水含量数据时，可以给出一个具备溯源性的计算结果。综上所述可以看出，GB/T 22634 提供的关联式主要应用于由水含量计算水露点的场合。在输入水露点以计算水含量的场合，宜采用美国材料试验学会发布的 ASTM D1142。

四、ASTM D1142 规定的水含量 / 水露点换算方法

与大多数欧洲国家的规定不同，美国的商品天然气供销合同中通常规定最大水含量指标，因而将冷镜法测定的水露点温度换算成特定工况条件下的饱和水含量具有重要的工程意义。

如果在实验基础上完成了如图 6–13 所示的水含量 / 水露点关联图，就可以由冷镜法测得的水露点温度从图 6–13 上查出其在特定工况下的饱和水含量。但如果没有这样的关联图，则可以利用 1955 年 Bukacek 在美国气体工艺研究院 8 号报告中提出的关联式［参见式（6–8）］，进行水露点 / 水含量之间的换算。

$$\beta_w = \frac{A}{P} + B \qquad (6\text{–}8)$$

式中 A——与温度有关的常数，使用表 6–6 中的数据插值计算；

B——与温度有关的常数，使用表 6–6 中的数据插值计算。

与 GB/T 22634 中提供的水含量 / 水露点换算关联式不同，Bukacek 关联式是在一系列实验所得数据制作的图表的基础上，根据 Raoult 定律拟合而得的经验公式，适合工程应用。此换算公式目前没有精密度和偏差的有关数据。

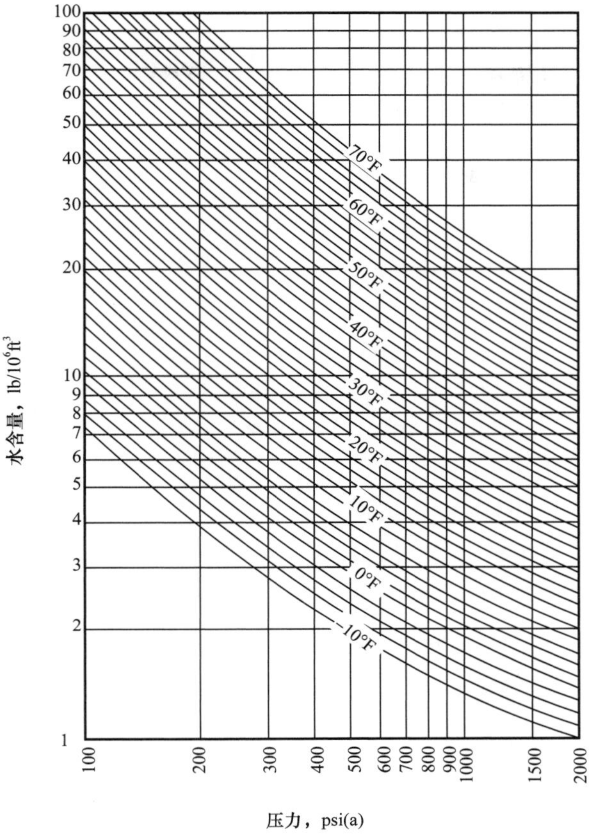

（$1lb/ft^3=16.03kg/m^3$，$1psi=6895Pa$）

图 6-13　天然气水含量 / 水露点关联图

表 6-6　不同温度下的常数 *A* 和 *B*

温度 *t*，0℃	常数 *A*，$mg \cdot MPa/m^3$	常数 *B*，mg/m^3
-40.00	14.21437	3.462263
-30.00	38.19434	7.081902
-20.00	93.96676	13.37693
-10.00	213.7581	24.23584
0.00	456.8130	41.70453
10.00	917.9663	69.56001
20.00	1746.957	111.7367

注：表中数据摘录自 GB/T 22634—2008 附录 E 中的表 E.1。

第四节　电子湿度仪法在线测定水含量

一、基本原理

我国气质标准规定的商品天然气水露点测定方法是冷镜法，但此法不太适用于在线测定。因此，在线测定水露点均采用基于气体湿敏传感器原理而制成的电子湿度仪法，由测得的水含量再换算为水露点。

（1）电容式传感器（capacitance–type sensor）。

以镀有三氧化二铝（Al_2O_3）涂层的铝作为电容器的一部分。当天然气中水含量发生变化时，镀有电介质 Al_2O_3 的薄膜层的电容量也随之而改变。但与五氧化二磷（P_2O_5）传感器不同，铝合金传感器的响应是非线性的；需用单晶硅改善传感器的稳定性和快速响应性能。

（2）电解式传感器（electrolytic–type sensor）。

传感器中由涂有 P_2O_5 的贵金属导线组成的两个电极。对电极加偏置电压时，天然气中水分与 P_2O_5 发生反应并产生电流，产生电流量与气体中水含量成正比。

（3）压电式传感器（piezoelectric–type sensor）。

传感器由一对有石英晶体（QCM）变频器支持的电极组成。当传感器通电时，它就发生稳定的振动。传感器表面上涂有亲湿性聚合物，后者吸收气体中水分后会改变石英晶体的振动频率，频率的变化与水分吸收量成正比。

（4）激光式传感器（laser–type sensor）。

图 6–14 所示为激光式传感器结构示意图。样品气经除去杂质后连续地通过安装在光学头（optical head）上的激光器和检测器；但样品气不与激光器和检测器接触而污染仪器。激光器发出的近红外光（NIR）射到镜面后再反射回检测器。根据 Lambert–Beer 定律，样品气中水分含量与光吸收率之间存在显著线性关系[4]。

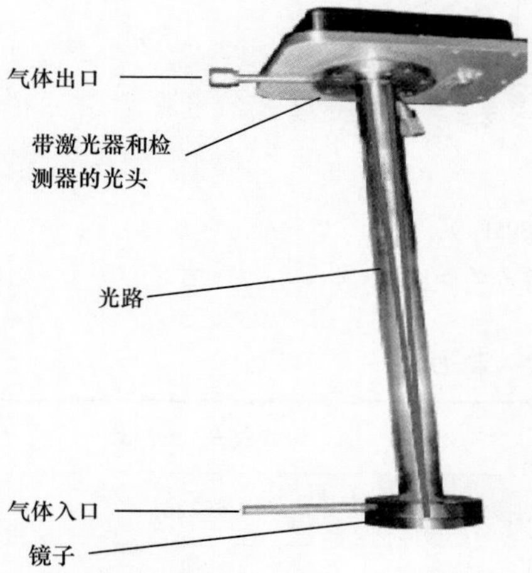

图 6–14　激光式传感器结构示意图

二、设备和取样系统

1. 取样系统

合适的取样系统能消除在线湿度仪测量结果的大部分误差。

（1）用 ASTM D1145 规定的取样探头直接从管线中取样。样品气在取样管线和湿度仪中的温度必须高于其露点温度 2℃，以防止水分冷凝。在低温环境中，建议采用保温和伴热管线。

（2）湿度传感器对样品气中污染物十分敏感。任何对传感器有损害的污染物必须除去，从而使之对仪器准确度和响应时间的影响降到最低。如果污染物是凝析油、乙二醇等物质形成的气溶胶，则必须使用半透膜分离器。

2. 结构材料

取样有可能在高压或低压下进行。所有应用于高压的组件材料必须达到相应的等级。为减少材料与样品组分之间的扩散和吸附，在样品气进入传感器之前应使用不锈钢材料。推荐使用 3.175mm（1/8in）不锈钢管线。处理高压样品气时必须制定合适的安全注意事项。

（1）避免使用波登管压力计，以防止水分积累在死体积之中。

（2）为获得满意的响应时间，样品气吹扫系统十分重要；湿度仪必须配备吹扫管线和样品气清洁系统。

3. 电子设备

传感器的输出信号需经线性化处理，并以合适的模拟信号或数字信号显示（通常单位为 mg/m^3）。如果现场没有标准物质可以进行仪器校准时，可使用湿度校准器。

4. 供电

现场使用的湿度仪应配备可再生电源或容易更换的蓄电池；现场使用的湿度仪电源必须满足可燃气体危险区域的有关要求。

三、校准

按 ASTM D5454 的规定，电子湿度仪需用图 6-15 所示的湿度校准器校验其准确度。由于湿度校准器对样品气流量极为敏感，故对大气压力必须补偿。此类校准器通常适用于水含量 80～800mg/m^3 的范围。如水含量更低应采用渗透管法。

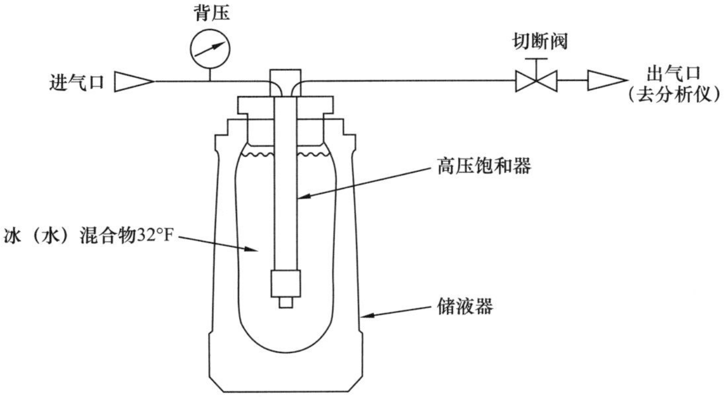

图 6-15　湿度校准器

也可以使用储存于钢瓶的水含量标准气校验，但标准气应用独立方法每月检测一次。使用上述标准方法校准湿度仪时，应校准两个点，一个水含量较高，另一个水含量较低。某些湿度仪有较大非线性误差，可以利用校准（值）加以修正。

四、操作程序

（1）湿度仪投入使用前应按说明书检查其操作和校准。在现场使用前，推荐以钢瓶装氮气干燥仪器至水含量读数低于 16mg/m³。

（2）按上文规定取样，取样管线应尽可能短。样品气进入传感器之前，先以样品气流吹扫管线 2min。

（3）按湿度仪类型和操作条件不同，传感器达到平衡的时间也有所不同。一般传感器需要 20min 达到稳定。有些型号的湿度仪带有外部记录器输出端口，通过端口可连接到图形记录器而获得真实的平衡时间。

五、激光式在线湿度仪的现场应用

1. 测量系统

可调谐半导体光谱技术（TDLAS）是当今国际上最先进的气体组分测定技术之一。我国当前也正在推广应用之中。如图 6–14 所示，通过快速调制激光频率可使其扫过被测样品气吸收谱线，然后用锁相放大技术测量样品气吸收后透射谱线中的谐波分量以测定样品气中有关组分的吸收情况。激光透过样品气后的吸光率遵循 Lambert–Beer 定律，且被测组分的吸光率与其在样品气中的含量成正比。TDLAS 测定仪的技术特点如下：

（1）激光器只发射与样品气中待测组分有关的特征波长，故测定结果不受其他背景组分的干扰和影响。

（2）利用半导体激光器波长可调谐性，结合锁相放大技术，从而比直接吸收光谱技术大大提高了测量的灵敏度。

（3）由于灵敏度高，响应速度快，很适合应用于在线测定。英国国家物理实验室（NPL）的试验表明，体积浓度为 2×10^{-6} 的干气，湿度上升至大气环境水平再回到原来干气水平的响应时间仅需 6s。

（4）激光式在线湿度仪属于非直接接触式测定仪器，测量过程中不会改变样品的形态和性质，样品气组分也不会污染测定仪器。

2. 重复性

重复性是测量仪器的重要技术指标，直接影响测量结果的不确定度。

在实验室对 SS2000 型激光式湿度仪进行了重复性考察；测试对象是中国计量科学研究院制备的 3 瓶钢瓶装水含量标准气（底气为氮气）。对每瓶标准气进行了 1h 连续测定的结果见表 6–7。表 6–7 中数据表明，各组数据之间的相对标准偏差甚小，仪器的重复性相当好。

表 6–7　激光式湿度仪的重复性

瓶装水分气体物质	样品 1	样品 2	样品 3
水分测试浓度平均值①，mL/m³	15.66	48.05	65.61
标准偏差	0.10	0.14	0.11
相对标准偏差	0.68%	0.30%	0.17%

①为 30 次测试结果的平均值。

3. 可靠性

用 SS2000 型湿度仪对 7 个不同水含量的标准气进行测定，并对测定结果数据进行线性回归，求得的相关系数为 0.995。由于钢瓶装水含量标准气的制备比较困难，其含量值本身不确定度较大，故相关系数 0.995 是可以接受的。

表 6–8 是 SS2000 型湿度仪在某输气站现场测定的数据。表 6–8 中数据表明，仪器能及时反映出现场外输商品天然气水含量变化情况；由于所谓的“白昼”效应，气温最高的 16：00 的样品气中水含量也最高[4]。

表 6–8　某输气站 SS2000 型湿度仪测定记录

时间（2008 年 6 月）		气源压力，MPa	水分测试浓度，mL/m^3
8 日	8：00	4.65	45.50
	12：00	4.68	45.13
	16：00	4.66	47.79
	20：00	4.68	46.18
9 日	8：00	4.78	45.44
	12：00	4.86	47.78
	16：00	4.82	48.52
	20：00	4.83	48.08
10 日	8：00	4.82	44.25
	12：00	4.80	54.26
	16：00	4.80	60.60
	20：00	4.76	56.03

4. 与其他水含量测定技术的比较

在实验室中以 SS2000 型湿度仪测定普氮和钢瓶装水含量标准气（底气为甲烷）的数据，按 ASTM D1142 规定换算为水露点值；然后再与冷镜法直接测定的水露点值比对试验结果示于表 6–9。表 6–9 中数据说明，两者差值最大为 2.6℃，最小为 1.4℃，结果是可以接受的。

表 6–9　SS2000 型湿度仪与冷镜仪实验室比对结果

被测物质	SS2000 测得露点值	冷镜仪测得露点值
普氮	–30.5	–31.9
瓶装水分物质 1	–32.5	–29.9
瓶装水分物质 2	–33.9	–36.1

表 6–10 示出了安装在某输气站现场的 SS2000 型湿度仪与冷镜仪现场测定数据的比对结果。现场比对结果表明，两种仪器水露点测定值之间的差值比实验室条件下更小。

表 6-10　SS2000 型湿度仪与冷镜仪现场比对结果

时间（2008 年）	测试气源	SS2000 水分测试仪		冷镜仪
		水分测试浓度，mL/m^3	工况露点，℃	工况露点，℃
8 月 1 日	$80\times10^4m^3$ 来气	72.20	−13.1	−14.5
8 月 21 日	$400\times10^4m^3$ 来气	267.00	7.5	7.5
9 月 17 日	$400\times10^4m^3$ 来气	87.02	−6.9	−6.5
9 月 17 日	$400\times10^4m^3$ 来气	89.45	−6.5	−7.0
10 月 23 日	$400\times10^4m^3$ 来气	50.30	−14.3	−13.1

第五节　烃露点测定及其溯源性

一、发展概况

高压输送的商品天然气有可能因降压而产生反凝析现象并在气相中凝结出重烃液滴，后者不仅会严重损伤输配气系统中的设备（如压缩机），也会严重损伤终端用户的设备（如燃气轮机）。因此，在商品天然气输配系统特定的工况下应规定其烃露点指标，以保障生产系统的安全平稳运行。据文献报道，向欧洲能源监管理事会（CEER）申报气质数据的 16 个欧洲国家中，设置水 / 烃露点指标的国家为 15 个，唯一未设置该指标的国家是爱尔兰，但后者的管网是与英国管网连接在一起的，实际执行的是英国标准。因此，实际上所有申报国家在其发布的国家气质标准中都设置有烃露点指标，且还规定了监测频率和公告周期（表 6-11）。

表 6-11　部分欧洲国家的烃露点指标和监测频率

国别	最低值，℃	最高值，℃	监测频率	公告周期
比利时	−15	−6	10 分钟 1 次	不公告
克罗地亚		−2	每月 2 次	每月 2 次
爱沙尼亚		−2	实时测定	
法国		−2	5 分钟 1 次	不公告
匈牙利		−2	每月 2 次	每月 2 次
意大利		0	每月 1 次	
立陶宛		−2	每月 1 次	不公告
波兰		0	实时测定	每月 1 次
西班牙		5		

注：欧洲标准化委员会（CEN）标准关于烃露点的最高值指标为 −2℃。

反凝析是一种与烃类混合物在临界点附近的非理想行为有关的现象，其表现为温度固定不变时，气态烃类混合物会因压力下降而凝析出液态烃。由于烃露点指标与反凝析现象密切有关，故对管输商品天然气设置烃露点指标的目的是防止其在输配过程中因压力下降而析出液态烃。从图 6–2 可以看出，在对原料天然气进行冷冻法凝液回收过程中，只要保持复热后商品天然气的温度高于 –5.0℃，在输配过程中商品天然气就不会产生反凝析现象而析出液态烃。

由于天然气组成极其复杂（尤其是从凝析气藏采出的天然气），其相态特性完全不同于单一组分和 / 或简单的多元混合物；且烃露点与天然气中潜在液烃含量无关，仅取决于其中碳数最高组分的含量。因此，准确测定商品天然气的烃露点相当困难。下文扼要介绍工业上常用的 3 种烃露点测定方法及其溯源途径[5]。

二、冷却镜面法（冷镜法）测定烃露点

GB/T 27895—2011《天然气烃露点的测定　冷却镜面目测法》规定了采用冷却镜面水 / 烃露点仪以目测法测定天然气烃露点的方法标准。该标准适用于经处理的单相管输天然气。

Chandler 手动目测式冷镜法露点仪的基本结构如图 6–16 所示。其工作原理为：在恒定压力下，样品天然气以一定流速流经仪器测定室中的抛光金属镜面，抛光金属镜面的温度可人为降低并准确测量。当镜面温度降至某一温度时，气体中开始析出烃类凝液，此时测得的镜面温度即为该压力下样品天然气的烃露点。观察方式可以是目测（手动式），也可以用电子传感器（自动式）。

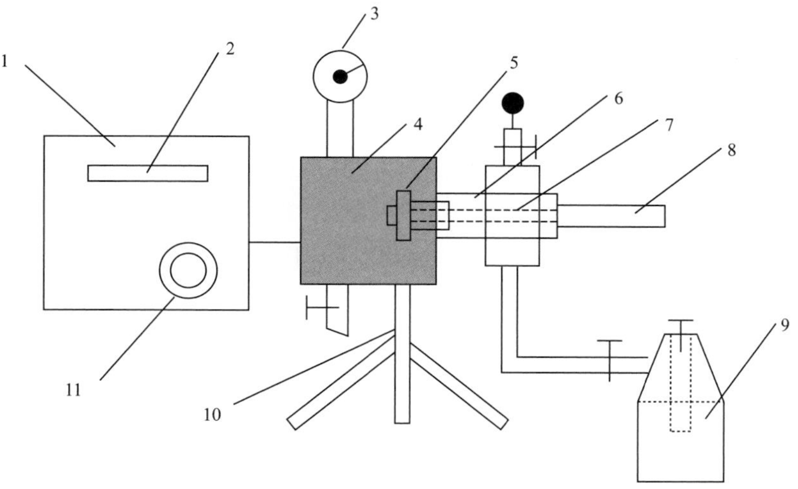

图 6–16　冷镜法露点仪基本结构示意图

1—数字显示器；2—温度显示屏；3—压力表；4—样品池；5—镜面；6—导冷杆；7—制冷室；8—温度计探头；9—液氮瓶；10—三脚支架；11—观察孔

为了改善冷镜目测法的测量准确度，GB/T 27895—2011 的附录 A 中列举了以下 4 个方面的干扰因素及其控制措施。

（1）取样过程中，要求气源压力变化不超过 0.5MPa，烃露点变化不超过 2.0℃。

（2）样品温度至少比烃露点高 3℃，检测过程中对可能发生温降的接头和管线等部位应进行保温和加热。

（3）一般情况下，天然气水露点比烃露点低，且两者相差愈大则观察到的烃露点愈准确。水露点温度高于烃露点将干扰烃露点的观察而导致测量结果误差增大。当水露点干扰烃露点测定时，可根据烃露点和水露点在冷镜面上形成的凝析物颜色和形状的不同做出正确判断。

（4）在测定过程中，当镜面上残留有机物时，应用丙酮或石油醚等溶剂擦拭以彻底清除其上的有机污渍。

根据化学热力学理论，露点应是当气相中出现第一滴液体时的温度，但实际上所有冷镜法测定仪都是基于观察在冷镜表面于亮光下形成的液烃膜而确定烃露点。同时，对某些组成的样品气由于水、烃露点非常接近而相互干扰。加之，不同生产厂出品的露点仪工作原理略有不同，故对同一组成的样品气往往得到不同的烃露点值。因此，自动式烃露点测定仪的测定值经常需要采取“调整措施”，以使其测定值调整至与手动式仪器测定值相一致；或者调整至以热力学模型对已知组成气体的计算值相一致。受上述诸多因素的影响，GB/T 27895—2011 第 9 章对该方法测定结果准确度的说明为：通过前期研究和参考 ISO/TR 11150：2007《天然气碳氢化合物的露点和碳氢化合物的含量》等相关资料，冷却镜面目测法可以获得 ±2.0℃的准确度。

烃露点是天然气特有的一种物性（值），从上述测定方法可以看出，其测量结果不具备溯源性，故无法校准仪器并评定测量结果的不确定度。因此，从 20 世纪 90 年代中期开始，国内外均为建立具备溯源性的烃露点 / 烃含量测定方法开展了大量研究。

三、潜在液烃含量法测定烃露点

1. 方法原理

潜在液烃含量（PHLC）是指在 0℃和 101.3kPa（绝对压力）的标准状态下，每单位体积（m^3）气体中所含有的液烃量（mg）。ISO 6570：2001《天然气潜在液烃含量测定重量法》规定了两种测定天然气潜在液烃含量（PHLC）的方法：方法 A 为手动重量法，方法 B 为间接自动测量法。两者的主要区别在于收集到的液烃的称量方法不同。手动重量法是直接称量收集在计量管中的液烃，而自动测量法则是通过微分传感器间接测定 PHLC。不同测量原理的仪器都能较准确地给出样品气的 PHLC 数据或其烃露点。ISO 6570 规定，方法 B 中利用微分压力传感器测定烃露点的原理是通过在不同温度得到的 PHLC 测定值外推至其值为零时的途径而得的。

图 6–17 所示的相态包络线反映了某一特定组成管输天然气的相态特性。对于纯组分气体，其最高冷凝温度通常出现在相应的最高（冷凝）压力处，但图 6–17 中所示的管输天然气是复杂的烃类气体混合物，根据测定的组分含量不同，其最高冷凝温度则处于系统压力在 2～4MPa 的范围内。

ISO 6570 首次提出：经校准和调整后，同一压力下冷镜法烃露点仪测得的烃露点与被测气体中潜在液烃含量存在明确的相关性。ISO/TR 12148《天然气　冷镜式烃露点仪的校准》据此原理成功地建立了冷镜法烃露点仪的溯源校准程序。

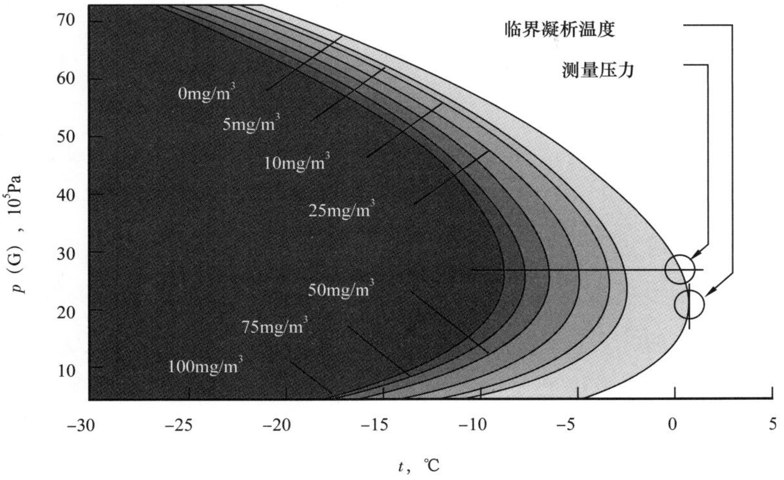

图 6-17　经处理天然气的相态包络线图

2. PHLC 自动测量设备

ISO/TR 12148 介绍了用间接自动称量设备（ISO 6570 规定的方法 B）测定的 PHLC 值，对自动冷镜式烃露点仪进行溯源校准的程序。如果样品气的组成固定不变，则 ISO 6570 中规定的手动称量设备（方法 A）也可以使用。图 6-18 为荷兰 Gasunie 公司建立校准程序时使用的间接自动称量设备的结构示意图。

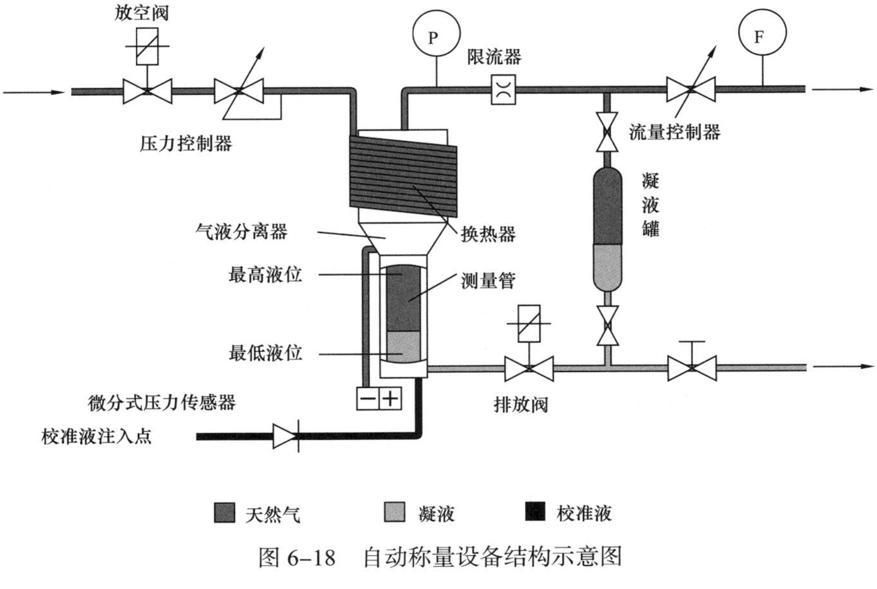

图 6-18　自动称量设备结构示意图

在接近临界冷凝压力（2.7～3.0MPa）的固定压力下，样品气以 $1m^3/h$ 的流速进入自动称量设备；而其温度则固定在合同要求的烃露点，例如 −3℃。在此温度下样品气中的 PHLC 通常约为 $5mg/m^3$。当计量管中充满液烃后就自动排放，并收集在液烃罐中。每隔 30min 记录一次冷凝析出的液烃量。根据大量试验结果判断，测量数据的重复性小于 $\pm 5mg/m^3$。样品气测定试验完成后，再通入已知（固定）组成的气体，测得随机误差（2σ）为 $\pm 2mg/m^3$。

为了对微分压力传感器进行校准，将已知剂量校准液（通常用正癸烷）在测定 PHLC 的压力和温度下注入计量管。温度和压力传感器每年校准 2 次。

3. 自动冷镜式烃露点仪

在以 GACOM 型设备测定 PHLC 的同时，分流一股样品气经调压后进入自动冷镜式露点仪的测量池。正常操作中，样品气压力应调节在接近临界冷凝压力处，因为此处其临界冷凝温度最高。试验时采用型号为 Condumax Ⅱ 自动冷镜式水 / 烃露点仪，其测量池的基本结构如图 6–19 所示。

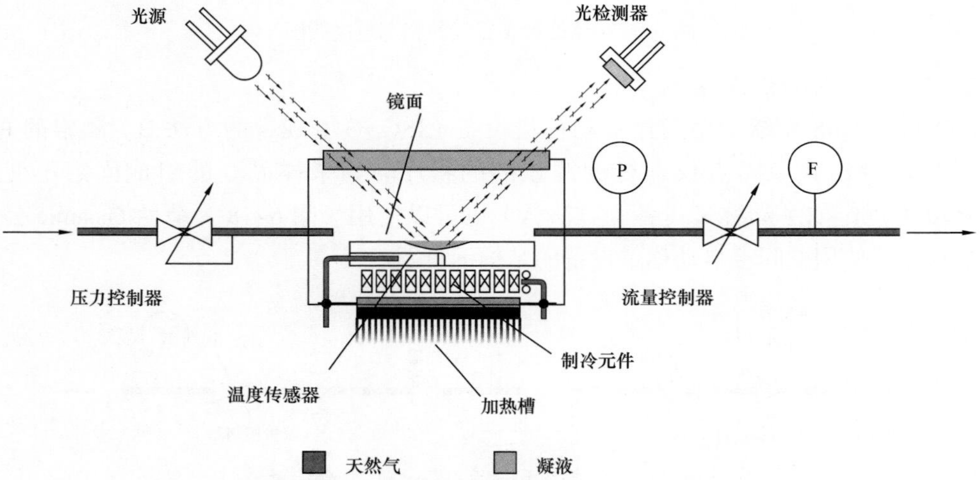

图 6–19　自动冷镜式烃露点仪测量池基本结构

Condumax Ⅱ 型自动冷镜式烃露点仪采用黑斑（dark spot）技术检测烃露点。通过 3 级 Peltier 元件制冷，最大温降幅度达 55℃；烃露点测量精度为 ±0.5℃，分辨率为 0.1℃。推荐测量周期为 6 周期 /h，最多为 12 周期 /h。

Gasunie 公司用 L 组（低发热量）天然气为样品气，以 GACOM 型 PHLC 测定设备在 −3.3℃和 2.7MPa 工况下测得的液烃量数据（mg/m^3），与同一样品气在 2.7MPa 压力下于 Condumax Ⅱ 型自动冷镜式烃露点仪测得的烃露点相对应作图，其结果如图 6–20 所示。图 6–20 中数据反映出两者具有显著的相关性，从而奠定了校准程序基础。

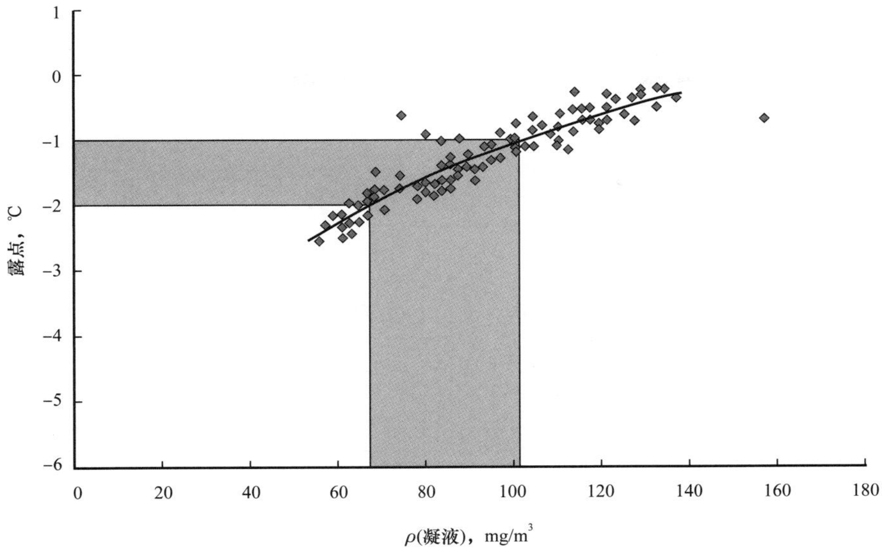

图 6–20　PHLC 测定数据与烃露点温度的相关性

四、计算法获得烃露点

对于给定组成的天然气，其最高露点下的压力是输配压力的中间值。因而，可以通过精确分析天然气组成后，利用状态方程计算出其在某一特定压力下的烃露点。GB/T 30492—2014《天然气　烃露点计算的气相色谱分析要求》规定了以状态方程计算天然气烃露点的气相色谱分析要求；该标准为修改并采用 ISO 23874：2006《天然气烃露点计算的气相色谱分析要求》。

GB/T 30492 规定：天然气组成分析应包括惰性组分和 C_1～C_{12} 烃类，适用的气体压力范围为 2～5MPa，温度范围为 0～−50℃。计算法获得天然气烃露点的准确度受到取样代表性、气相色谱分析结果准确性、微量重烃延伸分析能达到的碳数及其处理方式及计算软件的选择等一系列因素的影响。

1. 分析结果重复性的影响

同一天然气样品常规分析结果的重复性应满足 GB/T 13610《天然气的组成分析　气相色谱法》的规定；但按 GB/T 17281《天然气中丁烷至十六烷烃类的测定　气相色谱法》进行的延伸分析则没有规定重复性要求，此时可参照 GB/T 13610 的规定。表 6–12 所列为分析两瓶天然气样品，每瓶重复分析两次所得到的组分含量及其烃露点计算的结果。从表 6–12 中的数据可以看出，对同一样品分析两次计算得到结果之间的差值为 2.8℃；两瓶样品分析结果计算出的烃露点之间的差值为 2.0℃。由此可见，现有的气相色谱分析技术（标准方法）能满足计算法对组分含量分析的重复性要求。

表 6-12　分析结果重复性的影响

项目		计算结果			
		1 号样品		2 号样品	
		第 1 次分析	第 2 次分析	第 1 次分析	第 2 次分析
组分含量 %（摩尔分数）	N_2	1.1008	1.1040	1.1166	1.1233
	CO_2	0.5548	0.5557	0.5517	0.5536
	C_1	95.7715	95.7688	95.7620	95.7535
	C_2	1.9671	1.9669	1.9617	1.9605
	C_3	0.3717	0.3707	0.3711	0.3701
	i–C_4	0.0662	0.0656	0.0659	0.0663
	n–C_4	0.0741	0.0760	0.0754	0.0747
	neo–C_5	0.0014	0.0014	0.0014	0.0016
	i–C_5	0.0207	0.0207	0.0209	0.0209
	n–C_5	0.0166	0.0165	0.0167	0.0167
	n–C_6	0.0138	0.0138	0.0141	0.0140
	C_7	0.0267	0.0269	0.0281	0.0279
	C_8	0.0063	0.0065	0.0072	0.0073
	C_9	0.0020	0.0022	0.0028	0.0033
	C_{10}	0.0007	0.0009	0.0015	0.0028
	C_{11}	0.0021	0.0006	0.0006	0.0013
	C_{12}	0.0029	0.0020	0.0015	0.0015
	C_{13}	0.0005	0.0007	0.0007	0.0006
	C_{14}	0.0001	0.0001	0.0001	0.0001
烃露点，℃（6MPa）	单次检测结果	32.3	29.5	28.3	29.5
	平均值	30.9		28.9	

2. 微量重烃组分的影响

微量重烃组分是指 C_6 及更重组分。表 6-13 所列为分析某一天然气样品时获得的重烃组分达到不同最高碳数对其烃露点计算结果的影响。表 6–13 所列数据表明，重烃组分分析达到 C_{6+} 时，计算获得其在 5MPa 工况下的烃露点为 −39.5℃；分析达到 C_{9+} 时烃露点上升至 −5.8℃；分析达到 C_{12+} 时露点上升至 21.3℃。由此可见，重烃含量分析达到 C_{6+} 时和达到 C_{12+} 时计算结果的差值达 60℃以上。因此，ISO 23874 规定烃类组分应分析至十二烷。

3. 碳数交叉的影响

我国多数实验室采用 GB/T 17281 分析微量重烃组分，对 C_6 以后的组分按正构烷烃分段的方式进行定量。但根据 GB/T 30492 的规定，对碳原子有交叉的组分，如苯、环己烷、甲苯、甲基环己烷等，应单独进行定量，从而使分析结果更加准确可靠。表 6–14 为某一天然气样品的组成。表 6–15 为用 HYSIS 3.1 软件根据组成分析时以不同处理方式而计算获得的烃露点。表 6–15 数据说明，按碳数分段处理方式计算获得的烃露点为 −8.3℃，而按单独定量方式处理计算获得的烃露点为 −11.6℃，两者相差达到 3.3℃。

表 6–13　重烃组分对烃露点计算结果的影响

项目		计算结果		
组分含量 %（摩尔分数）	N_2	1.0871	1.0871	1.0871
	CO_2	0.5577	0.5577	0.5577
	C_1	95.8423	95.8423	95.8423
	C_2	1.9175	1.9175	1.9175
	C_3	0.3606	0.3606	0.3606
	i–C_4	0.0649	0.0649	0.0649
	n–C_4	0.0738	0.0738	0.0738
	neo–C_5	0.0016	0.0016	0.0016
	i–C_5	0.0215	0.0215	0.0215
	n–C_5	0.0173	0.0173	0.0173
	C_6	0.0557	0.0146	0.0146
	C_7		0.0282	0.0282
	C_8		0.0072	0.0072
	C_9		0.0057	0.0028
	C_{10}			0.0013
	C_{11}			0.0006

续表

项目		计算结果		
组分含量 %（摩尔分数）	C_{12}			0.0006
	C_{13}			0.0002
	C_{14}			0.0002
烃露点，℃（5MPa）		−39.5	−5.8	21.3

表 6-14　某一天然气样品的组成

组分	摩尔分数，%	组分	摩尔分数，%
N_2	0.803	3-me-C_5	0.0047
CO_2	2.981	*n*-C_6	0.0121
C_1	85.73	苯	0.0039
C_2	7.567	cyclo-C_6	0.0036
C_3	2.189	FR7	0.0091
i-C_4	0.1820	甲苯	0.0012
n-C_4	0.3640	me-cyclo-C_6	0.0018
neo-C_5	0.0000	FR8	0.0013
i-C_5	0.0609	FR9	0.0005
n-C_5	0.0677	FR10	0.0001
2，2-di-me-C_4	0.0010	FR11	9.43E-6
2，3-di-me-C_4	0.0037	FR12	5.27E-7
2-me-C_5	0.0097		

表 6-15　两种数据处理方式计算的烃露点

数据处理方式	第 1 种方式	第 2 种方式
	按碳数分段的方式	C_7 和 C_8 中有碳数交叉的组分单独定量
烃露点，℃（3MPa）	−8.3	−11.6
烃露点差值，℃（3MPa）	3.3	

参考文献

[1]陈赓良，朱利凯．天然气处理与加工工艺原理及技术进展［M］．北京：石油工业出版社，2010.

[2]陈赓良．对商品天然气烃露点指标的认识［J］．天然气工业，2009，29（4）：125-128.

[3]李占元．冷镜式露点仪测量结果的不确定度评定［C］．第11届全国湿度与水分测量技术学术交流会，中国成都，2006.

[4]刘鸿，杨建明，卢勇，等．激光吸收光谱技术在天然气水分测试中的应用［J］．天然气工业，2010，30（8）：1.

[5]陈赓良，胡晓科．商品天然气烃露点测定方法及其溯源性［J］．石油与天然气化工，2019，48（5）：87.